“十 三 五” 职 业 教 育 国 家 规 划 教 材
高等职业教育农业农村部“十三五”规划教材

宠物内科病

第三版

范作良　主编

中国农业出版社
北　京

内容简介

本教材依据典型工作任务，将宠物内科病分为十个诊治项目，重点介绍了犬、猫的消化系统疾病、呼吸系统疾病、心血管疾病、泌尿生殖系统疾病、神经系统疾病、中毒性疾病、营养代谢病、内分泌系统疾病、免疫性疾病和皮肤病等疾病的综合诊治技术，增加了临床诊治图片及血液常规、生化、血气及尿液分析报告。本教材同时还附有案例分析、技能训练、拓展知识，有利于读者自学。

本教材既可作为职业院校宠物临床诊疗技术、宠物养护与疫病防治、动物医学等专业的教材，也可作为临床宠物医师和宠物养殖者的参考用书。

第三版编审人员

CHONGWU NEIKEBING

主　编　范作良

副主编　赵　跃　林振国

编　者（以姓氏笔画为序）

比尔来西肯·赛都力　刘红芹　何雯娟

张丁华　范作良　林振国　周红蕾

赵　跃　徐　兵　郭世杰

审　稿　朱连勤　刘　海

第一版编审人员

CHONGWU NEIKEBING

主　编　贺生中（江苏畜牧兽医职业技术学院）

副主编　李　志（北京农业职业学院）

　　　　刘　海（山东畜牧兽医职业学院）

参　编　杨慧萍（杨凌职业技术学院）

　　　　高利华（江苏农林职业技术学院）

　　　　王金福（上海农林职业技术学院）

　　　　傅宏庆（江苏畜牧兽医职业技术学院）

审　稿　周明荣（扬州大学）

　　　　陆桂平（江苏畜牧兽医职业技术学院）

第二版编审人员

CHONGWU NEIKEBING

主　　编　范作良

副 主 编　赵　跃　林振国

编　　者　（以姓名笔画为序）

　　　　　比尔来西肯・赛都力

　　　　　刘红芹　何雯娟　张丁华

　　　　　范作良　林振国　周红蕾

　　　　　赵　跃　徐　兵　郭世杰

审　　稿　朱连勤　刘　海

行业指导　林振国

DI-SAN BANQIANYAN

第三版前言

宠物内科病是宠物临床诊疗技术专业的专业核心课程。本教材根据宠物内科病的临床实际，以典型工作任务为线索，内容涵盖了宠物内科病预防与诊治的新知识、新技术与新方法，包括任务目标、相关知识、案例分析、拓展知识与技能训练五大部分。

本教材在第二版的基础上修订而成，本次修订基本保持上一版的格式体例，主要参照与对接了宠物医师等职业技能等级标准，配套建设了相应的数字教学资源，读者可以通过教材封底的课程码进入网站学习。也可以通过扫描书中相应位置的二维码观看视频，直观学习与了解典型知识点和案例。

本教材以处方的形式呈现临床防治内容，参考处方有利于学习者的理解与临床应用；通过临床案例分析呈现相关知识点和操作技能，有利于学习者对临床诊断与治疗的感性认识；通过对血液分析仪、X射线机、B超仪、内窥镜等先进诊断仪器的检查结果图片和视频等形式呈现相应疾病的诊断方法，有利于学习者对诊断仪器的使用。

本教材的编写队伍由学校、企业和宠物协会三部分组成，编写分工如下：范作良（山东畜牧兽医职业学院）、刘红芹（山东畜牧兽医职业学院）和比尔来西肯·赛都力（伊犁职业技术学院）编写项目一、项目二、项目三，赵跃（云南农业职业技术学院）和林振国（济南振牧宠物医院）编写项目四、项目十，郭世杰（青岛宠之爱动物医院）和何雯娟（锡林郭勒职业学院）编写项目五、项目七，张丁华（河南农业职业学院）、周红蕾（江苏农牧科技职业学院）和徐兵（山东大卫医院集团有限责任公司）编写项目六、项目八、项目九。全书由范作良统稿。

青岛农业大学朱连勤教授和山东畜牧兽医职业学院刘海副教授对本教材进行了认真审阅并提出了宝贵意见，在此表示衷心感谢！

由于编者水平所限，教材中难免有不妥之处，敬请广大读者批评指正！

编　者

2019年3月

DI-YI BAN QIANYAN 第一版前言

宠物内科病是宠物医学、宠物养护与疫病防治等专业的临床主干课程。本教材的编写力求围绕高职高专教育的培养目标，本着“以岗位为目标、以就业为导向”的原则，以能力为本位，突出应用性、适用性。

本教材具有以下特点：

1. 先进性强：在教材内容的取舍上，注重吸纳宠物内科病的临床诊断与防治措施的新知识，注重治疗药物的更新与使用安全。

2. 实用性强：本教材收集了宠物（犬、猫为主）的常见病、多发病的诊疗，疾病的防治部分，采用了“处方”形式，贴近临床应用，利于学习者掌握，体现了教材的应用性。

3. 适应性强：每章后附有复习思考题，其中的鉴别诊断有利于学生对知识的理解与掌握，病例分析便于提高学生分析问题、解决问题的能力，对今后的从业具有很强的适应性。

本教材编写组成员凭借各自多年的教学经验，在内容的编排上遵循学生认知规律，按照教学的客观规律，反复修改。

本教材编写分工如下：贺生中，傅宏庆，第一章；李志，第二章、第九章；刘海，第四章、第五章；杨慧萍，第六章、第十章；高利华，第七章；王金福，第三章、第八章。最后由主编统稿、定稿。

本书承蒙扬州大学兽医学院周明荣副教授、江苏畜牧兽医职业技术学院陆桂平教授审稿，在此一并感谢。

虽然各位编写者已竭尽所能，但书中仍有不妥之处，恳请读者批评指正。

编　者

2007年6月

DI-ER BAN QIANYAN 第二版前言

依据《教育部关于“十二五”职业教育教材建设的若干意见》（教职成［2012］9号）文件的精神要求，《宠物内科病》第二版得以修订。本版教材的修订，更新了教材呈现形式，更加适应职业院校推行的项目式、案例化教学。教材编写体例以典型工作任务为线索，进行了教材内容的改革，吸收了宠物行业发展的新知识、新技术、新方法，对接了职业标准与岗位要求，丰富了实践教学内容。本教材增加了临床案例、拓展知识、新仪器使用等学习内容，注重图文结合，精选了69张案例、技能训练图片，使教材更加情景化、形象化，有利于读者自学。

本教材修订人员增加了三位从事宠物临床工作多年的临床医师，编写组具体分工是（按章节顺序排列）：范作良（山东畜牧兽医职业学院）、刘红芹（山东畜牧兽医职业学院）、比尔来西肯·赛都力（伊犁职业技术学院），编写项目一、项目二、项目三；赵跃（云南农业职业技术学院）、林振国（济南振牧宠物医院），编写项目四、项目十；何雯娟（锡林郭勒职业学院）、郭世杰（青岛宠之爱动物医院），编写项目五、项目七；周红蕾（江苏农牧科技职业学院）、张丁华（河南农业职业学院）、徐兵（潍坊大卫动物医院有限公司），编写项目六、项目八、项目九；全书由范作良负责统稿。

本教材在修订过程中采用了部分优秀教材和著作的成果，并承蒙青岛农业大学朱连勤教授、山东畜牧兽医职业学院刘海副教授审稿，在此一并表示感谢。

由于编者水平所限，教材中仍有不少问题和错误，恳请读者批评指正。

编　者

2015年2月

MULU **目　录**

项目一 消化系统疾病

PART 1

任务一 口腔、咽、食管疾病诊治

一、任务目标

知识目标

1. 掌握口腔、咽、食管等器官的解剖生理知识。
2. 掌握口腔、咽、食管等器官疾病病因与疾病发生的相关知识。
3. 掌握口腔、咽、食管疾病的病理生理知识。
4. 掌握口腔、咽、食管等器官疾病治疗所用药物的药理学知识。
5. 掌握口腔、咽、食管疾病防治原则。

能力目标

1. 会使用常用诊断器械。
2. 具备症状鉴别诊断能力。
3. 具备综合分析并做出初诊的能力。
4. 能准确开出治疗处方。
5. 会使用 DR-X 射线机。

二、相关知识

口　炎

口炎是口腔黏膜炎症的总称，临床上可分为卡他性、水疱性、溃疡性及霉菌性口炎等类型，以卡他性口炎较多见。

【病因】

1. 原发性口炎　主要由于局部受到不良刺激而引起。主要包括：机械性因素，最常见的原因是粗硬的骨头、尖锐的牙齿、钉子、铁丝、鱼刺等物体直接损伤口腔黏膜，继发感染而发生口炎；化学性因素，如强酸、强碱、霉败食物、辛辣食物及浓度过大的刺激性药物的刺激。另外，过冷食物的冻伤、过热食物的烫伤等也可引起本病。

2. 继发性口炎　多见于舌伤、咽炎、鼻炎等临近器官炎症的蔓延；微量元素及维生素 A 缺乏；汞、铜、铅等中毒；犬瘟热、钩端螺旋体感染等传染性疾病。

【症状】采食、咀嚼发生障碍，咀嚼缓慢小心，拒食粗硬食物，喜食流质或较软的肉类，有时在咬较硬食物时，常突然吐出食物并发出惊叫声，重则完全不敢咀嚼；流涎，口角常附有白色泡沫，或呈牵丝状流出，重剧病例可出现大量流涎，并常混有血液或脓汁；口腔见有黏膜潮红、肿胀，口温增高，感觉过敏，呼出气有腥臭或恶臭味。水疱性口炎时，舌、唇、齿龈、上颌及颊等处有时可见大小不等的水疱；溃疡性口炎时，黏膜可出现糜烂、坏死或溃疡；若为霉菌感染，则可见有白色或灰白色稍高于口腔黏膜的菌斑；长期慢性口炎可因咀嚼不充分而致消化不良，逐渐消瘦。

【诊断】根据病史调查和临床症状可做出诊断。但应注意与咽炎、唾液腺炎、食管阻塞及某些中毒病相区别。对于真菌性口炎和细菌感染性口炎，可通过病料分离培养来确诊。

【防治】

1. 防治原则 加强宠物护理，喂以柔软、易消化的食物，重症者可喂流质食物。常饮清水，喂食后用清水冲洗口腔。排除口腔异物，拔除刺在黏膜上的异物，修整锐齿，拔去或锉平异常牙齿，去除牙结石及已经松动的病齿。停止口服有刺激性的药物。对细菌感染较重的口炎，应选择有效抗生素进行治疗。

2. 治疗措施 常饮清水，喂食后用清水冲洗口腔。排除口腔异物，拔除刺在黏膜上的异物，修整锐齿，拔去或锉平异常牙齿，去除牙结石及已经松动的病齿，再用2%～3%硼酸溶液或0.1%高锰酸钾溶液清洗口腔。停止口服有刺激性的药物。对细菌感染较重的口炎，应选择有效抗生素进行治疗，如口服或肌内注射青霉素、氨苄西林、头孢类、喹诺酮类药物。重症不能进食时，应进行静脉输注葡萄糖、复方氨基酸等制剂的支持疗法。

处方 1

药物：1%食盐水，或2%～3%硼酸溶液，或2%～3%碳酸氢钠溶液，或0.1%雷佛奴耳溶液。

用法：冲洗口腔，每日2～3次。

说明：流涎较多者，用2%明矾溶液清洗。口腔黏膜溃疡者，先用5%硝酸银溶液腐蚀后再用生理盐水冲洗，并在患处涂布碘甘油或抗生素软膏，每天1～2次。也可用西瓜霜喷涂口腔，每天2～3次，具有清热消肿、促进愈合的作用。在食物中添加适量复合维生素B、维生素A和微量元素，有利于本病的愈合。

处方 2

药物：青黛15g，黄连10g，黄柏10g，桔梗10g，薄荷5g，儿茶10g。

用法：研磨成细末，装入细长布袋，湿水后衔于口中，两端用带子固定于头颈之上。给食时取下，每天1次，连用2～3d。或将细末直接吹入口内，每天2～3次。

说明：中药治疗。

齿 龈 炎

齿龈炎是指齿龈发生的急性、慢性炎症，临床上以流涎、齿龈肿痛为特征。

【病因】

1. 原发性齿龈炎 常见于各种不良刺激，如齿斑、齿石、齿裂或尖锐物体刺伤等；强刺激性、腐蚀性化学物质灼伤；牙齿松动、龋齿等。

2. 继发性齿龈炎 继发于口腔内其他部位的炎症、维生素C或B族维生素缺乏、犬瘟热、钩端螺旋体病、重金属中毒、尿毒症等。

【症状】患病动物表现为流涎，咀嚼、饮水时表现为疼痛，想吃又不敢吃，或突然吐出食物和饮水。局部检查，可见齿龈边缘潮红、肿胀，有时可见水疱或溃疡灶，甚至表现为出血、化脓等。慢性齿龈炎表现为齿龈肥大，牙齿松动。本病还可引发牙周炎。

【诊断】依据症状及局部齿龈的红肿、溃疡等病变即可诊断。一般患病动物抗拒口腔检查，需要安全保定，以防咬伤或抓伤。打开口腔时，可见口腔黏膜、舌、软腭、硬腭及齿龈上有不同程度的红肿、溃疡或肉芽组织增生。

【防治】

1. 防治原则 平时加强护理，禁喂刺激性较强的食物，防寒保暖，加强营养，提高机体抵抗力，以减少本病发生。

2. 治疗措施 首先去除不良刺激因素，方法有手术去除病齿、畸形齿，清除齿结石；齿龈肥大者，于局部麻醉后手术切除；还要积极治疗原发病。

处方1

药物：0.2%洗必泰溶液。

用法：冲洗口腔。

说明：清洗口腔后，涂布碘甘油于患病齿龈处。

处方2

药物：青霉素或红霉素软膏，或头孢拉定药粉。

用法：涂布患处，每天2～3次。

说明：每天先用盐水或清水清洗牙齿后再涂布。

处方3

药物：甲硝唑片。

用法：口服，每千克体重50mg，每天3次。

处方4

中药治疗：同口炎。

牙周炎

牙周炎是指牙齿周围组织和支持组织发生的急、慢性炎症，又称牙周病、牙槽脓溢。临床上常以口臭、流涎、牙齿松动、齿龈萎缩等为特征。老年犬、猫多发。

【病因】牙周炎常可继发于齿龈炎。齿形、齿位不正，食物残留于齿间隙中，发生腐败分解，产生毒素；机体受寒冷刺激，抵抗力降低；口腔常在菌异常增殖感染等均可导致本病。另外，牙结石、慢性肾炎、糖尿病、甲状旁腺机能亢进等疾病过程中也可伴发本病。

【症状】患病动物大量流涎，唾液腐臭，常混有血液；口腔敏感，采食时小心，咀嚼缓慢，常突然吐出食物，尤其是采食骨头、鱼刺等硬质食物时较明显。随着时间延长，疼痛可减轻。口腔检查，可见患病牙齿松动，牙周常有少量脓汁，挤压齿龈，可流出脓汁或血液。口腔及呼出的气体具有腐臭味。

【诊断】根据症状及局部病变可以确诊。

【防治】

1. 防治原则 全身麻醉后，刮除病牙及其周围的齿垢。牙齿已明显松动者，则应拔除。术后要加强护理，全身运用抗生素，以防感染。定期用盐水清洗口腔，给予柔软、易消化食物，以利于恢复。平时注意口腔清洁，可用橡皮玩具让宠物啃咬，以提高牙齿的抗病力。

2. 治疗措施 先用生理盐水或者2%～3%硼酸溶液清洗口腔及患齿，如有溃疡灶，则先用5%硝酸银溶液腐蚀后再行清洗。再用碘酊或红霉素软膏涂抹患处。如齿龈已经增生肥大，可局部麻醉后切除或电烙除去多余的组织。

处方1

药物：0.2%洗必泰溶液。

用法：冲洗口腔。

说明：清洗口腔后涂布碘甘油。

处方2

药物：复方新诺明片，规格0.5g。

用法：内服，一次量，每千克体重20～25mg，每天2次，连用3d。

说明：抗原虫药，也可用于厌氧菌感染治疗。

处方3

药物：甲硝唑片剂，规格0.2g。

用法：内服，一次量，犬每千克体重25mg。

说明：抗原虫药，也可用于厌氧菌感染治疗。遮光，密闭保存。

中药治疗：同口炎。

牙结石

牙结石是附着在牙齿上的异物硬块，如水壶里的水锈，又俗称牙锈。主要是由无机盐（磷酸钙、磷酸镁、碳酸钙等）和有机物（蛋白质、脂肪、脱落的上皮细胞、白细胞、微生物、食物残渣等）组成。中老年犬、猫多见，更常见于只吃软食的犬、猫。

【病因】多由于长期食用柔软而黏性较大的食物，又不经常清洁口腔所致。因为宠物口腔中的细菌种类繁多，牙齿的表面常有细菌及其产物附着性沉积并进而形成牙菌斑。牙菌斑黏性很大，易吸附有机物和无机物而形成结石。牙结石本身更易吸附更多的细菌及毒素，随着细菌及其牙石的局部长期刺激，可使牙龈发生炎症，出现齿围组织的水肿、充血，牙齿缘糜烂、出血。随着齿龈炎的继续发展，造成牙周组织溢脓，出现口臭、牙槽骨破坏、牙龈萎缩、牙根暴露，引起牙周炎，进一步发展为牙齿松动。由于牙龈的反复感染，造成细菌进入血液，引起肾炎、心内膜炎等严重危及生命的疾病。

【症状】流涎，并逐渐增多，口臭，不喜过热、过冷食物，不喜硬食，吃食逐渐减少，甚至不食。打开口腔，可见牙齿侧壁上的黄褐色结石，多伴发牙龈红肿、发炎。

【诊断】口腔检查易诊断。

【防治】

1. 防治原则　牙齿的健康与宠物的健康和寿命有很大的关系。最好让宠物吃优质且较硬的宠物食品，因为这些食品不但营养全面，而且其硬度还能起到给宠物磨牙与清洁牙齿的作用。平时给宠物吃一些犬咬胶之类磨牙的产品，其中含有分解酶及药物成分。一旦发现结石应及时清除。

2. 治疗措施　麻醉后用牙科器械去除牙结石，清洗口腔，若牙龈有出血则用灭菌纱布止血，于牙龈上涂布碘甘油。注意猫对碘甘油较敏感。若牙结石情况严重，可请兽医师以超声波洗牙机为其洗牙，以去除牙结石。

舌炎

舌炎是舌的一种急性或慢性炎症。临床上常以采食、饮水及咀嚼困难，舌体运动障碍等为特征。

【病因】原发性舌炎由各种不良刺激而引起。包括机械性因素，如口内异物的刺激、畸形齿的刮伤，甚至还可见橡皮筋的勒伤；物理性刺激，如食物和饮水烫伤；化学性刺激，如强酸、强碱及其他腐蚀性药物的灼伤等。本病还可继发于维生素 A 缺乏症、尿毒症、钩端螺旋体病、犬瘟热等传染性疾病。

【症状】患病动物采食、饮水、咀嚼障碍，甚至不敢采食、饮水，有时会吐出食物、饮水，口角常流出带泡沫的唾液，口腔气味恶臭。口腔检查，可见舌体局部潮红、肿胀，触之敏感。由锐齿、畸形齿引起者，舌边缘出现红肿或溃疡；机械损伤引起者，可见局部伤痕、肿胀、敏感；如舌体广泛红肿，多为感染所致。病程长者，则流涎，涎液黏稠、有腐臭味，有时混有血液。下颌淋巴结肿胀，触之发热、疼痛。

【诊断】根据临床特征，结合舌体检查即可确诊，但应注意区别原发病和继发病。

【防治】

1. 防治原则 发生舌炎时，建议先消除病因，结合对症治疗为佳。

2. 治疗措施 当发生张口困难时应给予流食。清洗口腔可用生理盐水、双氧水、依沙吖啶溶液或硼酸溶液。清洗后用碘甘油涂抹患处。出现全身症状时可给予抗生素或抗真菌药物。如舌体损伤较大，必须手术进行修补。

处方 1

药物：2%～3%的硼酸溶液。

用法：冲洗舌体，每天 3～4 次。

说明：先除去口腔内的异物。

处方 2

药物：碘甘油或红霉素软膏。

用法：涂布患处，每天 2～3 次。

说明：先除去口腔内的异物，并用消毒液清洗。

咽 炎

咽炎是指咽部黏膜及其深层组织的炎症，临床上以流涎、吞咽障碍、咽部肿胀及敏感为特征。

【病因】原发性咽炎主要由于局部受到不良刺激而引起。包括机械性刺激，如骨渣、鱼刺、尖锐异物以及胃管投药时动作粗暴等造成的损伤；刺激性化学物质如强酸、强碱的灼伤；过热食物和饮水的烫伤，进而引起的炎症。本病也可继发于口炎、喉炎、感冒等疾病过程中。另外，全身性烈性传染病，如狂犬病、犬瘟热等，也可引起本病。

【症状】精神沉郁，采食缓慢，食欲减退，吞咽困难，常出现食物和饮水由口、鼻中喷出。严重时头颈伸直、不敢转头。口腔内常蓄积有多量黏稠的唾液，呈牵丝状流出，或开口时大量流出。有时伴有咳嗽、体温升高。触诊，咽部发热、肿胀，按压时因疼痛而躲闪。下颌淋巴结肿胀，并压迫喉、气管，引起呼吸困难，甚至发生窒息。病犬因吞咽障碍、采食减少而迅速消瘦。继发性咽炎，全身症状明显。

【诊断】根据病史和临床症状可以做出诊断，应注意区别原发病和继发病。

【防治】

1. 防治原则 消除病因，减少咽部不良刺激。

2. 治疗措施 检查咽部，如有异物，可在麻醉后用镊子取出，并消毒处理。轻症的可给予流质食物，重症者要通过输液来补充营养。加强护理，避免受寒、感冒，保证营养充足，提高机体抵抗力，减少本病的发生。

处方1

药物：青霉素每千克体重2万～4万IU，地塞米松每千克体重0.1～0.5mg。

用法：肌内注射，每天2次，连用3～4d。

说明：抗菌消炎。

处方2

药物：氨苄西林每千克体重0.2～0.4mg，地塞米松每千克体重0.1～0.5mg，2%普鲁卡因溶液0.5mL。

用法：咽部封闭，每天2次。

说明：抗菌消炎。

处方3

药物：青霉素20万～40万IU，0.25%普鲁卡因溶液3～5mL。

用法：混合后于两侧喉俞穴注射，每天1～2次，连用3～4d。

说明：咽部已化脓，防止炎症扩散。若有窒息表现，则必须切开气管。

处方4

药物：青黛1.5g、硼砂1.5g、雄黄0.2g、冰片0.5g、甘草3g，共研细末，加入白糖15g、鸡蛋清10mL、凉开水150mL。

用法：调匀，一次灌服，每天1剂，连用3～5剂。

说明：中药治疗，幼犬用量减半。

咽麻痹

咽麻痹是指咽丧失吞咽能力的一种疾病，临床上常以不能吞咽为特征。

【病因】中枢性咽麻痹多由脑病所引起，如脑炎、脑脊髓炎、脑挫伤等。此外，也可见于某些传染病（如狂犬病）或中毒性疾病（如肉毒梭菌毒素中毒）的经过中。外周性咽麻痹比较少见，可能由于舌咽神经受颅底骨骨折的损伤、肿瘤或脓肿的压迫所致。

【症状】患病动物突然失去吞咽能力，食物和唾液从口、鼻中流出，咽部有水泡音。咽部触诊时，肌肉无收缩反应。中枢性咽麻痹，舌常脱出。病犬、猫常因误咽而发生异物性肺炎，或长期不能饮食而衰竭、死亡。

【诊断】根据临床症状可做出诊断。

【防治】除治疗原发病以外，可以局部涂擦刺激性药剂如松节油等；也可用咽部按摩、热敷、针灸疗法。对持续不食者，应经胃导管喂饲，并定时补液，以挽救生命。

唾液腺炎

唾液腺炎是指唾液腺及其导管发生的炎症。

【病因】原发性唾液腺炎多因骨渣、鱼刺、铁丝等尖锐物刺伤所致；或与其他动物玩耍、打斗时被咬伤，病原微生物直接经伤口侵入而发生感染。本病也可继发于口炎、舌炎、咽喉炎以及犬瘟热等疾病。

【症状】患病动物精神不振，流涎，唾液腺局部肿胀，触诊敏感。体温升高，食欲不振，采食、咀嚼困难，甚至吞咽困难。不同腺体发病其肿胀发生部位有差异，如腮腺发炎时其肿胀部位在耳下区域，颌下腺发炎时其肿胀部位在下颌角，颧腺炎时其肿胀部位在眼尾角。颧腺、腮腺脓肿时，病犬头颈伸直，不愿转头；颧腺炎时，病犬出现流泪、斜视。

【诊断】根据临床症状，结合局部触诊即可确诊。

【防治】

1. 防治原则 病初，可在局部用冷水或冰块（外包毛巾）进行冷敷，以抑制渗出，并减轻局部热痛反应。热痛不明显时，可于患处温敷，以促进炎性渗出物的消散、吸收，达到消肿的目的。

2. 治疗措施 详见处方。

处方 1

药物：青霉素每千克体重2万～4万IU。

用法：稀释、溶解后，肌内注射，每天2次，连用3～5d。

说明：抗菌消炎。

处方 2

药物：先锋霉素Ⅳ，每千克体重35mg。

用法：肌内注射，每天2次，连用3～5d。

说明：抗菌消炎。如发生化脓，则切开脓肿，排除脓汁。如脓腔较大，要做引流处理。先用5%硝酸银溶液或硝酸银棒腐蚀脓腔内壁，再用碘酊或生理盐水冲洗，装上排液导管，每天用生理盐水冲洗3～4次，直至痊愈。

处方 3

药物：白及3g，白蔹3g，白矾2g，大黄3g，雄黄2g，黄柏2g，木鳖子1g。

用法：共研细末，用鸡蛋清调成糊状，涂敷患部。

说明：中药治疗，消肿。

食管炎

食管炎是食管黏膜表层及深层的炎症，临床上以吞咽困难、流涎和呕吐等为特征，分为原发性食管炎和继发性食管炎。

【病因】原发性食管炎，主要由于机械性、化学性和温热性刺激，损伤食管黏膜引起。继发性食管炎，多见于咽或胃黏膜炎症；或继发于食管梗塞、食管痉挛、食管狭窄等。

【症状】患病动物初期食欲不振，很快出现吞咽困难、大量流涎和呕吐。发生广泛性坏死性病变时，可出现剧烈干呕或呕吐。拒食或在吞咽后不久即发生食物反流。胃液逆流发出异常呼噜音，口角有黏液。

【诊断】

1. 症状诊断 轻症者，采食变化不大。重症者，因食管疼痛，吞咽时伸颈抬头。有时食物、唾液、饮水从鼻孔中流出。大量流涎、呕吐。触诊食管敏感，常有逆呕动作。呕吐物中混有血液、黏液和假膜。体温升高。

2. 实验室诊断 食管造影，急性期食管黏膜面不规则，有带状阴影和一过性痉挛。用食管内窥镜可以直接观察食管壁，并可正确判断病变类型及程度。

【防治】

1. 防治原则 除去刺激食管黏膜的因素。

2. 治疗措施 误食腐蚀性物质和胃液逆流等引起急性炎症时，为了缓解疼痛，可口服局部麻醉药。同时，用抗生素水溶液反复冲洗，并结合全身抗感染治疗。

处方 1

药物：硫酸阿托品，每千克体重0.05mg。

用法：皮下注射。

说明：大量流涎时，制止唾液分泌。应给予柔软、无刺激性的食物，少食多餐。

处方 2

药物：先锋霉素Ⅲ，每千克体重20～30mg。

用法：肌内注射，每天1～2次。

说明：抗菌消炎。

食 管 梗 塞

食管梗塞是指食团或异物停留于食管内不能后移的疾病，分为完全梗塞与不完全梗塞。临床上常以突发吞咽障碍、流涎为特征。食管梗塞可发生于食管的任何部位，但以咽后与食管起始段及食管的胸腔入口处等最易发生。

【病因】原发性疾病多见于食物团块过大，如骨块、鱼刺、肌腱、韧带等，在争食或吞咽过急的情况下，大口食物未经充分咀嚼就咽下造成食管梗塞；或玩耍时误将线团、布头、塑料玩具等异物吞下引起。本病也可继发于食管狭窄、食管痉挛、食管麻痹以及食管扩张等病。

【症状】本病经常在宠物采食过程中或玩耍时突然发生。表现为突然中止采食，或突发惊恐不安；大量流涎，连续吞咽，张口伸舌，食物和饮水可从口、鼻流出；反射性咳嗽，不断用前肢搔抓颈部。如为不完全堵塞，则尚可饮水或吞咽稀饭等流质食物，但拒食肉、肝等块状食物；如发生完全堵塞，则饮食完全停止，胃管探查，不能通过。

如堵塞发生在颈部，则呕吐严重，在颈部可触摸到硬的堵塞物；如发生在胸段以下，可见左颈静脉沟处隆起，用手触压有波动感，并有食物和饮水从口、鼻中流出。如为尖锐异物造成的堵塞，可造成食管壁创伤、坏死、炎症甚至穿孔，若发生于胸段食管可继发胸膜炎、脓胸、气胸，乃至窒息死亡。

【诊断】根据病史和突然发生的特殊症状，结合用胃管探诊发现梗塞部位等，即可确诊。借助X射线透视或拍片有助于确定梗塞物的性状和部位（图1-1、图1-2）。

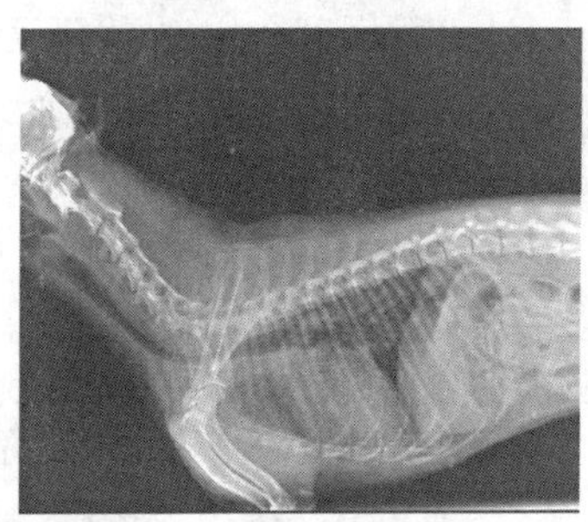
图1-1　正常食道X射线片

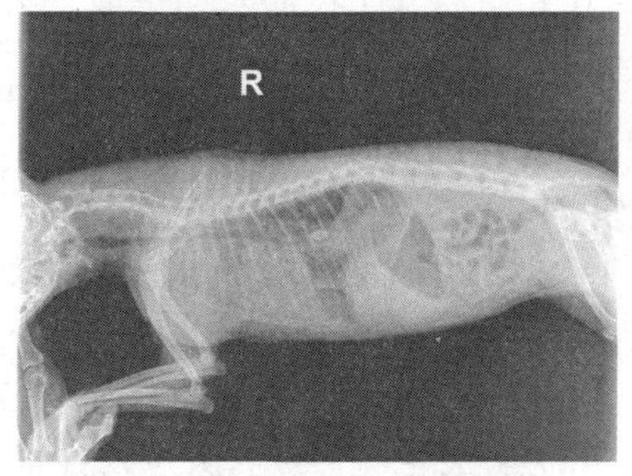

图1-2　胸腔食道异物（犬）

【防治】

1. 防治原则　取出堵塞物，疏通食管。饲喂一定要做到定时定量，不能饥饿过度。应在其他食品吃完之后再喂给骨头。训练中要防止犬误食异物。

2. 治疗措施　轻度梗塞往往在经过多次哽噎或在痉挛性吞咽后，阻塞物被吐出或自行进入胃中而痊愈。也可在灌服液状石蜡后，用细的胃管小心地将异物向胃内推进；或在胃管上连接打气筒，有节奏地打气，趁食管扩张时，使用胃管缓缓将阻塞物推送至胃内。如上述方法仍不能奏效，可行手术切开食管取出梗塞物。此外，如梗塞时间较长，食管已发生炎症，应同时治疗食管炎。

处 方 1

药物：液状石蜡或植物油10～15mL。

用法：灌服。

说明：润滑食管壁，利于梗塞物吐出或

后送。

处 方 2

药物：硝酸毛果芸香碱，每次 3～20mg。

用法：皮下注射。

说明：加强食管蠕动。

处 方 3

药物：青霉素 G 钠，每千克体重4 万～8 万 IU。

用法：肌内注射，每天 1～2 次。

说明：全身抗感染治疗。

处 方 4

药物：威灵仙 100g，水煎成 100mL，另加 100mL 醋。

用法：灌服，使用 2～4d。

说明：中药保守疗法。当患犬能吃小块食物时，在补充营养的同时，改用威灵仙 100g、白及 100g，水煎成 200mL，在 2～4d 内频频灌服。

食 管 狭 窄

食管狭窄是指由各种因素引起的食管通道变窄、阻止食物通过的一种疾病。

【病因】本病主要由于外部压迫、食管不完全梗塞及瘢痕等因素造成。甲状腺肿、淋巴瘤、脓肿、放线菌肿及骨瘤等都可压迫食管造成狭窄。食管异物、食管黏膜肿瘤及食管寄生虫形成的结节等，会引起食管狭窄。腐蚀性化学药品、创伤及手术也会使食管形成瘢痕，进而促使食管发生狭窄。

【症状】患病动物饥饿贪食，咀嚼能力正常，咽下动作困难。吞咽时呈痛苦状，头颈伸直，摇头，食物反流。机体消瘦。

【诊断】根据临床症状可初步诊断。使用胃导管做食管探诊、X 射线检查，可确定食管狭窄部位、性质及程度。

【防治】消除病因，如切除肿瘤、消除脓肿、去除食管内异物等。对于瘢痕引起的食管狭窄较难治疗。

食 管 扩 张

食管扩张是指某段食管沿横轴和纵轴向周围扩大的一种疾病（图 1-3）。如果食管壁仅向一个方向扩大，并形成袋囊而突出于食管表面，则称为食管憩室。

【病因】原发性食管扩张，可发生于中枢神经系统或外周神经干遭受损害时，导致食管麻痹，食管肌纤维的固有弹性降低而导致食管扩张。在幼犬中，偶见先天性食管扩张，常于断乳前后发病，一般与遗传缺陷有关。继发性食管扩张，主要见于食管狭窄。

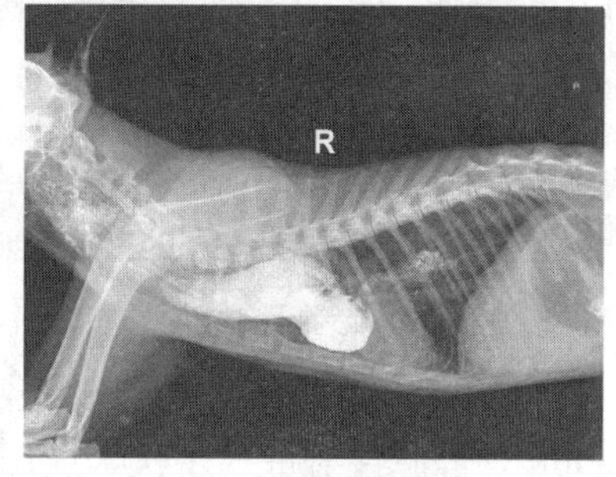

图 1-3 食管扩张（猫）

【症状】食管扩张发生缓慢，病程较长，其主要症状是吞咽障碍、饮食反流和进行性消瘦。有时食管充满食物，若发生于颈部食管，食管扩张呈纺锤状、梨状；按摩时能向前、向后移动。先天性食管扩张，幼犬哺乳期多无异常，在食入固体食物后才发生咽下障碍和食物反流。

【诊断】

1. 症状诊断 临床检查时，食管探头有时能顺利地通过而到达胃部，但有时管端只能插入到膨大的盲囊或憩室内，不能继续通过。

2. 实验室诊断 用X射线检查可确诊本病，也可用食管镜检查。

【防治】

1. 防治原则 对后天性食管扩张的病犬，应给予流质食物，少喂多餐；饮食盘放在比头高的位置，让犬站立吃食，借助重力作用使食物进入胃内。对先天性食管扩张的病犬，在喂食前将其提起，以减少食管所受压力，直至食管功能正常。

2. 治疗措施 上述方法无效者，可施行手术治疗。对颈部食管扩张，可切除多余的食管壁；由贲门痉挛或狭窄引起者，可施行贲门括约肌切开术或贲门成形术。

三、案例分析

1. 病畜 比熊犬，6岁，白色，体重4kg，因口流涎入院治疗。

2. 主诉 少食已经一个多月，半月前发现犬两边嘴角有溃烂，近一周几乎不食，逐渐消瘦。

3. 检查 患犬口角大片溃疡，色黄白，极度消瘦，皮肤松弛，行走无力，口干舌燥，舌质红，少苔。

实验室检查结果见表1-1。

表1-1 血液常规检验结果

检验项目	结果	单位	参考范围	检验项目	结果	单位	参考范围
白细胞数目	↑ 31.19	$\times 10^9$个/L	6.00～17.00	红细胞数目	5.75	$\times 10^{12}$个/L	5.1～8.50
中性粒细胞百分比	68.3	%	52.0～81.0	血红蛋白浓度	150	g/L	110～190
淋巴细胞百分比	14.6	%	12.0～33.0	血细胞比容	42.8	%	36.0～56.0
单核细胞百分比	9.8	%	2.0～13.0	平均红细胞体积	74.4	fL	62.0～78.0
嗜酸性粒细胞百分比	5.8	%	0.5～10.0	平均红细胞血红蛋白含量	26.1	pg	21.0～28.0
嗜碱性粒细胞百分比	↑ 1.5	%	0.0～1.3	平均红细胞血红蛋白浓度	351	g/L	300～380
中性粒细胞数目	↑ 21.30	$\times 10^9$个/L	3.62～11.32	红细胞分布宽度变异系数	13.7	%	11.5～15.9
淋巴细胞数目	4.54	$\times 10^9$个/L	0.83～4.69	红细胞分布宽度标准差	42.9	fL	35.2～45.3
单核细胞数目	1.16	$\times 10^9$个/L	0.14～1.97	血小板数目	359	$\times 10^9$个/L	117～460
嗜酸性粒细胞数目	1.02	$\times 10^9$个/L	0.04～1.56	平均血小板体积	10.3	fL	7.3～11.2
嗜碱性粒细胞数目	0.07	$\times 10^9$个/L	0.00～0.12	血小板分布宽度	16.3		12.0～17.5
				血小板比容	0.30	%	0.090～0.500

4. 诊断 营养性口疮。

5. 治疗 ①葡萄糖氯化钠溶液200mL、18种氨基酸100mL、ATP 4.0mg、维生素B_{12} 2.0mL，静脉注射每日1次，连用3d。②柴胡注射液5.0mL皮下注射，每日2次，连用5d。③20%普鲁卡因棉球，敷贴于患处，每日2次。④云南白药，适量，普鲁卡因敷贴后，涂患处，每日2次。⑤六味地黄丸口服，每日2次，1次1丸。

每日喂米粥少许，第12天溃疡部可见肉芽组织，患犬可食少许犬粮；第18天口腔溃疡明显转好，肉芽组织与溃疡组织长平；第25天口腔溃疡不见。畜主携犬来院检查，患部已痊愈。

四、拓展知识

流涎综合征症状鉴别诊断

唾液即涎，是由唾液腺包括腮腺、舌下腺、颌下腺以及口腔黏膜上分布的许多小腺体所分泌的混合液。动物流涎是唾液分泌过多和（或）吞咽障碍的表现。其单从口腔流出的，称为口腔流涎。其兼从口腔和鼻腔流出的，则称为口鼻流涎。

1. 口腔流涎 提示唾液分泌增多，应着重考虑口腔疾病、唾液腺疾病，或者可促进唾液腺分泌增多的某些疾病和因素。

（1）采食咀嚼障碍而全身症状轻微。常见于口炎、舌病、齿病、唾液腺炎。

（2）采食咀嚼正常而全身症状明显。常见于拟胆碱药中毒、农药（敌百虫）中毒、有毒植物和真菌毒素中毒。

2. 口鼻流涎 提示吞咽障碍，应着重咽部疾病、食管疾病或者可妨碍吞咽活动的其他一些疾病。

（1）有咽部吞咽运动障碍。常见于咽炎、咽麻痹、咽肿瘤、咽阻塞。

（2）无咽部吞咽运动障碍。常见于食管阻塞、食管痉挛、食管麻痹、食管狭窄、食管扩张、食管炎。

五、技能训练

DR-X 射线机使用

DR-X 射线机见图 1-4。

1. 拍片

（1）开启墙闸电源开关，打开 X 射线机控制面板上的电源按钮，设备自检，最终进入 40kV-1mAs 状态。

（2）打开控制面板滤线栅按钮。

（3）双击计算机桌面上的“动物 DR”，输入密码，按回车键设备进入自检状态。

（4）输入动物资料：包括主人信息，动物年龄、性别等信息。

（5）选择动物拍摄部位（如头颈方框内的 NECK），选择拍摄部位的侧重位，选择拍摄

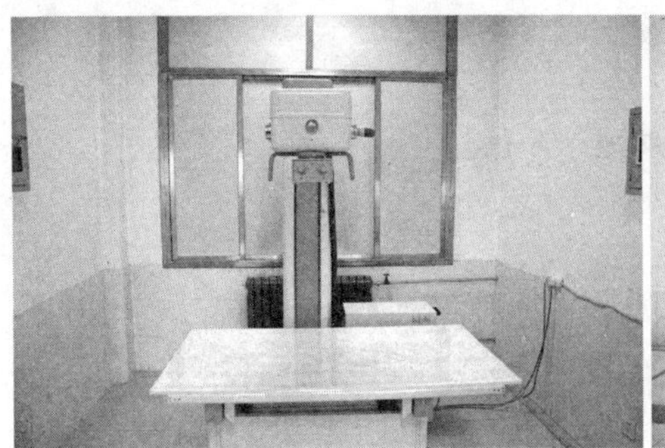

图 1-4 DR-X 射线机

方向（如DV、VD等）。

（6）点击“OK”，设备处于等待曝光状态（5min内必须按曝光按钮进行曝光）。

（7）在X射线机控制面板上选择摄影条件（参考摄影参数表）。

（8）按预备按钮（第一档），预备灯亮，这时按下曝光按钮（第二档），曝光灯亮，这时机器曝光，DR逐步成像并可以看到图像。

（9）如果该动物重拍或拍摄其他部位，不必再输入动物资料，只要点击“新部位”，从步骤（4）开始操作。

2. 图像后处理

（1）窗宽窗位调节，使图像调节到最佳的清晰度、对比度和亮度，根据需要可进行图像翻转、文字注释。

（2）在“剪切保存”栏点击右键，在第二行“Change viewing and preprocessing settings”点左键。

（3）调节动态范围Dynamic range（2...256）2516。一般建议要突出骨骼部分调为16或32，要突出软组织部分调为64。

（4）调节高频增益High frequency multiplier（10...999%）。一般建议300，如要突出细节部分，可调到500～600，但噪声会大。

（5）测量、整个放大和局部放大功能。

3. 图像打印

（1）点击打印图标，再点击“select template”（选择分片）。

（2）点击选中某一分片，在部位里选择需要打印的图像，点击相片右边的“Insert Image”（添加图像）。

（3）如要删除图像，则点击“Delete Image”（删除图像）。

（4）点击“print”（打印），即打印胶片。

任务二　胃肠疾病诊治

一、任务目标

知识目标

1. 掌握胃、肠道等局部解剖与生理知识。
2. 掌握胃、肠道等部位疾病病因与疾病发生的相关知识。
3. 掌握胃、肠道等疾病的病理生理知识。
4. 掌握胃、肠道等疾病治疗所用药物的药理学知识。
5. 掌握胃、肠道等疾病防治原则。
6. 了解肠道疾病处方粮成分组成。

能力目标

1. 会使用常用诊断器械。
2. 具备症状鉴别诊断能力。

3. 具备综合分析并做出初诊的能力。

4. 能准确开出治疗处方。

5. 会使用电子胃镜。

二、相关知识

胃内异物

胃　内　异　物

胃内异物是指误食难以消化的物体，不能被胃液消化，不能呕出或经肠道排出体外，长期停留胃中，造成胃黏膜损伤，引起胃功能紊乱的一种疾病。

【病因】 犬、猫误食各种异物，如石块、砖瓦片、煤块、金属、塑料、骨骼、布头、线团、缝针、鱼钩等；特别是犬、猫吞食梳理脱落下的被毛，在胃内积聚形成毛球；或在训练和嬉戏时误咽训练物、果核、小玩具等。此外，营养不良、维生素与矿物质缺乏、寄生虫病及胰腺疾病等，伴有异嗜，从而导致本病。

【症状】 食欲减退，呕吐，尤其是在采食固体食物时比较明显。随时间延长，宠物营养不良，逐渐消瘦，精神不振。吞入尖锐物体或较粗糙物体时，如铁丝、铁钉及多棱角的硬质塑料玩具等，还可刺激胃黏膜，引起损伤、出血及炎症，甚至胃壁穿孔。呻吟，起卧时弓腰，肌颤，有时呕吐物中可见血丝，触诊胃区敏感。

【诊断】

1. 症状诊断　病犬呈现急性或慢性胃炎的症状，长期消化障碍。当异物阻塞于幽门部时，症状更为严重，呈顽固性呕吐，完全拒食，高度口渴，经常变换躺卧地点、位置，表现痛苦不安，呻吟，甚至号叫。精神高度沉郁，触诊胃部有疼痛感。尖锐的异物损伤胃黏膜而引起呕血，或发生胃穿孔。

2. 实验室诊断　X射线检查，可见到异物（图1-5、图1-6）。根据病史、临床症状及X射线检查结果容易确诊。

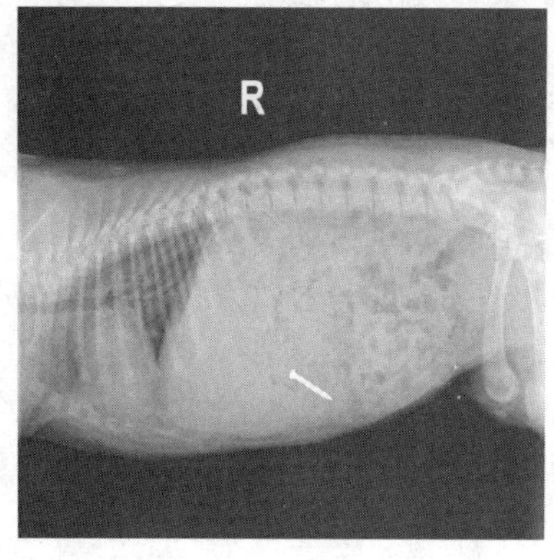

图1-5　胃内异物（铁钉）

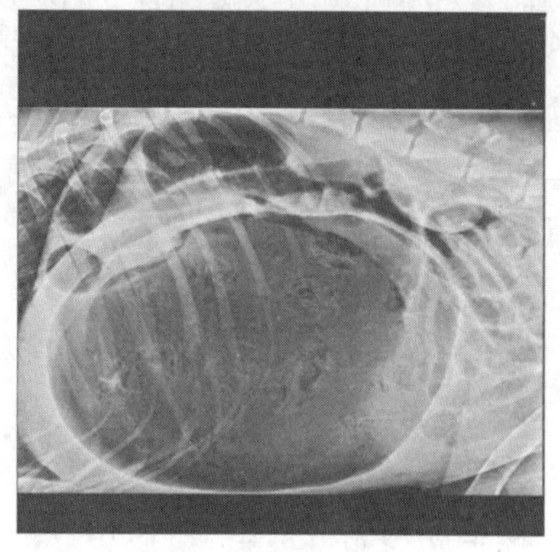
图1-6　胃内异物（鸡头）

【防治】

1. 防治原则　催吐、泻下或手术疗法。

2. 治疗措施　对于少量而小块的异物，可试用催吐药促其排出，或用胃镜取出。遇多量而大块的异物时，可用胃切开手术把异物取出。对出现异嗜的犬，及时补给相应的微量元素，训练与嬉戏时要注意防止犬误食。

处方 1

药物：0.5%硫酸铜溶液 20～50mL。

用法：灌服。

说明：催吐。

处方 2

药物：液状石蜡或植物油 20～50mL。

用法：灌服。

说明：泻下。

处方 3

药物：5%葡萄糖注射液 100～500mL。

用法：静脉滴注，每天 1～2 次。

说明：支持疗法。

处方 4

药物：庆大霉素注射液，每千克体重 1 000～1 500U。

用法：肌内注射，每天 1～2 次，连用 3～5d。

说明：抗菌消炎。

处方 5

药物：头孢拉定胶囊（250mg/粒），0.5～1 粒。

用法：内服，每天2～3次，连用3～5d。

说明：抗菌消炎。

胃扩张

胃扩张是指采食过量或胃内容物排空障碍，导致胃体积突然扩大、胃壁过度扩张的一种腹痛性疾病。大型犬多见。

【病因】胃扩张可分为原发性胃扩张和继发性胃扩张。原发性胃扩张多见于一次性过食干燥、易发酵、易膨胀及难消化的食物，继而剧烈运动，饮用大量冷水，使食物和气体积聚于胃内；另外，养护不当引起胃消化机能紊乱，或饮水不足、机体脱水、胃分泌功能不足导致的胃壁干涩，内容物后排障碍也可引起本病。继发性胃扩张见于幽门痉挛、小肠阻塞、胃扭转、胰腺炎、蛔虫阻塞等。

【症状】患病动物往往突然发生腹痛，茫然呆立或躺卧于地，行动拘谨，常变换躺卧地点，继而腹部膨胀并迅速增剧，叩诊呈鼓音、金属音，如急剧地振动胃下部，可听到拍水音。食欲降低，哽噎，但无呕吐。胃管探诊，如果是急性胃扩张，可放出大量气体和液体。严重病例，呼吸高度困难，脉搏增快，最后脉搏微弱，多于 24～48h 死亡。轻症病例，病程可延至 5d 或 5d 以上。

【诊断】根据病史和突然发病腹痛、前腹部膨大等临床症状可初步诊断。结合胃管探诊时有大量气体排出则可确诊。但应与胃扭转（胃管难以插入胃内）、食道异物（无腹痛和腹胀）、肠扭转（有呕吐和轻度腹胀）、腹膜炎（有呕吐、腹胀和体温升高）等相区别。必要时可剖腹探查确诊。

【防治】

1. 防治原则 应根据不同的病情，给予适当的治疗。对继发性胃扩张，应着重治疗原发病。对急性胃扩张，首先应设法排除胃内气体，可用插入胃管的方法排气，或用粗针头经腹壁刺入胃内进行放气。注意控制动物过食是杜绝胃扩张发生的有效措施。剧烈运动后，不应急于喂给动物过多食物或饮水。此外，严禁饮食后急剧运动。定期用药驱除肠道寄生虫，平时注意饲喂富含营养的食物。

2. 治疗措施

处方 1

药物：盐酸吗啡注射液，每千克体重0.5～1mg。

用法：皮下、肌内注射。

说明：该药毒性大，应严格控制用量。

处方 2

药物：盐酸哌替啶注射液，犬、猫每千克体重5～10mg。

用法：皮下、肌内注射。

说明：腹痛严重时止痛。

处方 3

药物：5%葡萄糖注射液100～500mL，氢化可的松每千克体重5～10mg。

用法：静脉滴注。

说明：有脱水症状的病犬应及时补液。

胃扭转

胃扭转是指已发生扩张的胃沿其系膜轴发生旋转，伴有食管、十二指肠部分或完全阻塞的一种疾病。如果发生急性胃扩张，胃韧带松弛或断裂导致胃扭转，即所谓的胃扩张-扭转综合征，该病以发病急、病情恶化快、死亡率高为特征。

【病因】由于犬的幽门移动性较大，胃内容物过多使胃韧带松弛或断裂，即可发生本病。胃扭转导致胃的贲门和幽门发生关闭，胃、脾血管的循环受阻，可产生急性胃扩张症状，胸部深而狭的犬多发。胃扭转多见于成熟的、中年及老年犬。

【症状】突然发生腹痛，神态淡漠、呆立或躺卧于地，行动谨慎，继而迅速发生腹部膨胀，叩诊呈鼓音或金属音。腹部触诊，触摸到球状囊袋。急剧冲击胃下部，听到拍水音。病犬食欲废绝，烦渴、贪饮、作呕。呼吸困难，脉搏增数，可达200次/min以上。胃探头插入后停留于贲门附近，或用力推送可推入胃内，且有酸臭的气体和血样液体逸出。由于呼吸高度困难，多于24～48h死亡。

【诊断】

1. 症状诊断 根据突然腹痛、行动拘谨、腹部膨胀、叩诊鼓音或金属音及胃管插入困难等，可以做出诊断。

2. 实验室诊断 胃扭转应通过X射线检查确诊（图1-7）。由于用力搬动会增加患病动物的应激反应和增加死亡的危险，所以X射线检查应在初步抗休克治疗和胃减压后进行。必要时需剖腹探查进行确诊。

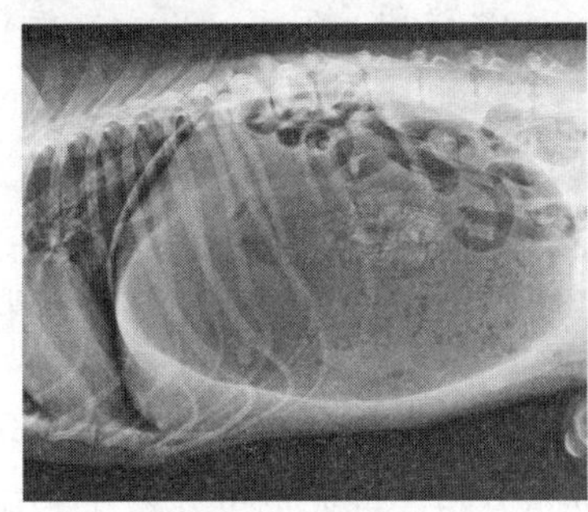
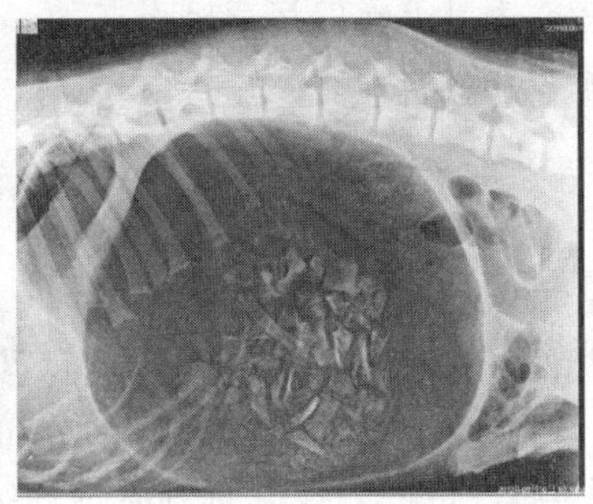

图1-7 胃扩张-扭转

【防治】尽快进行剖腹手术。先穿刺胃，将气体缓慢排出，然后将幽门部连同十二指肠矫正至原来位置，可获得较好效果。

幽门狭窄

幽门狭窄是指各种原因引起的幽门孔径减小甚至完全闭塞的一种疾病。临床上以呕吐、顽固性腹胀及消化不良为特征。

【病因】幽门狭窄分为先天性幽门狭窄和后天性幽门狭窄。先天性幽门狭窄是由于幽门括约肌先天性肥厚，胃、十二指肠韧带异常所致。后天性幽门狭窄多见于各种原因引起的幽门痉挛、胃炎、胃溃疡、食物过碱或霉变、胃泌素分泌过多及局部肿瘤的压迫等，为继发性幽门狭窄。

【症状】

1. 先天性幽门狭窄　腹部膨大，断乳后饲喂固形食物可引起强烈的喷射状呕吐。呕吐物不含胆汁，若饮水或喂饲流食时，则呕吐不明显。由于持续性呕吐，可造成脱水和电解质失衡，生长发育迟缓，且逐渐衰竭，继发异物性肺炎而死亡。

2. 后天性幽门狭窄　表现为由定期呕吐逐渐转变为食后喷射状呕吐，呕吐时间不定。精神沉郁，消化不良，胃排空减慢，采食周期较长，时有腹胀，打嗝，口气多酸臭。如幽门狭窄造成幽门完全闭塞，则可引起急性胃扩张。

【诊断】根据症状，并通过X射线造影检查确诊。X射线造影检查，幽门狭窄时胃内容物排空时间延长，可达5h以上（正常约为60min）。

【防治】

1. 防治原则　可先排除胃内容物，缓解腹痛后再做针对性治疗。先天性幽门括约肌肥厚，必须手术切开，做扩张处理。如为炎症引起的，可通过消炎来治疗。如为腹腔肿瘤压迫所致，则要采取外科手术切除肿瘤；如为幽门部肿瘤，可尝试切除肿瘤后做胃与十二指肠吻合术。

2. 治疗措施

处方1

药物：硫酸阿托品片剂。

用法：内服，犬、猫每千克体重0.02～0.04mg/次。

说明：解痉，适用于幽门痉挛时引起的幽门狭窄，食前30min喂服。

处方2

药物：盐酸氯丙嗪注射液。

用法：肌内注射，犬、猫每千克体重1～3mg/次。

说明：安定，以缓解症状。

胃炎

胃炎是指胃黏膜的一种急性或慢性炎症，有的可波及肠黏膜而发生胃肠炎。胃炎是犬、猫常发生的一种疾病，慢性胃炎多见于老龄动物。

【病因】主要原因是采食腐败变质或不易消化的食物和异物（如塑料、玩具、骨骼、毛发、鱼刺、纸张等），也可因投服有刺激性药物等引起。胃炎也可并发于犬瘟热、犬病毒性肝炎、钩端螺旋体病、急性胰腺炎、肾炎、肝病、脓毒症、肠道寄生虫病及应激反应等。

【症状】病犬精神沉郁、呕吐和腹痛是其主要症状。初期吐出物主要是食糜，以后则为泡沫样黏液和胃液。由于致病原因的不同，其呕吐物中可混有血液、胆汁甚至黏膜碎片。病犬渴欲增加，但饮水后即发生呕吐。食欲明显降低或拒食，或因腹痛而表现不安。呕吐严重时，可出现脱水或电解质紊乱症状。检查口腔时，有黄白色舌苔，闻到臭味。由腐蚀剂引起的胃炎，在呕吐物中可含有血液和黏膜碎片。拒食，偶有异嗜现象（如舔食石块或咀嚼污物等）。腹痛，抗拒触诊前腹部，喜欢蹲坐或趴卧于凉地上。严重胃炎常伴有肠炎。急性胃炎出现持续性呕吐，呈痛苦状。

【诊断】根据病史和临床症状可做出初步诊断。

单纯性胃炎，特别是急性胃炎，一般经对症治疗多可奏效，也可作为治疗诊断依据。有条件的宠物医院可应用X射线照片，以便发现异物，或给予造影剂，对其疾病的范围、性质等观察诊断。

应与食道疾患等相区别。胃炎多有呕吐症状，但呕吐不一定都是胃炎，临床上还应注意鉴别猫的病理性呕吐（胃炎、胃溃疡等）和生理性呕吐（间断性吐毛球）。

【防治】

1. 防治原则 消除刺激性因素，保护胃黏膜，抑制呕吐和防止机体脱水等。

2. 治疗措施 急性胃炎，首先绝食24h以上，防止一次大量饮水后引起呕吐，可给予少量饮水或让其舔食冰块，以缓解口腔干燥。病情好转后，先给予少量多次流质食物，如牛乳、鱼汤、肉汤等，逐渐恢复常规饮食。对持续性、顽固性呕吐者，应给予镇静、止吐类药物。防止机体脱水、碱中毒，应给予等渗糖盐水。

处方 1

药物：硫酸阿托品，每千克体重0.02～0.05mg/次。

用法：肌内、皮下注射。

说明：松弛胃肠道平滑肌。

处方 2

药物：盐酸氯丙嗪，每千克体重1～3mg/次。

用法：肌内注射。

说明：镇静、止吐。

处方 3

药物：硫酸卡那霉素，每千克体重犬2～10mg、猫0.1～5mg/次。

用法：肌内注射，每日2次。

说明：消炎。

处方 4

药物：碱式硝酸铋，犬0.3～2g/次。

用法：内服。

说明：保护剂，以减轻胃内容物对其黏膜的刺激。

处方 5

药物：酚磺乙胺（止血敏），犬2～4mL/次、猫1～2mL/次。

用法：肌内注射。

说明：全身止血。

肠 绞 窄

肠绞窄是指因外力压迫，肠蠕动功能紊乱，或被腹腔某些条索或韧带铰接等，导致肠腔闭塞不通，局部肠管血液循环障碍的重剧腹痛性疾病。如是肠管与肠管间发生缠绕引起的肠管闭塞疾病，则称为肠缠结。

【病因】动物体位突然改变，是本病发生的主要原因，尤其是在采食后不久极易发生。过度的奔跑、跳跃、翻滚以及玩耍时摔跌，由于惯性的作用，游离性较大的肠段（如空肠）极易与腹腔内的索状组织（如韧带、系膜，甚至是肿瘤蒂部、炎性渗出凝固物）发生缠绕引起本病。有时肠管可与自身发生缠结。

【症状】突然发生，剧烈腹痛，起卧不安，频频顾腹，有时出现打滚，痛苦号叫、呻吟。

多数伴有顽固性呕吐，排粪很快停止，口腔、眼结膜及皮肤干燥，可视黏膜发绀，肌肉震颤。腹部触诊，病处疼痛敏感，可摸到局部臌气的肠管。末期，病犬躺卧不起，脉搏虚弱无力，全身机能极度衰竭。多因发生肠坏死、肠破裂或腹膜炎而死亡。整个病程一般为 3～5d。

血沉减慢，腹腔穿刺液呈红色。剖检可见，绞窄的肠段发生充血、淤血、水肿及出血性炎症，肠管呈红色或暗紫色。肠系膜淋巴结肿大、出血。

【诊断】 根据突发剧烈腹痛，结合腹部触诊可初步诊断。有条件的可结合 X 射线检查确诊。病情严重者，可立即剖腹检查。

【防治】 确诊后立即施剖腹术进行整复，如局部肠管已发生严重淤血或坏死，则必须切除，再做肠管吻合术。术后用抗生素全身消炎，保持安静，避免运动。

便　秘

便秘是因肠管的蠕动、分泌机能减退及机械阻塞而引起的排粪障碍。临床上常以腹痛、排粪迟滞为特征。本病多见于老龄的犬、猫。

【病因】 饲养管理不良、饲料单一、饮水不足及运动量小等均为原发性病因。继发性便秘则见于肠内结石、粪石，肠道变位，肠内积聚大量不易消化的骨头、绳索、塑料和大量绦虫等寄生虫，腰荐部受损、腰椎增生造成腰荐神经受压迫，这些都可以引起截瘫和便秘，腹腔或盆腔内肿物压迫也可造成便秘（图 1-8、图 1-9）。

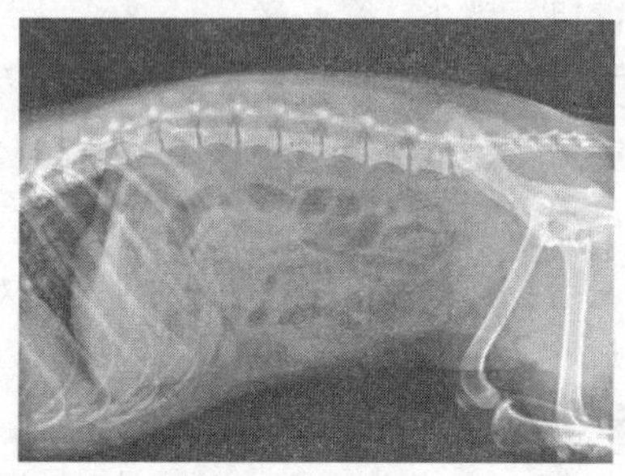

图 1-8　正常肠道 X 射线片（侧位片）

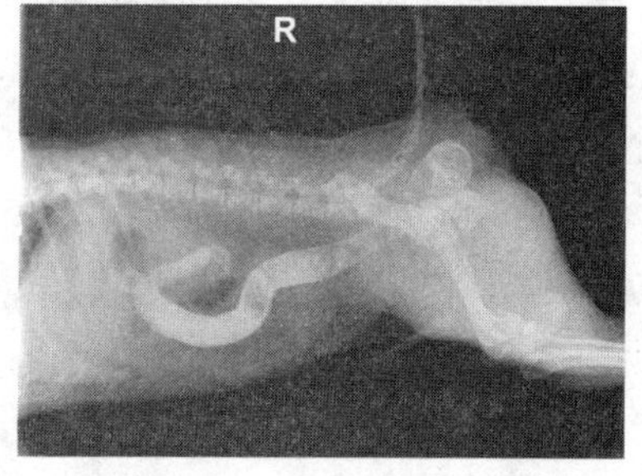

图 1-9　便秘（侧位片）

【症状】 食欲不振或废绝，呕吐。尾巴伸直，步态紧张。脉搏加快，可视黏膜发绀。轻症病例反复努责；重症病例屡呈排粪姿势，排出少量混有血液或黏液的液体。肛门发红和水肿。时间较长病例，多呈口腔干燥、结膜无光、皮肤干燥等脱水表现。触诊后腹上部有压痛，并在腹中、后部摸到串珠状的坚硬粪块。肠音减弱或消失。直肠指诊能触摸到硬的粪块。血液学检查，严重便秘并有脱水时，红细胞数和血细胞比容轻度升高，间或有低钾血症。

【诊断】 根据病史和症状可以确诊。

【防治】

1. 防治原则　主要采取润肠、通便措施。

2. 治疗措施　针灸治疗：白针疗法以关元俞、大肠俞、脾俞为主穴，外关、后三里、百会、后海等为配穴；血针疗法以三江为主穴，耳尖、尾尖为配穴；也可电针两侧关元俞穴。

如针灸和用药无效，则必须剖腹直接按摩积粪。若仍不能使积粪破碎，则要切开肠管取出内容物。如局部肠管已发生严重淤血、坏死，可切除后做肠管吻合术。

处方1

药物：液状石蜡或豆油 20～60mL/次，或10%硫酸镁溶液 20～50mL/次。

用法：内服。

说明：致泻。

处方2

药物：温肥皂水或液状石蜡 50～100mL/次。

用法：灌肠。

说明：软化粪便、润滑肠腔。如积粪靠近直肠部，灌后抬高其后躯，用手在其腹部按摩1～2min，可取得良好效果。另用开塞露从肛门内挤入。

处方3

药物：大黄 15g，厚朴 3g，枳实 3g，芒硝 40g，青木香 5g。

用法：水煎取汁灌服。

说明：中药治疗，大承气汤加减。对体弱动物，可用油当归 15g，肉苁蓉 10g，番泻叶、炒枳壳、醋香附各 5g，厚朴 4g，木香、瞿麦、通草各 3g，水煎取汁，候温加食用油 50mL，一次灌服。

肠　梗　阻

肠梗阻是犬、猫的一种急腹症，常因小肠腔内发生机械性阻塞，或小肠正常位置发生不可逆变化（肠套叠、嵌闭及肠扭转），致使肠内容物不能顺利下行，局部血液循环严重障碍，出现剧烈腹痛、呕吐、脱水，甚至休克、死亡。

【病因】 原发性肠梗阻主要因为食入不易消化的食物或异物所致，如较大的骨块、毛团、砖石、果核，以及在玩耍时误吞入毛线团、玩具等堵塞肠管（图1-10）。另外，大量寄生虫（如蛔虫、钩虫）寄生在肠管，形成团块，也可堵塞肠管。本病也可继发于肠粘连、肠变位和肠痉挛等病程中。

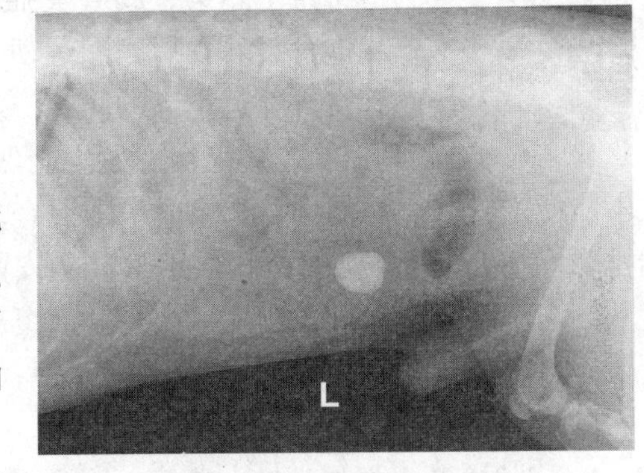

图1-10　肠梗阻（肠道异物）

支配肠壁的神经紊乱、发炎及坏死，导致肠蠕动减弱或消失；肠系膜血栓，导致肠管血液循环发生障碍，继而使肠壁肌肉麻痹，内容物滞留，发生肠梗阻。

【症状】 肠梗阻的典型症状有腹痛、呕吐、腹胀、排粪停止。初期不食，不时号叫或呻吟、呕吐及卧地翻滚。有时有少量粪便。随病情发展，呈持续性呕吐，严重脱水、眼球下陷、皮肤弹力下降、腹围增大及呼吸困难。随着肠管局部血液循环障碍，病变部位的肠管开始出现麻痹和坏死，此时病犬疼痛反应消失。精神高度沉郁，自体中毒，休克，如不及时抢救治疗将造成死亡。慢性肠梗阻，症状主要表现为逐渐消瘦、脱水，并有经久治疗不愈的病史。

【诊断】

1. 症状诊断　根据腹痛、排粪减少及脱水表现，结合触诊、听诊可初步诊断。

2. 实验室诊断　X射线透视检查，可见阻塞前部的肠管扩张，有特征性的气体像；动物取站立位时，可见液体与气体之间的水平线，阻塞物以下的肠管呈空虚像。X射线造影可见造影剂完全停滞于梗阻的前方。

【防治】

1. 防治原则　积极治疗原发病，促进阻塞物排出，防止脱水和自体中毒。

2. 治疗措施

（1）保守疗法。先灌服硫酸镁（或硫酸钠）10～25g，加水适量，一次内服；或植物油（如豆油、菜油）10～30mL，一次灌服，配合腹部按摩，或直接将阻塞物捏（压）碎，以使内容物排出；如阻塞发生于肠管后段，可用大量液状石蜡进行深部灌肠。同时还应注意进行输液、补充维生素、纠正酸碱平衡等支持疗法。

（2）手术疗法。保守疗法如不奏效，应尽早进行手术治疗。切开腹腔，除去阻塞物。如局部肠管已经发生严重淤血或坏死，则应切除，做肠管断端吻合术。术后禁食4d，静脉输液，以补充营养和水分，可用5%葡萄糖溶液（或林格氏液）200～500mL，每天1～2次；同时，给予维生素C和复合维生素B。第5天可喂流质食物，以后逐渐喂正常食物和饮水。

肠套叠

肠套叠：横切面

肠套叠是指一段肠管伴同肠系膜套入邻接的肠管内，导致肠腔闭塞，消化机能障碍，局部肠管发生淤血、水肿甚至坏死的一种疾病，多发生于回肠、盲肠段。幼龄犬、猫常发。

肠套叠：纵切面

【病因】本病由于相邻肠管蠕动性或充盈度不一所致。如冬季暴饮冷水，或肠道寄生虫感染、肠管炎症刺激引起局部肠管痉挛性收缩，套入邻近肠管中；或饱食、暴食后剧烈运动（奔跑、跳跃、摔跤等），因惯性作用使得充盈段肠管突入邻近空虚的肠管。

【症状】病犬突然发生剧烈腹痛，高度不安，甚至卧地打滚，应用镇静剂也不能使之安静。病初排稀粪，粪中常混有多量黏液、血丝，严重时可排出黑红色稀便，后期排粪停止。发生肠管坏死时，病犬转为安静，腹痛似乎消失，但精神仍然委顿，出现虚脱症状。当小肠套叠时，常发生呕吐。触摸腹部，有时可摸到套叠的肠管如香肠样，压迫该肠段，疼痛明显。无并发症时，体温一般正常；如继发肠炎、肠坏死或腹膜炎时，则体温升高。

【诊断】

1. 症状诊断　根据呕吐、腹痛、血便及触诊的感觉可以初步诊断。

2. 实验室诊断　X射线检查有助于本病的确诊，必要时做剖腹检查。

【防治】

1. 保守疗法　原则是早发现、早诊断、早治疗；保证科学饲养管理；及时治疗肠炎等易引发本病的原发病。初期可试用温水或肥皂水深部灌肠，然后将其后肢抬高，同时用手按摩腹部，以促进肠管复位。有时用止痛药和麻醉药，也可使初期肠套叠自然复位。对脱水的病例，要充分补液，有休克症状的可静脉注射地塞米松。术后病犬感到手术部位不适，要注意看护，防止术部被撕咬，影响愈合。饮食方面，注意不要给骨头、肉及脂肪含量高的食物，要给一些易消化的流食。

2. 手术疗法　保守疗法无效时应尽快进行手术整复，套叠部分肠管如已坏死，应切除后做肠吻合术；术后仍应特别注意抗菌消炎、肠管痉挛，以防套叠复发。

胃肠炎

胃肠炎是指胃肠黏膜表层及深层组织发生的炎症，临床上常以消化紊乱、腹痛、腹泻、发热及迅速脱水为特征。

【病因】原发性胃肠炎主要由于饲养管理不良，如采食腐败食物、辛辣食物、强刺激性药物、灭鼠药等；过度疲劳或感冒，降低胃肠的屏障机能；滥用抗生素，扰乱肠道内的正常菌群；消化道内腐败发酵产生的有害物质的刺激等原因而引起。

本病还可继发于某些传染性疾病，如犬细小病毒病、犬瘟热、犬钩端螺旋体病、钩虫病、蛔虫病、球虫病、鞭虫及弓形虫病等。

某些矿物质、维生素缺乏也可促进本病的发生。

【症状】精神沉郁，呕吐、腹泻及腹痛是本病的主要症状。急性病例，体温多升高，食欲不振或完全废绝，虽有饮欲但饮水后即发生呕吐，呕吐物多为白色或棕黄色黏液。粪便呈水样，有恶臭味。如小肠严重出血，粪便呈黑绿色或黑色；若后段肠管出血，粪便表面附有血丝。肠蠕动增强，腹部听诊可闻肠鸣音。腹壁紧张，触之敏感，时而可听到低声呻吟。重症病例可出现脱水、电解质失调和酸碱平衡紊乱，甚至可出现昏迷、休克。慢性病例，症状轻微，主要表现为反复腹泻，偶尔呕吐，消化不良，粪便中常含有消化不全的食物，逐渐消瘦。

【诊断】根据病史和临床症状可以初步诊断，确诊需实验室检查。血常规检查可见白细胞总数升高，中性粒细胞比例增加，血细胞比容升高，如伴有严重寄生虫感染，酸性粒细胞增多；粪便检查可见大量脓球（坏死崩解的白细胞）等。

【防治】

1. 防治原则 加强管理（包括饮食疗法）、清理胃肠和制止发酵、收敛消炎、支持疗法（包括输液、补液、补充维生素等）、对症处理（包括镇吐、止泻、镇痛、解痉、止血等）。

2. 治疗措施 详见处方。

处方 1

药物：活性炭 0.5～2g，加水适量。

用法：灌服。

说明：吸附止泻。

处方 2

药物：5%葡萄糖溶液 250～500mL，乳酸林格氏液 125～250mL，三磷酸腺苷（ATP）20mg，辅酶 A（CoA）50IU。

用法：混合，一次静脉注射。

说明：补液，提供能量。

处方 3

药物：哌替啶，每千克体重 10mg。

用法：肌内注射，隔 8～12h 可重复一次。

说明：镇痛。要积极治疗原发病。

处方 4

药物：胃复安片，每次每千克体重 0.5mg。

用法：内服，每天 2～3 次。

说明：消炎。

处方 5

药物：链霉素，每次每千克体重 10mg。

用法：肌内注射，每天 2 次。

说明：消炎。

结 肠 炎

结肠炎是指结肠发生的一种慢性炎症性疾病。临床上常以顽固性便秘、腹泻、营养不良及体质低下为特征。老龄犬、猫多发。

【病因】一般认为本病与自身免疫反应有关。细菌性急性感染、化学刺激、全身性疾病以及精神紧张，促使结肠蠕动亢进而导致疾病。结肠黏膜损伤也可引起本病。

【症状】疾病初期很长一段时间内，出现不定时无规律的便秘，粪便干、少，颜色深，重症者排坚硬的颗粒状粪便，可持续几个月；有时腹泻，多数病例很快自然恢复。后期，腹泻逐渐加重、频繁，粪便稀薄，严重时呈水样，有时带有血液、脓汁以及组织碎片，气味恶臭。食欲、体温一般无明显变化，但很快消瘦、脱水、贫血，甚至衰竭、死亡。

剖检可见结肠部黏膜充血、出血，外观呈暗红色，表面覆盖有黏稠的液体或脓汁，重症者可见较大的溃疡灶，甚至有大片肠黏膜脱落。

【诊断】 根据临床症状和结肠镜检查可确诊。

【防治】

1. 防治原则 原则是抗菌消炎、制酵、止泻、补充体液。平时要加强护理，喂以高蛋白、高营养、低纤维食物，如动物肝、鸡蛋及稀米饭等。注意不要喂刺激性较大的食物。

2. 治疗措施 详见处方。

处方 1

药物：阿托品，每千克体重 0.015mg；药用炭，每千克体重 10mg（鞣酸蛋白每千克体重 100mg）。

用法：分 3 次口服。

说明：腹泻严重时，促使肠道平滑肌松弛，延长内容物在肠道内的通过时间，增加水分吸收。

处方 2

药物：庆大-小诺米星，每次每千克体重1～2mg。

用法：肌内注射，每天1～2 次。

说明：抗菌消炎。

处方 3

药物：安络血注射液，每次 2～4mL。

用法：肌内注射，每天 1～2 次。

说明：便血严重者，止血。

处方 4

药物：5%葡萄糖溶液 250～500mL；地塞米松，每千克体重 10～20mg。

用法：混合后一次静脉注射。

说明：补液，防止脱水。

肛门囊炎

肛门囊炎是指肛门腺囊内的分泌物积聚于囊内，刺激黏膜而发生的炎症。小型犬、猫多发。

【病因】 本病多见于直肠积粪，特别是长期排软粪，导致肛门腺管阻塞、分泌物排出障碍而引起炎症。另外，肛门周围组织的炎症蔓延也可引起本病。

【症状】 临床表现为肛门部瘙痒，时常有擦肛动作，有时舔咬肛门部。拒绝抚摸臀部，接近犬、猫身体时，可闻到腥臭味。排粪时呈痛苦状，粪便常带有黏液或脓汁。肛门分泌物稀薄，有时呈脓性或带血。如肛门腺管长期阻塞，可见腺体突出于周围皮肤。有时脓肿可自行破溃、自愈及再破溃，反复发生，最终可形成瘘管。用手指做肛检，可见肛门腺充盈肿胀，触压敏感，分泌物多不能排出。

【诊断】 根据临床症状，结合肛门指检可确诊。

【防治】 如未化脓，可用一手指插入肛门，大拇指在外压迫，可排出内容物。肛门囊化脓，可先排除囊内内容物及脓汁，再用 0.1%高锰酸钾溶液或生理盐水彻底冲洗，最后向囊内注入青霉素 40 万～80 万 IU，并在肛门周围皮肤上涂抹红霉素软膏。

如复发，则向囊内注入碘甘油，每天3次，连用4～5d。亦可注入碘酒，每周1次，直至痊愈；如发生蜂窝织炎，形成瘘管与肿瘤者，则应手术摘除肛门腺，注意不要损伤肛门内外括约肌。

术前禁食 24h，用生理盐水灌肠，清除直肠内的蓄粪，然后将肛门囊内脓汁排除，冲洗、消毒，用探针插入囊内底部，沿探针方向切开囊壁，分离肛门囊周围的纤维组织，切断排泄管，使肛门囊游离，摘除。用青霉素生理盐水对创面进行冲洗，创面撒布磺胺粉，从基底部开始缝合，不得留有无效腔。术后护理给予抗生素防止感染，局部涂抗生素软膏。如有感染，应及时拆线，开放创口，按一般感染创处理。

三、案例分析

（一）病例 1

1. 病畜 金毛寻回猎犬，1 岁，雌性，免疫齐全，定期驱虫。体重 13.4kg。

2. 主诉 该犬 3d 前开始呕吐，每日呕吐多次，食欲废绝，饮水后呕吐严重，呈喷射状呕吐。未见大便，小便量少色黄。

3. 检查 脱水程度 8%，眼结膜潮红，精神萎靡。心音亢进，触诊腹部该犬抗拒。犬瘟热病毒化验阴性，犬细小病毒化验阴性，粪便虫卵检测阴性。

血液常规检查结果见表 1-2，生化检查结果见表 1-3。

表 1-2 血液常规检查结果

检验项目	结果	单位	参考范围	检验项目	结果	单位	参考范围
白细胞数目	↑ 21.19	$\times 10^9$个/L	6.00～17.00	红细胞数目	5.75	$\times 10^{12}$个/L	5.1～8.50
中性粒细胞百分比	68.3	%	52.0～81.0	血红蛋白浓度	150	g/L	110～190
淋巴细胞百分比	14.6	%	12.0～33.0	血细胞比容	42.8	%	36.0～56.0
单核细胞百分比	9.8	%	2.0～13.0	平均红细胞体积	74.4	fL	62.0～78.0
嗜酸性粒细胞百分比	5.8	%	0.5～10.0	平均红细胞血红蛋白含量	26.1	pg	21.0～28.0
嗜碱性粒细胞百分比	1.5	%	0.0～1.3	平均红细胞血红蛋白浓度	351	g/L	300～380
中性粒细胞数目	↑ 12.30	$\times 10^9$个/L	3.62～11.32	红细胞分布宽度变异系数	13.7	%	11.5～15.9
淋巴细胞数目	4.54	$\times 10^9$个/L	0.83～4.69	红细胞分布宽度标准差	42.9	fL	35.2～45.3
单核细胞数目	1.87	$\times 10^9$个/L	0.14～1.97	血小板数目	400	$\times 10^9$个/L	117～460
嗜酸性粒细胞数目	1.22	$\times 10^9$个/L	0.04～1.56	平均血小板体积	10.3	fL	7.3～11.2
嗜碱性粒细胞数目	0.09	$\times 10^9$个/L	0.00～0.12	血小板分布宽度	16.3		12.0～17.5
				血小板比容	0.4	%	0.090～0.500

表 1-3 血液生化检验结果

项目缩写	项目名称	浓度	单位	描述	参考范围
TP	总蛋白	73	g/L		52～82
ALT	丙氨酸转氨酶	10	IU/L		10～100
CREA	肌酐	82.4	μmol/L		44.0～159.0
GLU	葡萄糖	8.70	mmol/L	↑	4.11～7.94
UREA	尿素氮	27.9	mmol/L		≤60.0
G-GT	G-谷氨酰转移酶	6	g/mL		≤7
CK	肌酸激酶	52	IU/L		10～200
T-BIL	总胆红素	7.8	μmol/L		≤15.0

（续）

项目缩写	项目名称	浓度	单位	描述	参考范围
AST	天冬氨酸转氨酶	28	IU/L		≤50
TG	甘油三酯	1.4	mmol/L	↑	≤1.1
ALB	白蛋白	31	g/L		21～40
Ca	钙离子	1.91	mmol/L	↓	1.95～3.15
P	无机磷	0.93	mmol/L		0.81～2.19
ALP	碱性磷酸酶	240	IU/L	↑	23～212
α-AMY	α-淀粉酶	664	IU/L		300～1500

X 射线片检查，该犬食道内发现一弯曲高密度钢丝状物体。胃肠内未发现明显异物，建议先输液治疗（图 1-11）。

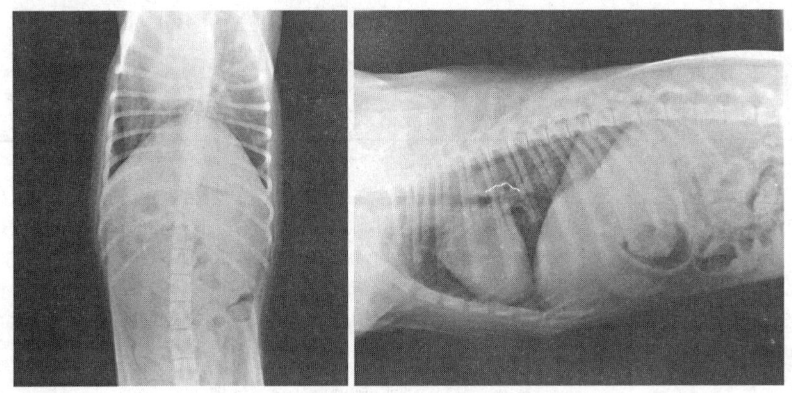

图 1-11　食道异物

4. 输液治疗　①0.9%生理盐水 250mL，氨苄西林钠 0.7g，静脉输液；②复方氯化钠 500mL，ATP、CoA 各 1 支，维生素 C 2mL，静脉输液；③复方氯化钠 500mL，维生素 B_6 2mL，静脉输液；④胃复安 1mL，皮下注射。

输液结束后再进行 X 射线片拍摄，发现高密度异物已进入胃内，建议手术治疗（图 1-12）。

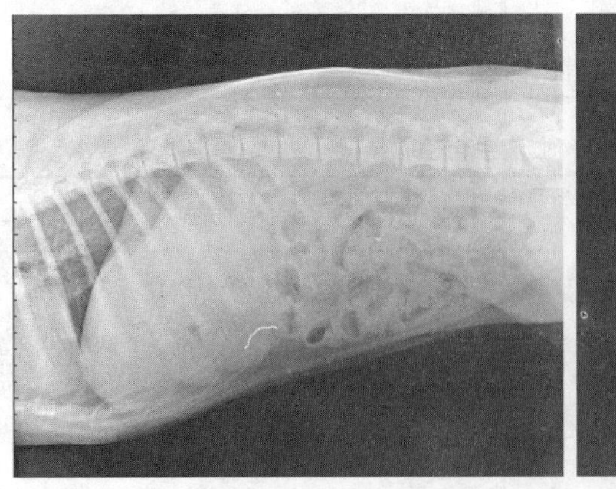
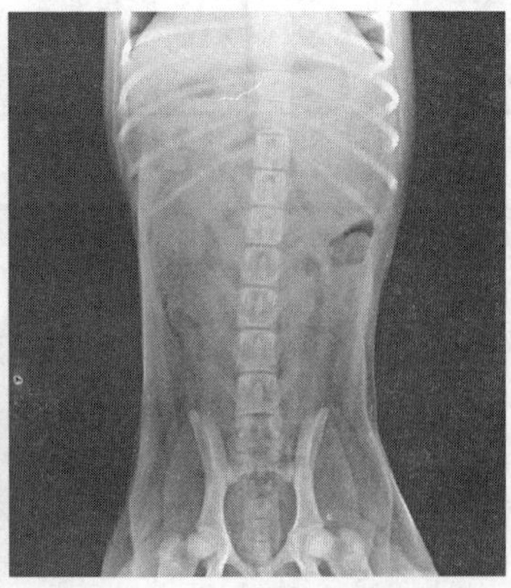

图 1-12　胃内异物

5. 手术治疗 阿托品0.5mg皮下注射，丙泊酚60mg静脉推注诱导麻醉，异氟烷吸入麻醉，胃切开术取异物。0.9%生理盐水输液维持，甲硝唑200mL输液。手术打开胃体，发现幽门部梗阻一手帕巾，高密度钢丝附着于帕巾上，取出帕巾，进行胃壁缝合。术后输液治疗。

（二）病例2

1. 病畜 德国牧羊犬，雄性，1岁，体重39kg。

2. 主诉 该犬未免疫，五日来食欲废绝，饮欲旺盛，每日呕吐多次，水样腹泻，精神萎靡。

3. 检查 体温38.6℃，触诊腹部未见明显异常，脱水程度8%。听诊心音亢进，82次/min；呼吸深长，26次/min。犬瘟热病毒化验阴性，犬细小病毒化验阴性，粪便虫卵检查发现大量蛔虫虫卵。

血液常规检查结果见表1-4。

表1-4 血液常规检验结果

检验项目	结果	单位	参考范围	检验项目	结果	单位	参考范围
白细胞数目	↑ 31.19	×10⁹个/L	6.00～17.00	红细胞数目	5.75	$\times 10^{12}$个/L	5.1～8.50
中性粒细胞百分比	68.3	%	52.0～81.0	血红蛋白浓度	150	g/L	110～190
淋巴细胞百分比	14.6	%	12.0～33.0	血细胞比容	42.8	%	36.0～56.0
单核细胞百分比	9.8	%	2.0～13.0	平均红细胞体积	74.4	fL	62.0～78.0
嗜酸性粒细胞百分比	5.8	%	0.5～10.0	平均红细胞血红蛋白含量	26.1	pg	21.0～28.0
嗜碱性粒细胞百分比	↑ 1.5	%	0.0～1.3	平均红细胞血红蛋白浓度	351	g/L	300～380
中性粒细胞数目	↑ 21.30	$\times 10^9$个/L	3.62～11.32	红细胞分布宽度变异系数	13.7	%	11.5～15.9
淋巴细胞数目	4.54	$\times 10^9$个/L	0.83～4.69	红细胞分布宽度标准差	42.9	fL	35.2～45.3
单核细胞数目	↑ 3.06	×10个^9/L	0.14～1.97	血小板数目	↓ 59	$\times 10^9$个/L	117～460
嗜酸性粒细胞数目	↑ 1.82	$\times 10^9$个/L	0.04～1.56	平均血小板体积	10.3	fL	7.3～11.2
嗜碱性粒细胞数目	↑ 0.47	$\times 10^9$个/L	0.00～0.12	血小板分布宽度	16.3		12.0～17.5
				血小板比容	↓ 0.060	%	0.090～0.500

4. 初步诊断 寄生虫导致的胃肠炎。

5. 治疗 ①5%葡萄糖溶液500mL，头孢曲松钠2g，静脉输液；②0.9%生理盐水500mL，奥美拉唑注射液40mL，静脉输液；③复方氯化钠500mL，碳酸氢钠40mL，静脉输液；④复方氯化钠500mL，50%葡萄糖溶液40mL，ATP、CoA各1支，维生素C 2mL，氯化钾5mL，静脉输液；⑤18种氨基酸250mL，静脉输液；⑥0.9%生理盐水250mL，654-2 1mL，静脉输液；⑦犬心保L（主要成分：伊维菌素、双氢萘酸噻嘧啶）一片口服。除口服驱虫药片以外，其他输液药物连用3d，该犬康复。

6. 疗法缺陷 未进行血气检查，科学地进行酸碱紊乱纠正及离子补充。

四、拓展知识

（一）腹痛症状鉴别诊断

腹痛泛指动物腹腔和盆腔各组织器官内感受器对疼痛性刺激发生反应所表现的综合征。腹痛综合征并非独立的疾病，而是许多有关疾病的一种共同的临床表现。

依据引发腹痛的因素，腹痛有四种性质，即痉挛性疼痛、膨胀性疼痛、肠系膜性疼痛和腹膜性疼痛。上述四种性质的疼痛，可单独、同时或相继出现于同一腹痛病的过程中。

依据症状学分类，可分为症候性腹痛、假性腹痛和真性腹痛。

1. 症候性腹痛 指的是在传染病、寄生虫病以及外科疾病经过中所表现的腹痛。

2. 假性腹痛 指的是在急性肾炎、尿结石、子宫痉挛等泌尿生殖器官疾病乃至肝破裂、胆结石、胸膜炎等胃肠以外的各组织器官疾病经过中所表现的腹痛。

3. 真性腹痛 指的是在急性胃扩张、慢性胃扩张、肠痉挛等胃肠疾病经过中所表现的腹痛。

动物的腹痛，在其行为和体姿上均有所表现。依据表现腹痛的各种行为和体姿改变，可将腹痛程度划分为隐微、轻度、中度、剧烈等等级。腹痛的程度，主要取决于引发腹痛的因素、动物的神经类型以及个体的反应性。腹痛的类型和病程不同，腹痛的程度也不同。即使同一类型腹痛和同一病程发展阶段，不同动物表现的腹痛在程度上也不尽一致。因此，在诊断评价腹痛表现与程度时，要注意进行具体分析。

腹痛症状鉴别诊断要点：①临床上常见的胃肠性腹痛，常见于急性胃肠扩张、肠痉挛、肠臌气、肠变位和肠便秘；②反复发作性腹痛，常见于肠结石、慢性胃扩张、非胆囊性胆结石等；③取排粪排尿姿势的腹痛，常见于直肠便秘、膀胱括约肌痉挛、膀胱炎、输尿管结石、尿道结石、子宫扭转等；④伴有发热的腹痛，常见于细菌性肠炎、病毒性肠炎、腹膜炎等。

（二）幼犬肠道疾病处方粮

适宜对象：1岁以下幼犬；怀孕6～9周（小型犬和中型犬）母犬及哺乳期母犬。适用于急性或慢性腹泻，细菌过度繁殖，消化不良、吸收不良，胃炎，结肠炎，疾病恢复期。

不适宜对象：高脂血症；淋巴管扩张-渗出性肠病；胰腺炎；需要低脂饮食的疾病。

1. 主要成分 大米，鸡肉粉，鸡油，玉米，猪肉粉，谷朊粉，鸡水解液（粉），甜菜粕，矿物质及其螯合物（硫酸铜等），蛋粉，大豆油，啤酒酵母粉，车前子，果寡糖，啤酒酵母细胞壁，天然叶黄素（源自万寿菊），维生素（维生素A、维生素E、维生素D、维生素C等），防腐剂（山梨酸钾）。

2. 主要值 每100g食物含有：蛋白质29g、脂肪22g、糖类26.7g、无氮浸出物（NFE）31.6g、膳食纤维6.1g、粗纤维1.2g、Ω-6 4.21g、Ω-3 0.74g、二十碳五烯酸（EPA）+二十二碳六烯酸（DHA）0.31g、钙1.2g、磷1g、钠0.4g、代谢能（C）1 767.3kJ。

3. 协同抗氧化复合物成分 每100g食物含有：维生素E 60mg、维生素C 30mg、牛磺酸210mg、叶黄素0.5mg。

4. 添加剂

（1）营养性添加剂。包括维生素A 11 400IU、维生素D_3 1 000IU、维生素E_1（铁）43mg、维生素E_2（碘）3.3mg、维生素E_4（铜）10mg、维生素E_5（锰）56mg、维生素E_6

（锌）183mg、维生素 E_8（硒）0.08mg。

（2）技术添加剂。包括防腐剂-抗氧化剂。

（三）成年犬肠道疾病处方粮

适宜对象：急慢性腹泻；炎性肠道疾病；消化不良、吸收障碍；康复期；细菌生长过度；胰腺外分泌不足；胃肠炎；结肠炎；厌食症。

不适宜对象：胰腺炎或有胰腺炎病史；高脂血症；淋巴管扩张；肝性脑病。

1. 主要成分 鸡肉粉，鸡肉骨粉，鸭肉粉，鸭肉骨粉，大米，鸡油，牛油，小麦，小麦粉，犬粮口味增强剂，啤酒酵母粉，蛋粉，矿物元素及其络（螯）合物（硫酸铜，硫酸亚铁等），甜菜粕，大豆油，维生素（维生素 A、维生素 E、维生素 D_3、氯化胆碱等），纤维素，鱼油，车前子，沸石粉，果寡糖，DL-蛋氨酸，牛磺酸，天然叶黄素（源自万寿菊），啤酒酵母细胞壁，BHA（水杨酸），没食子酸丙酯，防腐剂（山梨酸钾）。

2. 主要值 每 100g 食物含有：蛋白质 25g、脂肪 20g、糖类 32.4g、NFE 37g、膳食纤维 6.2g、粗纤维 1.6g、Ω-6 3.52g、Ω-3 0.7g、EPA+DHA 0.3g、钙 1.14g、磷 0.99g、钠 0.4g、代谢能（C）1 704.6kJ。

3. 协同抗氧化复合物 每 100g 食物含有：维生素 E 60mg、维生素 C 30mg、牛磺酸 200mg、叶黄素 0.5mg。

4. 添加剂

（1）营养性添加剂。包括维生素 A 11 400IU、维生素 D_3 1 000IU、维生素 E_1（铁）42mg、维生素 E_2（碘）3.3mg、维生素 E_4（铜）8mg、维生素 E_5（锰）55mg、维生素 E_6（锌）181mg、维生素 E_8（硒）0.08mg。

（2）技术添加剂。包括防腐剂-抗氧化剂。

（四）犬低脂易消化处方粮

适宜对象：急慢性腹泻；急慢性胰腺炎；高脂血症；细菌生长过度；胰腺外分泌不足；淋巴管扩张-渗出性肠病。

不适宜对象：怀孕期、哺乳期母犬。

1. 主要成分 鸡肉粉，鸡肉骨粉，鸭肉粉，鸭肉骨粉，大米，鸡油，牛油，小麦，小麦粉，犬粮口味增强剂，啤酒酵母粉，蛋粉，矿物元素及其络（螯）合物（硫酸铜、硫酸亚铁等），甜菜粕，大豆油，维生素（维生素 A、维生素 E、维生素 D_3、氯化胆碱等），纤维素，鱼油，车前子，沸石粉，果寡糖，DL-蛋氨酸，牛磺酸，天然叶黄素（源自万寿菊），啤酒酵母细胞壁，BHA，没食子酸丙酯，防腐剂（山梨酸钾）。

2. 主要值 每 100g 食物含有：蛋白质 22、脂肪 7g、糖类 46.3g、NFE 53.2g、膳食纤维 8.6g、粗纤维 1.7g、Ω-6 1.24g、Ω-3 0.25g、EPA+DHA 0.14g、钙 1.09g、磷 0.83g、钠 0.4g、代谢能（C）1 446.0kJ。

3. 协同抗氧化复合物 每 100g 食物含有：维生素 E 60mg、维生素 C 30mg、牛磺酸 210mg、叶黄素 0.5mg。

4. 添加剂

（1）营养性添加剂。包括维生素 A 11 700IU、维生素 D_3 1 000IU、维生素 E_1（铁）43mg、维生素 E_2（碘）3.4mg、维生素 E_4（铜）9mg、维生素 E_5（锰）57mg、维生素 E_6（锌）186mg、维生素 E_8（硒）0.08mg。

（2）技术添加剂。包括防腐剂-抗氧化剂。

（五）猫肠道疾病处方粮

适宜对象：急慢性腹泻；炎性肠道疾病；消化不良、吸收障碍；康复期；细菌生长过度；肝疾病（除肝脑病）；胃肠炎；结肠炎；厌食症。

不适宜对象：肝脑病；淋巴管扩张-渗出性肠病；胰腺炎。

1. 主要成分 鸡肉粉，鸡肉骨粉，鸭肉粉，鸭肉骨粉，大米，鸡油，牛油，谷朊粉，纤维素，猫粮口味增强剂，矿物元素及其络（螯）合物（硫酸铜、硫酸亚铁等），蛋粉，甜菜粕，鱼油，维生素（维生素A、维生素E、维生素D_3，氯化胆碱等），大豆油，沸石粉，DL-蛋氨酸，车前子，果寡糖，牛磺酸，天然叶黄素（源自万寿菊），啤酒酵母细胞壁，BHA，没食子酸丙酯，防腐剂（山梨酸钾）。

2. 主要值 每100g食物含有：蛋白质32g、脂肪22g、糖类20.9g、NFE 26.8g、膳食纤维11.1g、粗纤维5.2g、Ω-6 4.31g、Ω-3 0.75g、EPA＋DHA 0.31g、钙1.04g、磷1.01g、钠0.6g、代谢能（C）1 705.4kJ。

3. 协同抗氧化复合物 每100g食物含有：维生素E 60mg、维生素C 20mg、牛磺酸210mg、叶黄素0.5mg。

4. 添加剂

（1）营养性添加剂。包括维生素A 21 900IU、维生素D_3 800IU、维生素E_1（铁）35mg、维生素E_2（碘）2.7mg、维生素E_4（铜）6mg、维生素E_5（锰）43mg、维生素E_6（锌）150mg、维生素E_8（硒）0.06mg。

（2）技术添加剂。包括防腐剂-抗氧化剂。

五、技能训练

电子胃镜使用

（一）设备的检查

电子胃镜见图1-13。

1. 冷光源检查

（1）连接冷光源，打开电源开关“POWER”，确认设备内部冷却风扇运转。

（2）打开灯开关“LAMP”，检查灯是否亮起。旋转亮度调节旋钮，检查光强是否相应变化。

（3）打开气泵开关“PUMP”，检查是否有气涌出。

（4）拨动灯泡转换手柄，检查常用灯泡和备用灯泡是否相互切换。

2. 装水瓶 水瓶内装蒸馏水2/3左右，拧紧盖子再安装到光源侧面的挂钩上。

3. 活检钳的准备和检查 选择适合内镜的活体组织采样钳，将活检钳弯曲成直径20cm的环，轻轻操作手柄时，钳口小碗能够顺利开关。

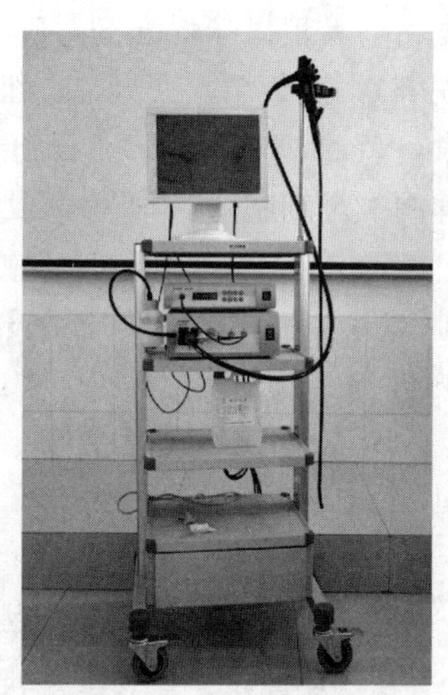

图1-13 电子胃镜

4. 电子内窥镜系统的检查

(1) 插入管检查。目视检查有无凹凸、破裂等表面缺陷，将手在整个插入管上往复抚摸，检查有无任何凸出物、内部松弛，或其他缺陷。

(2) 弯曲部检查。慢慢调节弯角钮至各方向的最大弯角。确认弯曲顺利和正确弯曲，并能达到最大弯曲度。

(3) 光学系统检查。检查离物镜约 15mm 的对象能否清楚看到。

(4) 钳道管的检查。将活检钳轻轻穿过钳道管，确认钳道畅通无阻。

(5) 系统检查。

①将图像处理器和监视器的电源分别连接到插座上。把图像处理器和监视器用视频线连接。

②将电子内镜的导光插头部牢固插入光源的输出插座，并用信号线把电子内窥镜和图像处理器连接。

③将水瓶、吸引管同电子内镜相连接。

④打开图像处理器、监视器、光源的开关。观察监视器上是否有图像，光照度分布是否均匀分布。调节图像处理器和监视器的各功能按钮，使图像达到最佳状态。

⑤送气送水检查。打开气泵开关，利用内镜操作部的送气/送水按钮进行送水及送气。封住按钮上的小孔为送气，按下按钮为送水。也可通过插钳口及钳道管实现手工送气。

⑥吸引检查。将吸引器皮管连接于胃镜的吸引头上，打开吸引器电源，将镜头端部浸入水中，按下按钮进行吸引的控制。

(二) 动物准备

动物需禁食 24h，全身麻醉，左侧卧保定，装置开口器。

(三) 动物检查

左手持操作部，右手持插入部，经口插入内窥镜，进入咽腔，观察咽黏膜颜色是否正常，是否有充血、溃疡等异常情况。慢慢向前推进，检查食管，食管黏膜呈灰白色、有纵行皱襞、光滑、湿润，观察有无食管憩室、狭窄等。继续向前推进，进入胃，胃体黏膜呈粉红色、湿润，皱褶呈索状隆起；上下移动镜头，可观察到胃体的大部分，将镜头向上弯曲 30°，沿大弯继续推进，可进入胃窦，胃窦黏膜呈暗红色，无皱褶，呈环形蠕动；检查完胃窦，将胃镜撤回胃体中，向上旋转 120°，观察胃底，黏膜呈粉红色，有粗大皱褶，观察是否有炎症、溃疡等。检查完毕，松开固定旋钮，将胃镜慢慢拿出，冲洗干净，晾干备用。

(四) 使用后的清洗消毒

(1) 用纱布擦拭插入部，除去插入部的黏液。

(2) 将内镜插入部浸入洗涤液中，用纱布或软海绵轻轻擦洗插入部。

(3) 反复进行 10s 的送气/送水，以清洗送气/送水管道，然后关闭光源。

(4) 将头部浸入水中进行 10s 的吸引操作，然后交替送入数次空气和水，以清洗吸引管道，关闭吸引泵。

(5) 取下吸引按钮、水汽按钮、插钳口密封阀并放入洗涤液中清洗。

(6) 将防水帽盖在导光插头上，再将测漏器的测漏接头接到防水帽上，挤压气囊到压力表指针指向 TEST 范围内，观察压力表指针是否移动。若不动，则取下侧漏器，再将内镜全体浸入水中，观察 30s 左右，应无气泡从内镜中冒出，说明内镜不漏水。若压力表指针滑动，说明漏水，不能进行全浸泡消毒，并予以修理。

（7）用清洗刷进行全吸引管路的刷洗。

任务三　肝、胰、脾疾病诊治

一、任务目标

知识目标

1. 掌握肝、胰、脾解剖知识。
2. 掌握肝、胰、脾疾病病因与疾病发生的相关知识。
3. 掌握肝、胰、脾疾病的病理生理知识。
4. 掌握肝、胰、脾疾病治疗所用药物的药理学知识。
5. 掌握肝、胰、脾疾病防治原则。
6. 了解肝疾病处方粮成分组成。

正常肝

能力目标

1. 会使用常用诊断器械与设备。
2. 具备症状鉴别诊断能力。
3. 具备综合分析并做出初诊的能力。
4. 能准确开出治疗处方。
5. 会腹膜腔穿刺。

肝炎

二、相关知识

肝　　炎

肝炎分为急性肝炎和慢性肝炎。急性肝炎是指肝实质细胞的急性炎症，临床上常以黄疸、急性消化不良和神经症状为特征；慢性肝炎是由各种致病因素引起的肝慢性炎症性疾病。

【病因】

1. 急性肝炎　急性肝炎的病因主要有传染性因素、中毒性因素及其他因素。

传染性因素：见于病毒、细菌及寄生虫感染，如腺病毒、疱疹病毒、细小病毒、结核杆菌、化脓性细菌、真菌、钩端螺旋体及巴贝斯虫等，这些病原体侵入肝或其毒素作用于肝细胞而导致急性肝炎。

中毒性因素：各种有毒物质和化学药品的中毒，如误食砷、汞、氯仿、鞣酸、黄曲霉毒素等，以及反复给予氯丙嗪、睾酮、氯噻嗪等，均可引起急性肝炎。

其他因素：食物中蛋氨酸或胆碱成分缺乏时，可造成肝坏死；充血性心力衰竭、门静脉和肝淤血时，可因压迫肝实质而使肝细胞发生变性、坏死。

2. 慢性肝炎　多由急性肝炎转化而来。各种代谢性疾病、营养不良及内分泌障碍也可继发本病。

【症状】

1. 急性肝炎 精神沉郁，全身无力，初期食欲不振，而后废绝，急剧消瘦。体温正常或略升高。眼结膜黄染，粪便呈灰白绿色、恶臭，不成形。肝区触诊有疼痛反应，腹壁紧张，于肋骨后缘可感知肝肿大，叩诊肝浊音区扩大。病情严重时，表现肌肉震颤、痉挛，肌肉无力，感觉迟钝，昏睡或昏迷。肝细胞弥漫性损害时，有出血倾向，血液凝固时间明显延长。

2. 慢性肝炎 精神萎靡不振，倦怠，呆滞，行走无力，被毛枯焦，逐渐消瘦。腹泻，便秘，或腹泻与便秘交替发生，粪便色淡，偶有呕吐。有的出现轻度黄疸，触诊肝和脾中度肿大，有压痛。

【诊断】病犬精神沉郁、食欲减退，体温正常或稍高。有的病犬先表现兴奋，以后转为沉郁，甚至昏迷。可视黏膜出现不同程度的黄染。病犬主要呈现消化不良症状，其特点是粪便初干燥，之后腹泻，粪便稀软，臭味大，粪色淡。肝肿大，于最后肋骨弓后缘触摸时，病犬有疼痛感，叩诊时肝浊音区扩大。采血做肝功能检查时，各项指标都可呈现阳性反应。

一般可根据黄疸，消化紊乱，粪便干稀不定、有恶臭、粪色淡，肝区触、叩诊的变化，初步诊断为肝炎。如能做肝功能检查，则更有助于本病的确诊。

1. 传染性肝炎 有传染性，具有群发的特点，并有其特定的症状。

2. 中毒性肝炎 粪便恶臭，出血性腹泻，中性粒细胞增加，核左移；胆汁严重淤滞，血清乳酸脱氢酶明显升高，丙氨酸转氨酶稍升高，嗜酸性粒细胞和中性粒细胞增加；血清胆固醇及游离脂肪酸升高，血清中磷脂质量、总蛋白及白蛋白降低。

3. 慢性肝炎 血清胶质反应阳性，碱性磷酸酶、丙氨酸转氨酶的活性均明显升高。溴酚酞磺酸钠试验滞留率阳性，凝血酶原时间延长。

【防治】

1. 防治原则 消除病因，护肝解毒，积极治疗原发病。

2. 治疗措施 由病毒引起的，可采用抗病毒药物，应用高免血清等；由细菌引起的，应根据不同的致病菌选用相应抗生素；由寄生虫引起的，选用抗寄生虫的药物；由中毒引起的，应及时解毒。

加强护理，保持安静，给予糖类为主的易消化食物，避免饲喂脂肪含量高的食物。给予富含蛋白质和多种维生素的食物。选用ATP、辅酶A等能量合剂口服或肌内注射，对处于各期的肝功能恢复有一定作用。

处方1

药物：苦黄注射液30～40mL，10%葡萄糖溶液250mL。

用法：静脉滴注，每天1次，连用1周以上。

说明：对症疗法，清热利湿，疏肝退黄。

处方2

药物：茵陈30g，柴胡30g，青皮15g，枳实15g，龙胆草20g，白芍15g，甘草10g，水煎2次，合并药液。

用法：口服，每天1剂，连用3～5剂。

说明：治疗黄疸。

处方3

药物：20%谷氨酰胺溶液5～20mL，乌氨酸制剂0.5～2mL。

用法：皮下注射。

说明：氨中毒的解毒。

处 方 4

药物：亚硫酸氢钠甲萘醌（维生素 K_3）10～30mg/次。

用法：肌内注射，每天 1～2 次，连用数天。

说明：止血。

处 方 5

药物：葡萄糖注射液 200～500mL，氨基酸 100～250mL。

用法：静脉滴注，连用数天。

脂肪肝

脂 肪 肝

脂肪肝是指糖和脂肪代谢紊乱引起的大量脂肪在肝内沉积的一种代谢性疾病。临床上常以皮下脂肪过度蓄积、消化不良、易疲劳为特征。

【病因】 机体摄入过量脂肪，引起脂肪组织过度蓄积；长期摄入高脂肪、高能量及低蛋白食物；胆碱缺乏；突然减食或过度饥饿等均可引起本病。机体内分泌失调，尤其是垂体、肾上腺皮质激素以及胰岛素分泌不足，引起糖代谢紊乱，外周脂肪分解，导致脂肪向肝内沉积，发生脂肪肝。此外，四环素、糖皮质激素等药物用量过大或用药时间过长，也可引起本病。

【症状】 机体肥胖，皮下脂肪增厚。长期消化不良，食欲减退，呕吐，腹胀。体质虚弱,易疲劳，稍微运动即可引起气喘、心跳加快。肝明显肿大，无压痛。机体抵抗力较低下，极易发生感染。血液检查，多见血糖浓度升高。如继发糖尿病，则尿糖浓度升高。

【诊断】

1. 临床诊断 临床症状不典型，绝大多数脂肪肝病例体态肥胖，腹围较大。早期可见精神沉郁，嗜睡，全身无力，行动迟缓，食欲下降或突然废绝，体重减轻，脱水。体温略有升高，尿颜色变暗、变黄，并且常见间断性呕吐。发病后期可见黏膜、皮肤、内耳和齿龈黄染。在少数情况下，可出现神经症状。

2. 实验室诊断 X 射线检查可见肝形态正常或增大。超声检查显示肝普遍性增大，肝实质回声显著增强，呈弥漫性点状，肝内回声强度随深度而递减，肝内血管壁回声减弱或显示不清。结合血糖检查可得出诊断结论。

【防治】

1. 防治原则 平时注意食物的搭配，防止机体过度肥胖，可有效减少本病的发生。减少高脂肪、高糖食物的供给，提供高蛋白食物，但要限制食量，防止过胖。给予促进肝细胞内脂质分解或排泄的药物。

2. 治疗措施 详见处方。

处 方 1

药物：巯丙酰甘氨酸 50mg/d。

用法：内服，每天 3 次。

说明：蓄积脂肪的消除和肝的修复。

处 方 2

药物：氨基酸制剂 50～100mL。

用法：静脉注射，每天 1～3 次。

说明：血清丙氨酸转氨酶活性升高时使用。

处 方 3

药物：维生素 B_1 100mg。

用法：肌内注射，每天 1～3 次。

说明：血清乳酸酶活性升高和肝胆排泄障碍时，可使用利胆剂。

肝硬化

肝硬化是一种常见的慢性肝病，由一种或多种致病因素长期或反复损害肝所致。本病因肝细胞呈弥漫性变性、坏死，结缔组织弥漫性增生，肝小叶结构被破坏和重建，导致肝硬化。

【病因】炎性增生见于中毒病（如砷、铜及长期采食霉变食物等）、传染病（如犬传染性肝炎、钩端螺旋体病等）、寄生虫病（如肝片吸虫病、血吸虫病等），以及其他器官的炎症蔓延（如大叶性肺炎、坏疽性肺炎、胸膜炎等）等。结节性肝肿瘤也可造成肝的硬变。

【症状】早期主要表现为食欲不振，消化不良，长期便秘或腹泻，有时有呕吐现象。逐渐消瘦，体质虚弱，倦怠、易疲劳，不喜运动。后期，可视黏膜黄染，腹腔积液，腹围明显增大，冲击时有拍水音。严重病例，因肝功能衰竭而出现肝性脑病。腹部叩诊，早期可见肝浊音区扩大，后期则缩小。腹部触诊，在腹两侧肋弓下部可触及坚实的肝，并可见脾肿大。

【诊断】

1. 症状诊断 食欲不振，易疲乏；恶心、呕吐、消化不良或有腹泻。严重肝硬化时，有腹水（图1-14、图1-15），出血性素质，肝、脾肿大，低蛋白血症，门脉高压等现象。

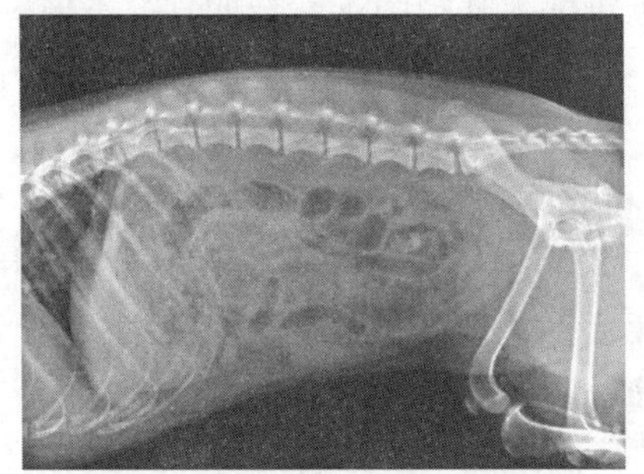

图1-14 正常腹腔X射线片

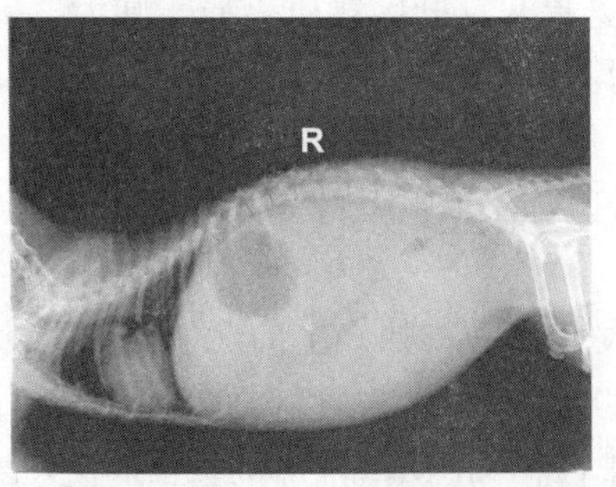

图1-15 硬化导致腹水

肝硬化

2. 实验室诊断 血液检查，白蛋白减少，丙氨酸转氨酶、天冬氨酸转氨酶活性增高，凝血酶原活性降低。尿胆红素和尿蛋白阳性。超声波检查，可发现在进出波间有多少不等的分隔波，提示可能已有腹水生成。

依据长期消化不良、消瘦、腹水、腹部触诊及血、尿检查可确诊。

【防治】

1. 防治原则 消除病因，积极治疗原发病，加强护理，喂给低蛋白、低脂肪的易消化食物。本病为慢性疾病，早期治疗尚有恢复的可能。若病程较长、肝硬化严重，多预后不良，最终死于肝功能衰竭。高糖有利于肝细胞的修复，应避免给予刺激性和高脂肪的食物。有腹水和水肿的病例，要限制钠盐的摄入。

2. 治疗措施 详见处方。

处方1

药物：5%葡萄糖溶液500mL，胰岛素1mg，ATP 40mg，10%氯化钾10mL，辅酶A 100IU。

用法：静脉滴注。

说明：促进肝细胞再生，提高血清蛋白水平。

处方2

药物：复合氨基酸250～500mL。

用法：静脉滴注，每天1次。

说明：促进肝细胞再生，提高血清蛋白水平。

处方 3

药物：肌苷 100～150mg，维生素C 500～1 000mg。

用法：肌内注射，每天1～2次。

说明：促进肝细胞再生，提高血清蛋白水平。

处方 4

药物：泛酸，每次10～50mg；蛲丙酰甘氨酸，每次50～100mg。

用法：肌内注射，每天1～2次。

说明：去除肝内脂肪。

处方 5

药物：磺胺脒，每天1～3g。

用法：口服，分3～4次。

说明：抑菌、制酵。

肝 脓 肿

肝脓肿也称化脓性肝炎，是由于化脓性细菌侵入肝，在局部形成的脓性浸润或脓疱。

【病因】主要因为其他器官化脓性炎症蔓延至肝所致，如化脓性子宫炎、乳腺炎、肾盂肾炎等。另外，肝部寄生虫感染，如血吸虫、囊虫及肝片吸虫病等也可引起肝脓肿。

【症状】体温升高，畏寒，肝区触压疼痛、肿大，精神沉郁，呼吸困难，长期食欲不振、消化不良，后期可见可视黏膜黄染。如脓肿较大，则易破裂，脓汁进入腹腔，从而引起腹膜炎。表现为腹围增大，腹壁紧张。腹腔穿刺液混浊、黏稠，易凝固，有时可带有血液。呼吸急促，呈明显胸式呼吸。如不及时治疗，多死于脓毒血症和败血症。

【诊断】

1. 症状诊断　原发性单一脓肿，生前无明显症状，死后剖检时才能发现。转移性化脓性肝炎，可依据临床症状结合肝部触诊、血液检查得出诊断。

2. 实验室诊断　中性粒细胞增加，特别是分叶核增加；血沉加快。结合B超或X射线造影检查可以确切诊断。

【防治】

1. 防治原则　平时加强护理，喂给低脂肪、低蛋白、易消化的食物。采取消炎、保肝解毒、消除水肿及对症治疗。

2. 治疗措施　定期静脉注射葡萄糖溶液，适当补充维生素C，以保肝解毒。如腹水较多，可通过利尿来排除积水，重症者可穿刺放液。

处方 1

药物：青霉素，每千克体重2万IU。

用法：肌内注射，每天2次，连用3～5d。

说明：抗菌消炎。

处方 2

药物：盐酸土霉素，每千克体重15～50mg。

用法：内服，每天2次，连用3～5d。

说明：抗菌消炎。

肝 破 裂

肝破裂是指各种致病因素作用于肝而引起破裂的一种疾病。

【病因】直接或间接暴力是引起肝破裂的主要原因，如交通事故或某些疾病。

【症状】患病动物腹痛，呕吐，呼吸困难，呈胸式呼吸。有时肝实质和肝被膜同时破裂，造成腹腔内大出血；仅肝实质破裂，则在肝被膜下形成血肿。出血多的病例，可视黏膜苍白，心跳加快，脉搏快、弱。肝区触诊敏感，腹围增大，浊音区增大。

【诊断】根据病史、外伤及临床症状，能做出诊断。

【防治】主要是防止患病动物发生出血性休克，及时补液、输血。制止出血，尽快进行肝修补术，应用抗生素防止继发感染。

胆管炎

胆管炎多是由某些寄生虫直接作用所致（如蛔虫的幼虫、华支睾吸虫），亦可发生于某些传染病的过程中（如犬传染性肝炎），各种犬、猫均可发生。临床症状除寄生虫等原发病症状以外，还表现为食欲不振、消化不良、便秘或腹泻、黄疸、腹痛、消瘦、贫血、浮肿及腹水等症状。化脓性胆囊炎可能出现发热、恶寒战栗、白细胞增多、核左移等。治疗时应消除病因、抗菌消炎、局部温敷、疏肝利胆，必要时采取外科手术治疗。

处方1

药物：青霉素，每千克体重4万～8万IU/次。

用法：肌内注射，每天2次，连用3～5d。

处方2

药物：复方磺胺嘧啶钠注射液，每千克体重20～30mg/次（以磺胺嘧啶计）。

用法：肌内注射，每天1～2次，连用2～3d。

胰腺炎

胰腺炎的本质是由胰外分泌腺所分泌的消化酶对自身及周围组织进行消化进而引发胰腺的炎症变化。临床上分为急性胰腺炎和慢性胰腺炎。急性胰腺炎主要发生于犬，以突发性腹部剧痛、休克和腹膜炎为特征。慢性胰腺炎主要发生于猫，是指胰腺炎症反复发作或持续性的炎症变化，临床上以呕吐、腹痛、黄疸、脂肪痢及糖尿病为特征。

胰腺炎

【病因】

1. 急性胰腺炎

（1）胆总管梗阻。见于胆道蛔虫、胆结石、肿瘤压迫、局部水肿、局部纤维化及黏液淤塞等。胆总管阻塞后，胆汁逆流入胰管并激活胰蛋白酶原为胰蛋白酶，后者进入胰腺及其胰腺周围组织，引起自身消化。

（2）胰外分泌腺机能亢进。进食大量脂肪性食物，可产生明显食饵性脂血症（乳糜微粒血症），改变胰腺细胞内酶的含量，易诱发急性胰腺炎。

（3）传染性疾病。如猫弓形虫病、猫传染性腹膜炎和犬传染性肝炎、犬钩端螺旋体病等可损害肝，诱发胰腺炎。

（4）药物。如噻嗪类、门冬氨酸酶和四环素等药物，胆碱酯酶抑制剂和胆碱能拮抗剂等，长期使用也可诱发胰腺炎。

（5）其他因素。胰腺创伤，车祸、高空摔落及外科手术导致胰腺创伤，可直接导致胰腺炎。

2. 慢性胰腺炎　多由急性胰腺炎转化而来。胆囊、胆管、十二指肠等胰腺周围器官炎症蔓延，以及胰动脉硬化、血栓形成、胰结石等也可引起。

【症状】

1. 急性胰腺炎　临床特征为突发性腹部剧痛、剧烈呕吐、昏迷或休克。病初厌食，无精神，间有腹泻，粪中带血；后出现持续性顽固性呕吐，饮水或吃食后更加明显；生长停滞，急剧消瘦；排粪量增加，粪便中含有大量脂肪和蛋白，严重时波及周围器官，形成腹水。血清淀粉酶、脂肪酶活性增高。

2. 慢性胰腺炎 腹痛反复发作，疼痛剧烈时常伴有呕吐；不断地排出大量橙黄色或黏土色、酸臭味粪便，粪中含有不消化食物，发油光；患病动物贪食，消瘦，生长停止；如病变波及胃、十二指肠及胆总管时，可导致消化道梗阻、阻塞性黄疸、高血糖及糖尿病。胰腺组织萎缩，分泌功能减退。

【诊断】

1. 症状诊断

（1）急性胰腺炎。腹痛突然发生，触诊上腹部右侧疼痛，多呈持续性，进食或饮水时腹痛加剧，呈祈求姿势。病初时呕吐，呕吐物中含有食物、胃液、胆液或血液，呕吐后症状不减轻，体温升高。有的病例烦渴，呼吸急促，心跳加速，脱水，肝肿大，黏膜充血；还有的病例多尿，腹泻，黄染，腹部膨胀，恶病质。

（2）慢性胰腺炎。腹上区触诊疼痛，消化不良，呈脂肪便，生长停止，消瘦。有时出现多饮多尿的糖尿病症状。

2. 实验室诊断

（1）急性胰腺炎。白细胞总数增多，中性粒细胞比例增大，核左移；血清淀粉酶活性升高，多数病例于发病后 8～12h 开始升高，24～48h 达到高峰，维持 3～4d。血尿素氮增多。血糖升高，血钙降低。

①B 超检查。胰腺肿大、增厚，或呈假性囊肿。

②X 射线检查。上腹密度增加，有时可见胆结石和胰腺部分的钙化点。

（2）慢性胰腺炎。粪便呈酸性反应，显微镜下可见脂肪球和肌纤维。胰蛋白酶试验阴性。

①X 射线软片试验。取 5%碳酸氢钠溶液 9mL，加入粪便 1g，搅拌均匀。取 1 滴该混悬液滴于 X 射线软片（未曝光的软片或曝光后的黯黑部分）上，经 37.5℃ 1h，或室温下 2.5h，用水冲洗。若液滴下面出现一个清亮区，表示存在胰蛋白酶；若软片上只有一个水印，表明胰蛋白酶为阴性。

②明胶管试验。在 9mL 水中加入粪便 1g 混匀，取一试管盛 7.5%明胶 2mL，加热使明胶液化；然后，加入粪便稀释液和 5%碳酸氢钠溶液各 1mL，混匀，经 37.5℃ 1h 或室温下 2.5h，再置于冰箱中 20min。若混合物不呈胶冻状，表明胰蛋白酶为阳性。

③B 超检查。可见胰腺内有结石和囊肿。

④X 射线检查。可见胰腺钙化和结石阴影。

注意与急性肾衰竭或小肠梗阻相区别。动物有急性腹痛，可排除肾衰竭。X 射线照片检查，胰腺炎时左、右腹上部密度增加，这可与肠梗阻区别开来。

【防治】

1. 防治原则 在出现症状的 2～4d 内应禁食，以防止食物刺激胰腺分泌。禁食时需静脉注射葡萄糖、复合氨基酸，进行维持营养和调节酸碱平衡等对症治疗。脂肪泻时补充胰酶及维生素 K、维生素 A、维生素 D、复合维生素 B、叶酸和钙剂来减轻临床症状。病情好转时，给予少量肉汤或柔软易消化的食物。因胰腺病变难以恢复，主要靠药物维持其机能。手术切除胰腺的坏死部位。

2. 治疗措施　详见处方。

处方 1

药物：头孢氨苄西林片剂，适量。

用法：口服，0.5～1片/次，每天2次。

说明：规格250mg。控制感染。

处方 2

药物：维生素 B_1 每千克体重 50～100mg，胃复安每千克体重1mg。

用法：肌内注射，每天2次。

说明：用于严重呕吐的治疗，孕犬、孕猫禁用胃复安。

处方 3

药物：5%葡萄糖溶液 250～500mL。

用法：静脉注射，每天上、下午各1次。

说明：防止脱水。如果发生休克，则可加入地塞米松 0.1～1mg/次。

处方 4

药物：硫酸阿托品 0.5mg。

用法：肌内注射，每天3次。

说明：抑制胰腺分泌。

脾　破　裂

脾破裂是指由直接或间接外力作用于脾而引起破裂的一种疾病。

【病因】 直接或间接外力是引起脾破裂的主要原因，如交通事故或某些疾病等。有时脾实质、脾被膜同时破裂。

【症状】 病犬精神沉郁，食欲不振或拒食，腹痛，呕吐。呼吸困难，呈胸式呼吸。出血较多者，可视黏膜苍白，心跳加快，脉搏快、弱。腹部触诊敏感，腹围增大，浊音区增大。

【诊断】 根据病史、外伤、临床症状，易诊断。实验室检查、超声波检查及腹腔穿刺有助于诊断。

【防治】 防止病犬出血性休克，及时补液、输血。应用安络血、维生素K等制止出血。尽早进行脾修补术或切除术，使用抗生素防止继发感染。

腹　膜　炎

腹膜炎是指腹膜因细菌感染或化学性因素、物理性因素刺激而出现的一种炎症，可分为急性、慢性炎症。

【病因】 腹膜炎一般由腹腔、盆腔脏器的炎症蔓延而引起。球菌、化脓菌等的感染也可继发腹膜炎。急性广泛性腹膜炎见于腹部的较大创伤；肝、脾、肠淋巴结脓肿破溃；胃肠或子宫穿孔；肠变位的后期及各种病菌引起的败血症等。局限性腹膜炎见于腹膜创伤，以及腹部手术时所致的创伤。

【症状】

1. 急性广泛性腹膜炎　体温突然升高，精神沉郁，食欲废绝，有时呕吐。腹痛，吊腹，不敢运动，走动时弓腰，迈步拘泥。触诊腹部，腹壁紧张且敏感。呼吸浅而快，呈胸式呼吸。后期腹围增大，轻轻冲击触诊，有波动感，有时能听到拍水音，腹腔穿刺液多混浊、黏稠，有时带血液或脓汁。严重者虚脱、休克。整个病程一般为2周左右，少数在数小时到1天内死亡。

2. 局限性腹膜炎　主要表现为不同程度的腹痛，有时会继发肠管功能的紊乱，如便秘、消化不良、肠臌气等。

3. 慢性腹膜炎 多由急性病例转归而来，一般无明显腹痛，表现为消化不良、腹泻或便秘等慢性肠功能紊乱。由于病程较长，病犬消瘦、发育不良。少数病例继发腹腔脏器粘连和腹水。

【诊断】根据临床症状，结合腹腔穿刺，如穿刺液为渗出液可确诊，但要与肠变位、胃扭转、子宫蓄脓等相区别。

【防治】

1. 防治原则 积极治疗原发病，对症治疗。

2. 治疗措施 详见处方。

处方 1

药物：青霉素，每千克体重 2 万 IU。

用法：肌内注射，每天 2 次，连用 3～5d。

说明：消炎。

处方 2

药物：硫酸庆大霉素，每千克体重 0.1 万～0.15 万 U。

用法：肌内注射，每天 3～4 次，连用 3～5d。

说明：消炎。

处方 3

药物：槟榔皮 25g，桑白皮 20g，陈皮 10g，茯苓 20g，白术 20g，葶苈子 25g。

用法：用水煎煮，至 50mL，直肠深部灌入（每千克体重 2mL），每天 1 次。

说明：中药治疗。

腹　水

腹水是因腹腔脏器长期淤血或全身循环障碍引起的大量水分渗漏到腹腔的一种疾病。其特征是腹围增大，冲击有波动感和拍水音，穿刺液为漏出液。

【病因】腹水主要见于慢性肝病如肝炎、肝硬化、肝肿瘤等；心脏病如心包炎、心力衰竭、心丝虫病等；肺病如大叶性肺炎、肺结核、肺肿瘤等；以及慢性肾炎等。另外，肠变位、肝门静脉或腹腔大淋巴管受到肿瘤或肿胀的压迫引起血液循环障碍，也可引起腹水。

【症状】病程较长，从数周到数月不等。精神沉郁，食欲减退，消瘦及贫血，可视黏膜苍白，虚弱无力，不喜运动。有时可见四肢末梢部位出现水肿，指压留痕。后期腹围逐渐膨大，伴有不同程度的呼吸困难，呈胸式呼吸。触诊腹部，有波动感；叩诊腹部，出现水平浊音。腹腔穿刺，流出大量透明、淡黄色或淡红黄色的稀薄液体。

【诊断】依据临床症状，结合腹腔穿刺可确诊。

【防治】

1. 防治原则 采用对因治疗和对症疗法。如腹水严重，则可做腹腔穿刺放液。在腹壁最低点用长注射针头进行穿刺，一边进针一边用注射针筒抽液。注意消毒，且一次不能抽取过多液体，以防引起腹腔器官急性充血，进而导致脑缺血、虚脱，引发严重后果。放液后，用青霉素钾 160 万～320 万 IU、链霉素 100 万 U、生理盐水 40mL，混合稀释后注入腹腔。

2. 治疗措施 详见处方。

处方 1

药物：呋塞米，每千克体重 5mg。

用法：口服，每天 1～2 次。维持量每千克体重 1～2mg。

说明：促进腹水排出。也可用双氢克尿噻，每天按每千克体重 1～2mg 内服，或按每天 12.5～25mg 肌内注射。静脉注射 50% 葡萄糖溶液，每千克体重 1～4mL；或静脉注射 20% 甘露醇溶液，每千克体重 1～2g。

处方 2

药物：白术、茯苓、泽泻、陈皮各 12g，槟榔皮、生姜各 9g，肉桂、苍术、猪苓、厚朴、甘草各 6g。

用法：煎汤灌服，每天 1 剂，连用 3～5d。

说明：中药治疗，健脾散加减。

三、案例分析

（一）病例 1

1. 病畜 泰迪犬，4 岁，雄性，体重 5.2kg。

2. 主诉 该犬每年定期免疫进口五联疫苗。就诊前一天开始呕吐，一日多次呕吐，饮食欲废绝，未见大便，小便黄，量正常。

3. 检查 视诊该犬精神状态一般，喜卧。触诊未见明显异常。体温 38.6℃。

实验室检查结果见表 1-5、表 1-6。

表 1-5 血液常规检验

检验项目	结果	单位	参考范围	检验项目	结果	单位	参考范围
白细胞数目	↑ 17.26	$\times10^9$个/L	6.00～17.00	红细胞数目	6.86	$\times10^{12}$个/L	5.1～8.50
中性粒细胞百分比	55.2	%	52.0～81.0	血红蛋白浓度	168	g/L	110～190
淋巴细胞百分比	↑ 39.8	%	12.0～33.0	血细胞比容	49.1	%	36.0～56.0
单核细胞百分比	↓ 1.8	%	2.0～13.0	平均红细胞体积	71.5	fL	62.0～78.0
嗜酸性粒细胞百分比	3.1	%	0.5～10.0	平均红细胞血红蛋白含量	24.5	pg	21.0～28.0
嗜碱性粒细胞百分比	0.1	%	0.0～1.3	平均红细胞血红蛋白浓度	342	g/L	300～380
中性粒细胞数目	9.53	$\times10^9$个/L	3.62～11.32	红细胞分布宽度变异系数	13.2	%	11.5～15.9
淋巴细胞数目	↑ 6.85	$\times10^9$个/L	0.83～4.69	红细胞分布宽度标准差	39.3	fL	35.2～45.3
单核细胞数目	0.32	$\times10^9$个/L	0.14～1.97	血小板数目	264	$\times10^9$个/L	117～460
嗜酸性粒细胞数目	0.54	$\times10^9$个/L	0.04～1.56	平均血小板体积	9.1	fL	7.3～11.2
嗜碱性粒细胞数目	0.02	$\times10^9$个/L	0.00～0.12	血小板分布宽度	15.5		12.0～17.5
				血小板比容	0.239	%	0.090～0.500

表 1-6 血液生化检验

项目缩写	项目名称	浓度	单位	描述	参考范围
TP	总蛋白	36	g/L	↓	48～72
ALT	丙氨酸转氨酶	345	IU/L	↑	8～75
CREA	肌酐	40.8	μmol/L		27.0～106.0
GLU	葡萄糖	7.24	mmol/L		4.28～8.33
UREA	尿素氮	2.5	mmol/L		≤60.0
G-GT	G-谷氨酰转移酶	17	g/mL	↑	≤4
CK	肌酸激酶	564	IU/L	↑	99～436
T-BIL	总胆红素	8.5	μmol/L		≤15.0
AST	天冬氨酸转氨酶	54	IU/L	↑	≤50
TG	甘油三酯	0.7	mmol/L		≤1.1
ALB	白蛋白	20	g/L	↓	21～40
Ca	钙离子	2.15	mmol/L		1.95～3.15
P	无机磷	2.12	mmol/L		0.81～2.19
ALP	碱性磷酸酶	723	IU/L	↑	46～337
α-AMY	α-淀粉酶	368	IU/L		300～1 500

4. 第一次治疗 ①复方氯化钠 150mL，碳酸氢钠 24mL，静脉输液；②5%葡萄糖溶液 100mL，氨苄西林钠 0.3g，静脉输液；③5%葡萄糖溶液 150mL，白蛋白 5mL，静脉输液；④胃复安 1mL，皮下注射。

依此处方治疗 2d 后，该犬仍然呕吐，腹围增大，大便呈棕褐色，精神萎靡。小便黄，结膜黄染。

B超检查结果见图 1-16。

5. 第二次治疗 ①生理盐水 100mL，氨苄西林钠 0.3g，静脉输液；②5%葡萄糖溶液 250mL，白蛋白 10mL，静脉输液；③胃复安 1mL，皮下注射；④茵栀黄口服液 5mL/次，口服，3 次/d；⑤肝清灵半片/次，2 次/d，口服；⑥克补软膏口服。

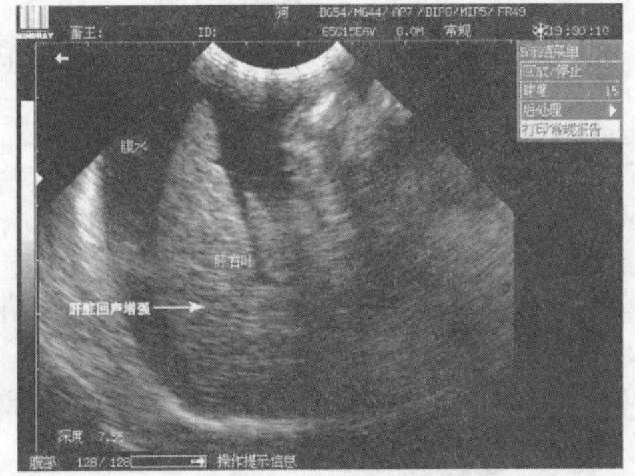

图 1-16 腹水+急性肝炎

(二) 病例 2

1. 病畜 杂交犬，雄性，1 岁，体重 6.4kg。

2. 主诉 该犬平时养在乡下农村，与人吃的食物相同，患病将近一个月。腹部膨大，饮食欲降低，未免疫。大便少，颜色正常，成形。小便量少，清亮。

3. 检查　体温 38.6℃，触诊腹部有波动感。犬瘟热病毒化验阴性，犬细小病毒化验阴性，犬冠状病毒化验阴性，粪便虫卵检测阴性。

X 射线检查见图 1-17，B 超检查见图 1-18。

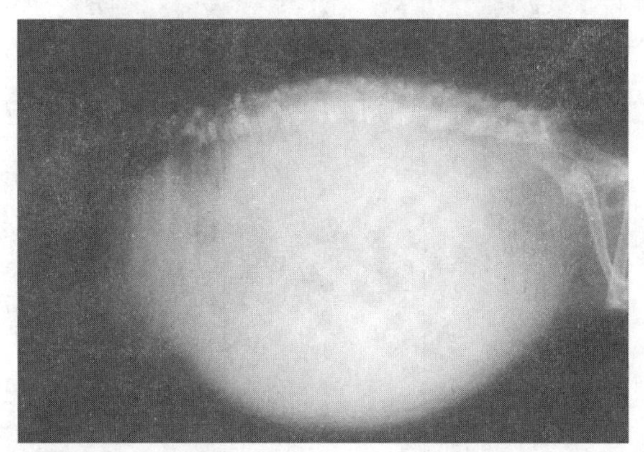

图 1-17　X 射线照片（腹水）

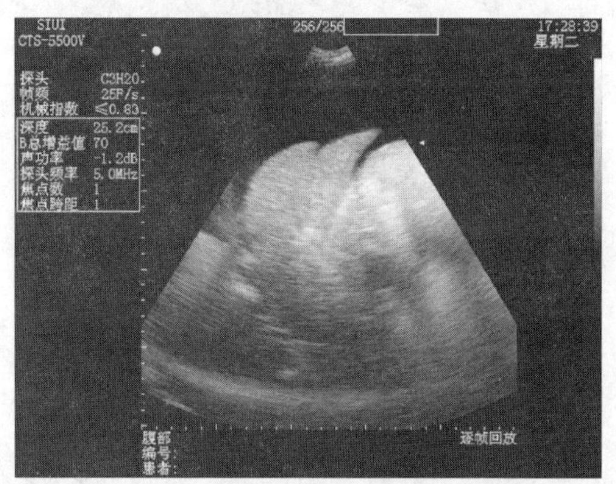

图 1-18　B 超照片（腹水）

实验室检查结果见表 1-7、表 1-8。

表 1-7　血液常规检验

检验项目	结果	单位	参考范围	检验项目	结果	单位	参考范围
白细胞数目	15.95	$\times 10^{9}$个/L	6.00～17.00	红细胞数目	6.4	$\times 10^{12}$个/L	5.1～8.50
中性粒细胞百分比	72.1	%	52.0～81.0	血红蛋白浓度	159	g/L	110～190
淋巴细胞百分比	15.5	%	12.0～33.0	血细胞比容	43.5	%	36.0～56.0
单核细胞百分比	9.5	%	2.0～13.0	平均红细胞体积	67.9	fL	62.0～78.0
嗜酸性粒细胞百分比	2.4	%	0.5～10.0	平均红细胞血红蛋白含量	24.9	pg	21.0～28.0
嗜碱性粒细胞百分比	0.5	%	0.0～1.3	平均红细胞血红蛋白浓度	366	g/L	300～380
中性粒细胞数目	↑ 11.5	$\times 10^{9}$个/L	3.62～11.32	红细胞分布宽度变异系数	13.1	%	11.5～15.9
淋巴细胞数目	2.4	$\times 10^{9}$个/L	0.83～4.69	红细胞分布宽度标准差	37.1	fL	35.2～45.3
单核细胞数目	1.53	$\times 10^{9}$个/L	0.14～1.97	血小板数目	328	$\times 10^{9}$个/L	117～460
嗜酸性粒细胞数目	0.38	$\times 10^{9}$个/L	0.04～1.56	平均血小板体积	8.7	fL	7.3～11.2
嗜碱性粒细胞数目	0.08	$\times 10^{9}$个/L	0.00～0.12	血小板分布宽度	15.6		12.0～17.5
				血小板比容	0.287	%	0.090～0.500

表 1-8 血液生化检验

项目缩写	项目名称	浓度	单位	描述	参考范围
TP	总蛋白	5	g/L	↓	48～72
ALT	丙氨酸转氨酶	4	IU/L	↑	8～75
CREA	肌酐	52.2	μmol/L		27.0～106.0
GLU	葡萄糖	0.36	mmol/L	↓	4.28～8.33
UREA	尿素氮	78.4	mmol/L	↑	≤60.0
G-GT	G-谷氨酰转移酶	3	g/mL		≤4
CK	肌酸激酶	87	IU/L		99～436
T-BIL	总胆红素	1.1	μmol/L		≤15.0
AST	天冬氨酸转氨酶	24	IU/L	↑	≤50
TG	甘油三酯	0.5	mmol/L		≤1.1
ALB	白蛋白	1	g/L	↓	21～40
Ca	钙离子	1.68	mmol/L	↓	1.95～3.15
P	无机磷	0.65	mmol/L	↓	0.81～2.19
ALP	碱性磷酸酶	24	IU/L	↓	46～337
α-AMY	α-淀粉酶	2487	IU/L	↑	300～1500

4. 初诊 低蛋白血症导致的腹水。

5. 治疗 ①5%葡萄糖溶液 250mL，白蛋白 7mL，静脉输液；②5%葡萄糖溶液 250mL，氨苄西林钠 0.2g，静脉输液；③富来血 0.64mL，皮下注射；④克补软膏口服。

四、拓展知识

(一) 犬肝疾病处方粮

适宜对象：肝疾病、慢性肝炎、门静脉短路、肝性脑病、肝衰竭、铜代谢紊乱、梨形虫病。

不适宜对象：怀孕期、哺乳期、生长期的犬；胰腺炎或有胰腺炎病史；高脂血症。

1. 主要成分 大米，小麦，鸡油，牛油，大豆分离蛋白，犬粮口味增强剂，甜菜粕，矿物元素及其络（螯）合物（硫酸铜、硫酸亚铁等），大豆油，维生素（维生素 A、维生素 E、维生素 D_3、氯化胆碱等），纤维素，鱼油，DL-蛋氨酸，果寡糖，L-赖氨酸，牛磺酸，天然叶黄素（源自万寿菊），BHA，没食子酸丙酯，L-肉碱，防腐剂（山梨酸钾）。

2. 主要值 每 100g 食物含有：蛋白质 16g、脂肪 16g、糖类 46.8g、NFE 51.9g、膳食纤维 7.1g、粗纤维 2g、Ω-6 3.81g、Ω-3 0.59g、EPA＋DHA 0.2g、钙 0.72g、磷 0.51g、钠 0.2g、铜 0.4mg、代谢能（C） 1 635.9kJ。

3. 协同抗氧化复合物 每 100g 食物含有：维生素 E 60mg、维生素 C 20mg、牛磺酸 210mg、叶黄素 0.5mg。

4. 添加剂

（1）营养性添加剂。包括维生素 A 11 600IU、维生素 D_3 1 000IU、维生素 E_1（铁）

115mg、维生素 E_2（碘）4.3mg、维生素 E_5（锰）53mg、维生素 E_6（锌）212mg、维生素 E_8（硒）0.38mg。

（2）技术添加剂。包括防腐剂-抗氧化剂。

（二）猫肝疾病处方粮

适宜对象：胆管炎、胆汁淤积、门体分流术、肝性脑病、肝衰竭、肝铜蓄积。

不适宜对象：怀孕期、哺乳或生长期的动物；高脂血症；肝脂肪沉积。

1. 主要成分 大米，鸡油，玉米，谷朊粉，猪水解粉，玉米皮，纤维素，矿物质及其螯合物（硫酸亚铁等），菊苣渣，鱼油，大豆油，果寡糖，啤酒酵母细胞壁，天然叶黄素（源自万寿菊），牛磺酸，维生素（维生素 A、维生素 E、维生素 D、维生素 C 等），防腐剂（山梨酸钾）。

2. 主要值 每 100g 食物含有：蛋白质 26g、脂肪 22g、糖类 28.6g、NFE 34.6g、膳食纤维 11g、粗纤维 5g、Ω-6 4.81g、Ω-3 0.9g、EPA+DHA 0.35g、钙 0.65g、磷 0.59g、钠 0.3g、铜 0.5mg、锌 25mg、代谢能（C）1 719.6kJ。

3. 协同抗氧化复合物 每 100g 食物含有：维生素 E 60mg、维生素 C 20mg、牛磺酸 210mg、叶黄素 0.5mg。

4. 添加剂

（1）营养性添加剂。包括维生素 A 15 600IU、维生素 D_3 800IU、维生素 E_1（铁）12mg、维生素 E_2（碘）5.8mg、维生素 E_4（铜）5mg、维生素 E_5（锰）57mg、维生素 E_6（锌）225mg、维生素 E_8（硒）0.41mg。

（2）技术添加剂。包括防腐剂-抗氧化剂。

五、技能训练

腹膜腔穿刺

1. 穿刺部位 脐至耻骨前缘的连线中央，白线两侧。

2. 穿刺方法 采取站立保定，术部剪毛消毒。术者左手固定穿刺部位的皮肤并稍向一侧移动皮肤，右手控制套管针（或针头）的深度（图 1-19），垂直刺入腹壁 1～2cm，待抵抗感消失时，表示已穿过腹壁层（图 1-20），即可回抽注射器，抽出腹水放入备好的试管中送检（图 1-21、图 1-22）。如需要大量放液，可接一橡皮管，将腹水引入容器，以备定量和检查。放液后拔出穿刺针，无菌棉球压迫片刻，覆盖无菌纱布，胶布固定。

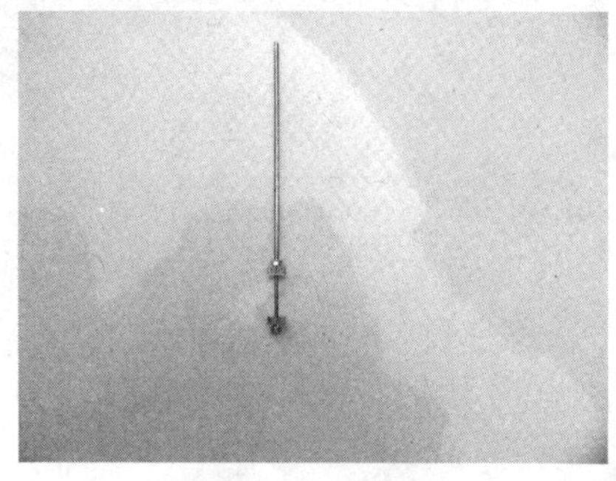

图 1-19 套管针

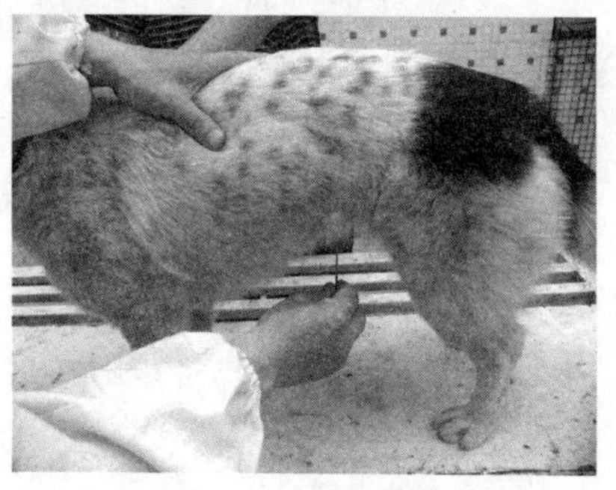

图 1-20 刺入腹膜腔内

洗涤腹腔时，在肷窝或两侧后腹部。右手持针头垂直刺入腹腔，连接输液瓶或注射器，注入药液，再由穿刺部排出，如此反复冲洗 2～3 次。

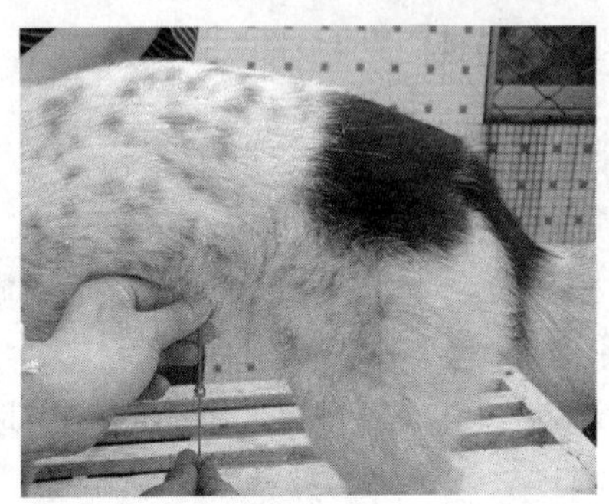

图 1-21　拔出针芯

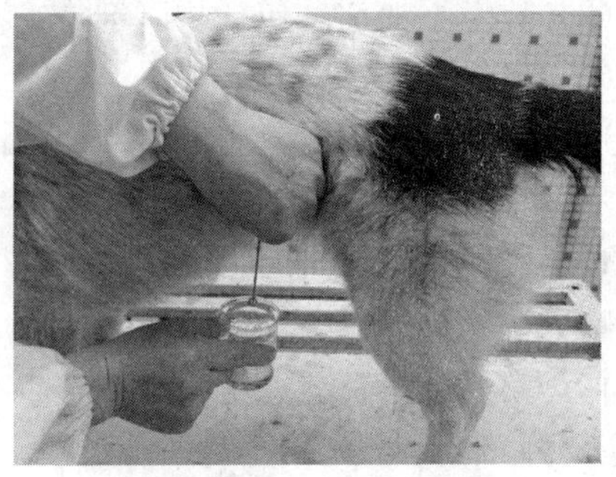

图 1-22　接穿刺液

项目二 PART 2 呼吸系统疾病

任务一　上呼吸道疾病诊治

一、任务目标

知识目标

1. 掌握上呼吸道的局部解剖知识。
2. 掌握上呼吸道疾病病因与疾病发生的相关知识。
3. 掌握上呼吸道疾病的病理生理知识。
4. 掌握上呼吸道疾病治疗所用药物的药理学知识。
5. 掌握上呼吸道疾病防治原则。

能力目标

1. 会使用常用诊断器械与设备。
2. 具备症状鉴别诊断能力。
3. 具备综合分析并做出初诊的能力。
4. 能准确开出治疗处方。
5. 会输氧疗法。

二、相关知识

感　冒

感冒是由于受风寒侵袭而引起的以上呼吸道黏膜炎症为主的急性全身性疾病。临床特征是打喷嚏、鼻流清涕、畏光流泪，体温不同程度升高，伴发结膜炎和鼻炎。本病多发生在早春、晚秋气候多变的季节，是呼吸器官的常发病，尤以幼龄犬、猫多发，可引起严重并发症，应积极防治。

【病因】 管理不当、突然遭受寒冷刺激、长途运输、过度劳累、营养不良等是本病常见的原因。健康犬、猫的上呼吸道，常寄生着可以引起感冒的病毒和细菌，由于上述原因，致使犬、猫抵抗力下降、呼吸道防御机能降低而发病。

【症状】 本病常在遭受寒冷作用后突然发作。患病犬、猫精神沉郁，鼻塞，食欲减退或废绝；眼半闭，结膜充血、潮红，伴轻度肿胀，畏光、流泪、多眵。一般无发热及全身症状，或仅有低热、不适、轻度畏寒，脉搏增数，呼吸加快，往往伴有咳嗽。初流水样鼻液，后变浓稠。鼻黏膜充血、肿胀，发痒，常有以前肢抓鼻等鼻炎症状。严重时畏寒怕冷，拱腰战栗。胸部听诊，肺泡呼吸音增强，心音增强，心跳加快。

【诊断】本病的诊断依据是受寒冷作用后突然发病，呈现体温升高、咳嗽及流鼻液等上呼吸道轻度炎症症状。必要时进行治疗性诊断，应用解热剂后症状迅速缓解，即可诊断为感冒。

【防治】

1. 防治原则 解热镇痛，祛风散寒，防止继发感染。

2. 治疗措施 详见处方。

处方1

药物：安乃近，每千克体重5mg；氨苄西林，每千克体重20mg。

用法：肌内注射，每天1次。

处方2

药物：麻黄10g，生姜10g，杏仁12g，甘草8g。

用法：煎汤灌服，每天1剂，连用3～5d。

说明：中药治疗，麻黄汤加减。

鼻　炎

鼻炎是鼻黏膜的炎症，按病程分为急性和慢性鼻炎；按病因分为原发性和继发性鼻炎，以原发性浆液性鼻炎多见。临床上以鼻黏膜充血、肿胀、流鼻液、打喷嚏、呼吸困难为主要特征，春、秋季节多发。

【病因】鼻炎常见于鼻腔黏膜受到损伤或各种病原微生物感染之后。急性的原发性伤害或病毒感染之后，常有继发性或二次细菌感染。

1. 原发性鼻炎 主要由于鼻腔黏膜受寒冷、化学性、机械性因素刺激所致。

（1）寒冷刺激。寒冷刺激引起的原发性鼻炎占较大比例。由于季节变换、气温骤降，耐寒能力差、抵抗力不强的动物，鼻黏膜在寒冷刺激下发生充血、渗出，鼻腔内条件性病原菌繁殖而引起黏膜炎症。

（2）化学性因素。如挥发性化工原料、饲养场产生的有害气体以及某些环境污染物直接刺激鼻黏膜引起炎症。

（3）机械性因素。如粗暴的鼻腔检查，吸入粉尘、植物芒刺、昆虫、花粉及霉菌孢子，鼻部外伤等，直接刺激鼻黏膜引起炎症。

2. 继发性鼻炎

（1）继发于某些传染病，如犬瘟热、犬副流感感染、犬腺病毒Ⅱ型感染，猫疱疹病毒Ⅰ型感染、猫杯状病毒感染，博代氏杆菌感染、出血性败血性巴氏杆菌感染。

（2）继发于犬鼻螨、肺棘螨等寄生虫感染。

（3）某些过敏性疾病也可引发本病。

（4）邻近器官炎症蔓延，如咽喉炎、副鼻窦炎及齿槽骨膜炎、呕吐所致鼻腔污染等可波及鼻黏膜而发生炎症。

【症状】

1. 急性鼻炎 发病初期鼻黏膜充血、潮红、肿胀，因黏膜发痒而引起打喷嚏，患病犬、猫摇头后退、蹭鼻、流泪。随着炎症的发展，自一侧或两侧鼻孔流出浆液性-黏液性鼻液，若混有血液则为血性鼻液。急性期患病犬、猫出现呼吸迫促、张口呼吸及吸气性鼻呼吸杂音等呼吸困难症状。伴有结膜炎时，可见大量脓性分泌物。下颌淋巴结明显肿胀时可引起吞咽困难。常并发扁桃体炎和咽炎。

2. 慢性鼻炎 病情发展缓慢，临床症状时轻时重，主要症状为流鼻液。鼻液的性状为黏液性、脓性、血性或混合性。鼻液的量不多，可能会在鼻孔的周围形成脓性痂皮，污秽不洁，可发出腐臭味，有时频频打喷嚏，或张口呼吸，或发出鼻塞声。慢性鼻炎常可继发鼻窦炎和上颌窦蓄脓等，也常为鼻腔肿瘤的诱因。

【诊断】主要依据临床症状做出诊断。鉴别诊断时，要注意区分原发性和继发性鼻炎及副鼻窦炎。

继发性鼻炎，除了上述症状以外，还会有体温升高、食欲减退、精神沉郁等全身性症状。当鼻腔黏膜的慢性炎症，持续到发生黏膜溃疡与鼻甲骨髓炎时，病因就很难确定，需做实验室检查，除了使用检耳镜观察病变部位，还需要做细菌或霉菌的分离培养、活组织检查或X射线摄影检查。怀疑为过敏性原因引发本病时，则需另做鼻腔拭取物检查，看看能否找到嗜酸性粒细胞。

【治疗】鼻炎通常都伴有程度不等的病原感染。需选用适当的抗生素制剂，并且合用抗组胺类药物，过敏性的慢性鼻炎病例，应该间断性地局部给予糖皮质激素。

(1) 首先消除病因，加强饲养管理，改善患病犬、猫的生活环境。

(2) 清洗鼻腔。鼻液黏稠时，可选用温热的生理盐水或1%碳酸氢钠溶液冲洗鼻腔；当有大量稀薄鼻液时，可先用1%明矾溶液、2%～3%硼酸溶液、0.1%高锰酸钾溶液、0.1%鞣酸溶液冲洗鼻腔。

(3) 局部给药。为消除局部炎症，可涂擦抗生素软膏，或鼻腔注入庆大霉素溶液（将4万～8万U庆大霉素溶于5mL注射用水中）。鼻黏膜严重充血时，为促进局部血管收缩、减轻黏膜敏感性，可用2%利多可卡因1mL、0.1%肾上腺素溶液1mL、蒸馏水20mL混合滴鼻。鼻塞严重时，用去甲肾上腺素滴鼻液（含0.2%去甲肾上腺素、3%林可霉素、0.05%倍他米松）滴鼻，每天数次。

(4) 积极治疗原发病。①继发细菌感染时可选用氨苄西林，每千克体重20mg，口服或肌内注射，每天2次，也可选用其他抗生素；②真菌感染时，首先清洗鼻腔，用1%复方碘甘油喷鼻，连用10d；③对过敏性鼻炎，口服氯苯那敏4～8mg，或皮下注射去甲肾上腺素每千克体重0.15mg，每天2次。

处方1

药物：氨苄西林，每千克体重20mg。

用法：口服或肌内注射，每天2次，连用3～5d。

处方2

药物：2%利多可卡因1mL、0.1%肾上腺素溶液1mL、庆大霉素8万U、蒸馏水20mL，配滴鼻液。

用法：滴鼻，2h 1次。

喉 炎

喉炎是喉黏膜及黏膜下层组织的炎症，临床上以剧烈咳嗽、喉部敏感、肿胀、疼痛为主要特征。依其炎症的性质可分为卡他性和纤维蛋白性喉炎。

【病因】原发性的喉炎主要是由于受寒感冒，化学、温热及机械性刺激所致；继发性喉炎是由于某些病毒（如犬瘟热病毒、腺病毒Ⅱ型、猫传染性鼻气管炎病毒、猫杯状病毒等）的感染及邻近器官炎症（如鼻炎、咽炎、扁桃体炎、气管炎、脑炎）的蔓延所致。

【症状】急性喉炎，主要表现为响亮且刺耳的咳嗽，吠叫声嘶哑。病初咳嗽声为粗粝、短而有力的痛性干咳，后转为湿咳，咳后常发生呕吐，喉部触诊敏感。轻症时，无明显的全身症状。重症时，全身症状明显，体温升高，精神沉郁，可视黏膜发绀。咽喉附近淋巴结肿胀，喉部出现水肿时，患病犬、猫呈吸入性呼吸困难。

慢性喉炎，一般无明显的临床症状，激动、运动时易咳，喉部触诊敏感。

【诊断】根据临床症状，结合喉头镜检查即可做出诊断。同时应注意与鼻炎、咽炎和支气管炎的鉴别诊断。

【治疗】原发性喉炎应及时消除发病原因，加强管理，改善环境。有全身症状时，采用抗菌消炎、对症和支持疗法，同时配合超声波雾化治疗；继发性喉炎应积极治疗原发病。

处方1

药物：氨苄西林，每千克体重20mg。

用法：口服或肌内注射，每天2次，连用5～7d。

处方2

药物：超声波雾化治疗，加入庆大霉素8万U、鱼腥草2mL。

用法：每天2次，连用5～10d。

鼻出血

鼻出血也称鼻衄，是指鼻腔或鼻旁窦黏膜血管破裂出血并从鼻孔流出的症状。

【病因】原发性鼻出血多见于机械性损伤，胃管、鼻镜的使用不当，寄生虫或异物等，都有可能损伤鼻黏膜而引起局部出血。鼻黏膜溃疡、鼻道肿瘤、慢性鼻炎等，也可以并发鼻出血。另外，犬艾利希氏体病的后期，部分病例也会出现鼻出血的症状。

【症状】单侧或双侧鼻孔内流出血液，一般为鲜血，呈滴状或线状流出，不含气泡或含有几个大气泡。短时间的少量出血，不会出现全身症状。当出现大出血并持续不止时，患病犬、猫可出现严重的贫血症状，表现为可视黏膜苍白，脉搏弱而快。如治疗不及时，可因严重失血而死亡。

【诊断】根据鼻出血的临床症状，寻找出血原因。一般性的鼻出血容易诊断，但要注意与肺出血、气管出血、支气管出血、胃出血相区别。鼻腔以下的呼吸器官出血时血色鲜红，血液从两侧鼻孔流出并带有泡沫，常伴有咳嗽和呼吸困难症状，肺部听诊有湿性啰音。胃出血时，由于胃酸的作用，血液呈褐色，多随呕吐物吐出，偶可从鼻孔呛出。

【治疗】对损伤性鼻出血，如果出血量大，需要麻醉后进行止血处置；如出血量小，可压迫止血或用冰块做鼻道背部的冷敷，将0.01%肾上腺素溶液滴入鼻孔，对毛细血管性出血有一定作用。对并发性鼻出血，在对症治疗的同时，积极治疗原发病。

处方1

药物：0.01%肾上腺素溶液，适量。

用法：滴鼻。

说明：用于毛细血管性出血。

处方2

麻醉后寻找出血部位，压迫止血，用于出血量较大时。

副鼻窦炎

副鼻窦炎是额窦、上颌窦的炎症，临床表现为鼻旁窦黏膜发生浆液性、黏液性、化脓性或坏死性炎症。

【病因】本病可分为原发性和继发性。原发性副鼻窦炎较为少见。继发性副鼻窦炎多继发于鼻腔疾病及上臼齿齿髓、牙周、齿龈等的化脓性炎症。

【症状】鼻腔中流出大量浆液性、黏液性鼻液，呼吸困难，流泪，可能出现眼睛下方的颜面瘘管。感染严重时可能出现体温升高，精神沉郁，食欲减退或废绝等全身症状。慢性病例偶见于年老的小动物，主要表现为持续性流出黏液性或脓性鼻液。

【诊断】可通过临床症状做出初步诊断，确诊须依靠X射线检查。

【治疗】拔除损坏的牙齿；用生理盐水加抗生素灌洗瘘管；鼻窦充血肿胀严重时，可用0.01%肾上腺素溶液滴入鼻孔以收缩血管，减轻肿胀；有全身症状时，使用广谱抗生素制剂1～2周。若窦腔内蓄脓较多时，可施行窦腔冲洗疗法。

处方1

药物：氨苄西林，每千克体重20mg。

用法：口服或肌内注射，每天2次，连用7～15d。

说明：有全身感染或防止继发感染时使用。

处方2

清创，用生理盐水加抗生素灌洗瘘管。

软腭异常

软腭异常包括软腭过长症、软腭肥厚增生症，多见于短头犬种，如斗牛犬、北京犬、巴哥犬、西施犬等，以鼻腔狭窄等上呼吸道阻塞、呼气性呼吸困难、咽或喉内负压增高、运动不耐受、呼吸音过强（鼾式呼吸、喉部咕噜声）及咳嗽为特征。

【病因】目前本病病因不清，但现在一般认为与品种有关，尚未见到本病与遗传有关的报道。

【症状】休息时可见吸气会牵动鼻翼扇动，呼吸音粗粝，伴咳嗽及鼾声，采食时食物可从鼻腔喷出，运动后、高温时、麻醉后极易出现呼吸困难。

【诊断】根据临床症状，结合麻醉状态下喉镜检查可确诊。发育异常时，可配合X射线诊断。要与软腭裂、喉炎、喉软骨萎陷、喉囊侧水肿或外翻相区别。

软腭裂：麻醉后打开口腔检查可确诊。

喉炎：参照喉炎诊断部分。

喉软骨萎陷：表现为吸气性呼吸困难，并发出特殊的狭窄音。

喉囊侧水肿或外翻：在腹面可看到声门内腔；用力呼吸下外翻并迅速恢复到正常位置。

【防治】加强管理，减少运动，定期检查心肺功能。软腭过长，应在早期进行手术，切除过长部分；皮质类固醇治疗可以减轻黏膜水肿和肿胀；呼吸困难时应输氧。建议患有此疾宠物不宜用于育种。

处方1

药物：醋酸泼尼松，每千克体重0.5mg。

用法：口服，每天2次，连续使用7～15d。

说明：使用醋酸泼尼松以减轻黏膜水肿，缓解症状。

处方2

手术切除过长部分。

鼻咽狭窄

【病因】主要由于以下原因造成鼻咽部狭窄：①由于咽部损伤，形成溃疡；②炎症如严重的慢性上呼吸道炎症，形成瘢痕；③先天性异常。

【症状】轻症无明显临床症状。重症者表现呼吸不畅，张口呼吸，不耐运动，鼻腔内分泌物较多，吞咽困难。

【诊断】根据临床症状，结合麻醉后的鼻咽部检查，如小型可屈伸的内窥镜检查、弯探针探查、侧位软组织摄片或碘油造影摄片，可以确诊。

【治疗】对感染引起狭窄或闭锁者，应先积极治疗原发病，等病情稳定后，再进行手术治疗。本病以手术治疗为主，必须根据狭窄的程度，选择不同的手术方法，如单纯扩张术、植皮成形术、软腭及咽后壁成形术等。

处方 1

药物：氨苄西林，每千克体重 20mg。

用法：口服或肌内注射，每天 2 次，连用 7～15d。

说明：由感染引起鼻咽狭窄时使用。

处方 2

手术疗法。

扁桃体炎

扁桃体炎是指扁桃体的急性或慢性炎症。

【病因】原发性的扁桃体炎是由于物理性和生物性因素刺激所致，如异物刺激、过热的食物刺激、某些细菌（溶血性链球菌或葡萄球菌）感染所致。继发性扁桃体炎是由于某些病毒（如犬瘟热病毒）的感染及邻近器官炎症（如口炎、咽炎、鼻炎）的蔓延所引起。

【症状】急性扁桃体炎，病初表现体温升高，精神不振，食欲减退，吞咽障碍。常有短、弱的咳嗽，继而呕出少量黏液。打开口腔可见扁桃体由隐窝向外突出，表面潮红、肿胀，局部有黏液性渗出物，严重时，扁桃体可发生水肿，呈鲜红色并有小的坏死灶或化脓灶。

慢性扁桃体炎病情发展缓慢，临床症状时轻时重，扁桃体表面无光泽，呈泥样；隐窝上皮组织增生，呈轻度肿胀。

【诊断】根据临床症状及口腔检查可做出诊断。

【治疗】原发性的扁桃体炎应给予广谱抗生素制剂 1～2 周。继发性扁桃体炎应及时治疗原发病，反复发作的病例，可在炎症缓解期摘除扁桃体。

处方 1

药物：氨苄西林，每千克体重 20mg。

用法：口服或肌内注射，每天 2 次，连用 7～15d。

说明：反复发作时，应考虑摘除扁桃体。

三、案例分析

1. 病畜 杂交犬，雌性，6 岁，未绝育，体重 4.1 kg。

2. 主诉 其精神、食欲良好，有长期咳嗽病史，平时安静时偶有咳嗽，兴奋时喘息严重，并伴有剧烈咳嗽。来医院就诊前可能因洗澡受凉，咳嗽明显加剧。

3. 一般检查 体温 38.7℃。视诊有喘息，阵发性剧烈咳嗽，流清涕，可视黏膜发绀。听诊呼吸为 40 次/min，心率为 112 次/min，呼吸音粗粝。触诊未发现明显异常。

4. X 射线检查 左侧位 X 射线片显示，胸腔入口处气管腔直径明显小于颈段气管，表明该处发生气管萎陷（图 2-1）。

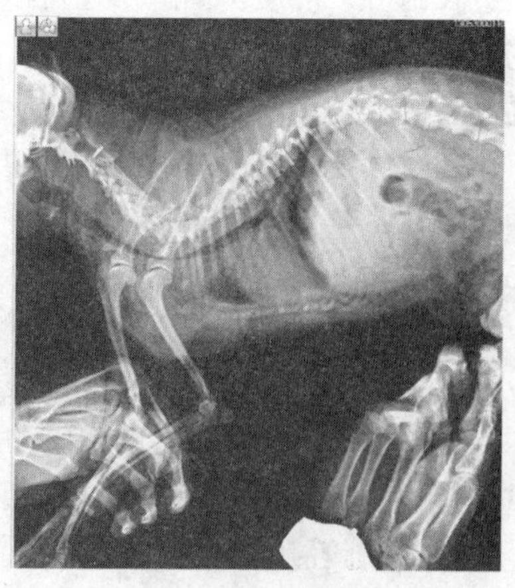

图 2-1 气管萎陷

5. 治疗 就诊当天用氨茶碱注射液皮下注射给药，另配氨苄西林片剂和关节保回家口服给药。连用 7d 后复诊，并注意静养。

经上述治疗 3d 后，患犬病情好转，症状减轻，1 周后恢复正常。

四、拓展知识

动物气喘综合征症状鉴别诊断

气喘，即呼吸困难，表现为呼吸强度、频度、节律和方式的改变。

（一）呼吸困难病因学分类

1. 乏氧性呼吸困难 即氧气稀薄性气喘，是大气内氧气稀薄所致的呼吸困难。

2. 气道狭窄性呼吸困难 指鼻腔、喉腔、气管腔等上呼吸道狭窄所致的吸气性呼吸困难，以及细小支气管肿胀、痉挛等下呼吸道狭窄所致的呼气性呼吸困难。

3. 肺源性呼吸困难 即换气障碍性气喘，包括非炎性肺病和炎性肺病等各种肺病时因肺换气功能障碍所致的呼吸困难。

4. 胸腹原性呼吸困难 指胸、肋、腹、膈疾病时因呼吸运动发生障碍所致的呼吸困难。

5. 血源性呼吸困难 即气体运载障碍性气喘，系红细胞、血红蛋白数量减少和（或）血红蛋白性质改变，载氧、释氧障碍所致。

6. 心源性呼吸困难 即肺循环淤滞-组织供血不足性气喘，系心力衰竭尤其是左心衰竭的一种表现。

7. 细胞性呼吸困难 即内呼吸障碍性气喘，系细胞内氧化磷酸化过程受阻，呼吸链中断，组织氧供应不足或失利用所致。

8. 中枢性呼吸困难 即呼吸调控障碍性气喘，系呼吸中枢的抑制和麻痹所致。

（二）呼吸困难症状学分类

1. 吸气性呼吸困难 表现为吸气时间延长，前肢分开，站立不动，颈平伸，胸廓扩展，严重时呈张口吸气。

2. 呼气性呼吸困难 表现为呼气延长而且紧张，呼气末期腹肌强力收缩，沿肋骨端形成喘线（又称息劳沟），肷部及肛门突出。

3. 混合性呼吸困难 呼气及吸气均困难，且伴有呼吸次数增加。

（三）喘症症状鉴别诊断

1. 吸气困难的类症鉴别

（1）单侧鼻孔流污秽不洁腐败性鼻液，且头颈低下时鼻液涌出的，见于副鼻窦炎。

（2）双侧鼻孔流黏性-脓性鼻液，并表现鼻塞、打喷嚏等鼻腔刺激症状，见于感冒、鼻炎等。

（3）不流鼻液或只流少量浆液性鼻液，见于鼻腔、喉、气管等上呼吸道狭窄疾病。堵住单侧鼻孔后气喘加剧的，指示鼻腔狭窄；堵住单侧鼻孔后气喘有所增重的，指示喉气管狭窄。

2. 呼气困难的类症鉴别

（1）喘轻咳重鼻液多，听诊大、中、小水泡音，见于弥漫性支气管炎。

（2）喘重咳轻鼻液少，听诊捻发音、小水泡音，见于毛细支气管炎。

3. 混合性呼吸困难的类症鉴别

（1）伴有胸式呼吸的，见于胃肠膨胀、腹膜炎、膈疝等。

（2）伴有腹式呼吸的，见于胸膜炎、气胸、肋骨骨折等。

（3）神经症状明显的，见于脑炎、脑水肿、脑出血、脑肿瘤等。

（4）全身症状重剧的，见于高热病、酸中毒等。

（5）心区病征典型的，见于心内膜疾病、心肌疾病、心包疾病。

（6）伴有黏膜和血液染色改变的，见于一氧化碳中毒、亚硝酸盐中毒、贫血等。

（7）肺部症状突出的，见于肺炎、肺水肿、肺气肿等。

五、技能训练

输 氧 疗 法

1. 适应证 动物患有急性肺、心脏、贫血疾病或一些中毒症等危重疾病，引发机体缺氧时，其表现为呼吸加快、呼吸困难、心搏增速和可视黏膜发绀，此时应为动物施行氧气吸入疗法（图 2-2）。另外，外科手术过程中，也需要吸氧，以确保手术成功。

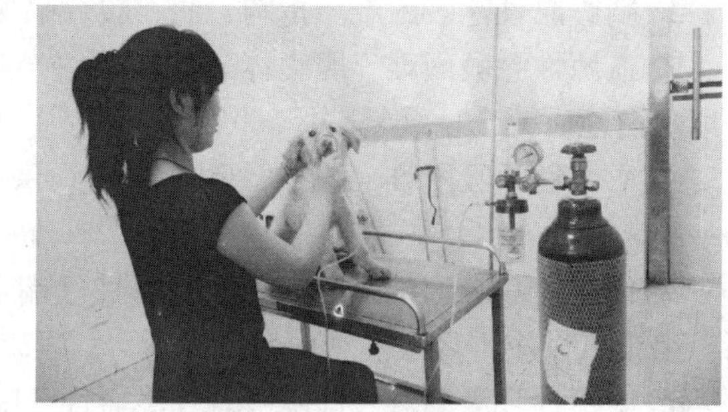

图 2-2 输氧疗法

2. 吸氧方法 氧气吸入量为 50～100mL/（kg · min），湿度是 40%～60%。

（1）动物保定于保定台上或主人抱着。

（2）检查氧气表，确定氧气瓶中氧气量，连接氧气管检查是否通畅。

（3）给氧操作。安装好湿化瓶，连接氧气管于输氧湿化瓶接头处，打开湿化瓶开关，查看流量，并调节好所需流量。将氧气管连接到氧气面罩的氧气进口上，将氧气面罩罩于动物口鼻部，开始吸氧。

任务二 支气管及肺疾病诊治

一、任务目标

知识目标

1. 掌握支气管、肺等局部解剖生理知识。
2. 掌握支气管、肺疾病病因与疾病发生的相关知识。
3. 掌握支气管、肺疾病的病理生理知识。
4. 掌握支气管、肺疾病治疗所用药物的药理学知识。
5. 掌握支气管、肺疾病防治原则。

能力目标

1. 会使用常用诊断器械与仪器。

2. 具备症状鉴别诊断能力。

3. 具备综合分析并做出初诊的能力。

4. 能准确开出治疗处方。

5. 会气管内抽吸分泌物。

6. 会胸膜腔穿刺。

二、相关知识

支 气 管 炎

支气管炎是由于感染或物理、化学因素刺激所引起的支气管炎症，可蔓延至肺实质成为支气管肺炎。临床上以咳嗽、气喘、胸部听诊有啰音为特征。

【病因】

1. 理化因素

（1）寒冷空气的刺激。多为本病的诱因，如早、晚遛犬，洗浴后易发病。

（2）机械因素。常见的有异物吸入气管（如灌药将药物误咽，呕吐物反流误咽入气管，吸入烟尘、尘埃、真菌孢子），过度勒紧的项圈等。

（3）化学因素刺激。这也可导致原发性支气管炎。

2. 生物性因素 可见于某些病毒性传染病（如犬瘟热、犬副流感病毒感染、猫鼻气管炎病毒感染）、细菌感染（肺炎双球菌、嗜血杆菌、链球菌、葡萄球菌等）、寄生虫感染（肺丝虫、蛔虫等），也可由上呼吸道或肺部炎症蔓延所致。

3. 其他因素 如上呼吸道及肺部炎症的蔓延，心脏异常扩张，某些过敏性疾病（如花粉、有机粉尘等变应原所致的过敏）等。

【症状】

1. 急性支气管炎 主要症状为剧烈咳嗽。病初为剧烈短而带痛的干咳，后转为湿咳，严重时为痉挛性咳嗽，在早晨尤为明显。随病程发展，两侧鼻孔流浆液性、黏液性乃至脓性鼻液。肺部听诊支气管呼吸音粗粝，发病2～3d后可听到干、湿啰音。人工诱咳阳性。叩诊无明显变化。发病初期体温轻度升高，若炎症蔓延到细支气管（弥漫性支气管炎），则体温持续升高、脉搏增数、呼吸困难，并出现食欲减退、精神委顿等全身症状。X射线检查，无病灶性阴影，但有较粗纹理的支气管阴影。

2. 慢性支气管炎 在无并发症的情况下多无全身症状。临床上多呈顽固性咳嗽，可听到粗粝的、阵发性的痉挛性咳嗽，尤其在运动时、采食时、夜间和早晨更为严重。当支气管扩张时，咳嗽后有大量腐败鼻液外流，严重者呈现吸气性呼吸困难。X射线检查，可见支气管纹理增粗。支气管镜检查，在较后部的支气管内有呈线状或充满管腔的黏液，黏膜多粗糙增厚。

【诊断】主要依据咳嗽的变化，肺部听诊有干、湿啰音，胸部叩诊无明显变化，X射线检查可见肺部有较粗纹理的支气管阴影而无病灶性阴影等临床症状确诊。注意与鼻炎、喉炎、肺炎等鉴别。鼻炎有鼻塞及鼻分泌物明显增多；喉炎有喉头狭窄音及明显的频咳；肺炎除肺部听诊有各种啰音外，肺区叩诊有局灶性浊音，X射线检查可见局灶性阴影以及明显的全身症状。

【治疗】

1. 消除病因、加强管理 将患病犬、猫放在干燥、保温、通风及清洁的环境中，避免敏感型的犬、猫长期处于寒冷潮湿的环境中，提高空气湿度，减少黏液分泌。为缓解症状可用化痰药和抗组胺药。

2. 消除炎症 应用氨苄西林、丁胺卡那、头孢类药物（如头孢唑啉钠等）或通过药敏试验选用适当抗生素，口服、肌内注射或气管注射。呛咳严重时，用0.5%普鲁卡因青霉素溶液进行喉周皮下封闭注射，每天2次。急性病例可并用地塞米松肌内注射，每天2次。亦可配合使用庆大霉素或阿米卡星进行超声波雾化吸入治疗，每天2次。

3. 镇咳、祛痰、解痉 干咳时可用磷酸可待因每千克体重1～2mg，皮下注射，每天2次；急支糖浆5～20mL/次，口服，每天2次；复方甘草片1～2片/次或复方甘草合剂2～10 mL/次，口服，每天2次。湿咳不宜用止咳药，可用氯化铵每千克体重100mg或蛇胆川贝液5～20mL/次或口服化痰片（羧甲基半胱氨酸）0.1～0.2g/次，每天3次。喘气严重时，可肌内注射氨茶碱，0.05～0.1g/次，每天2次。

4. 抗过敏 对特异性变态反应引起的气管支气管炎，可肌内注射地塞米松每千克体重0.5～1mg，每天1次，连用3～5d；亦可选用氯苯那敏、苯海拉明等药物，以抑制变态反应。

5. 强心补液 可用5%葡萄糖溶液或5%右旋糖酐生理盐水、10%安钠咖，静脉注射。

6. 慢性支气管炎 可内服碘化钾或碘化钠每千克体重20mg，每天1～2次。

处方1

氨苄西林，每千克体重20mg，口服或肌内注射，每天2次，连用7～15d；干咳时可用磷酸可待因，每千克体重1.0～2.0mg，皮下注射，每天2次。

处方2

超声波雾化治疗，加入庆大霉素8万U、鱼腥草2mL、糜蛋白酶2mL，每天2次，连续使用5～7d。

小叶性肺炎

小叶性肺炎是细支气管及局部肺小叶、肺泡的炎症，又称支气管肺炎。由于细支气管、肺泡内会出现渗出液，因此又称卡他性肺炎。临床上以弛张热型、呼吸频率增加、叩诊有散在的局灶性浊音区、听诊有捻发音为特征。

【病因】

1. 原发性小叶性肺炎 多因饲养管理不当、受寒等物理性、化学性刺激，损伤了呼吸器官黏膜而降低了机体抵抗力，使外源性和内源性病原菌大量繁殖，发生炎症。主要病原菌为大肠杆菌、葡萄球菌、博代氏杆菌、链球菌、真菌等。

2. 继发性小叶性肺炎 常见于传染病和寄生虫病过程中，如犬瘟热、犬腺病毒Ⅱ型感染、犬传染性气管支气管炎（犬窝咳）、猫传染性鼻气管炎、猫杯状病毒感染等。

【症状】主要症状为精神沉郁，呼吸急促，弛张热型，眼分泌物增多，食欲不振或废绝，脉搏加快，鼻镜干燥和浆液性、黏液性或脓性鼻漏，咳嗽。听诊局部肺泡音增强，若渗出物堵塞细支气管和肺泡时，则肺泡音消失，有支气管湿性啰音及捻发音。叩诊出现浊音区。重症犬、猫呼吸困难，出现明显的腹式呼吸，可视黏膜发绀。如果继发于犬瘟热，还有结膜炎、鼻窦炎等临床症状。

【诊断】根据临床症状、血液学检查及X射线检查可做出诊断（图2-3、图2-4）。本病应与支气管炎、大叶性肺炎相区别。

1. 支气管炎 全身症状较轻，热型不定，肺部叩诊呈过清音或鼓音，无局灶性浊音区。

2. 大叶性肺炎 大叶性肺炎多呈稽留热型，病程急，全身症状明显，呼吸困难，胸部叩诊呈现大片浊音区。血液学检验，白细胞总数大量增加，中性粒细胞增加，核左移，单核细胞增多，嗜酸性粒细胞缺乏。X射线检查可见肺纹理增粗明显（图2-5）。

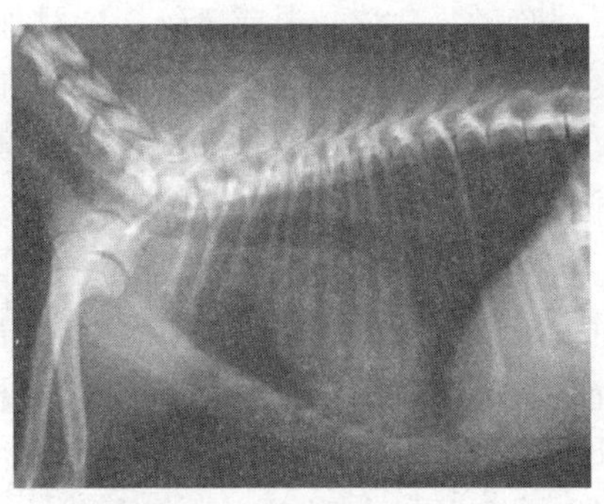

图2-3 正常胸腔X射线片

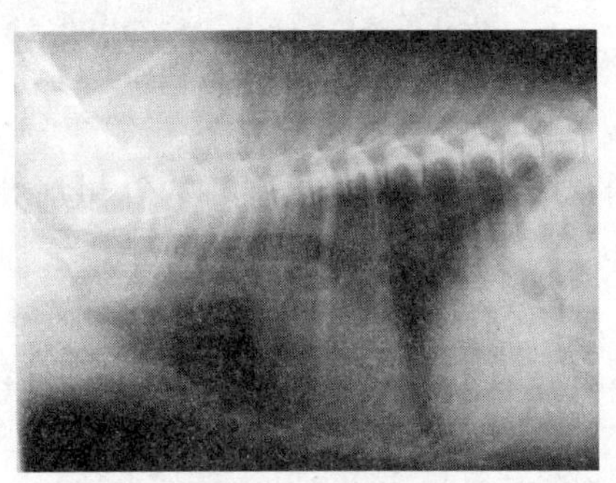

图2-4 小叶性肺炎

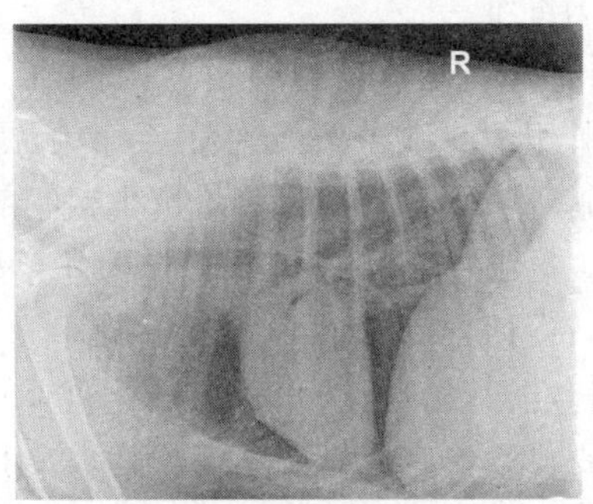

图2-5 大叶性肺炎（侧位片）

【治疗】原发性小叶性肺炎的治疗原则是：①消炎，可通过药敏试验选用有效的抗生素制剂；②对症治疗，如吸氧、祛痰、强心、止咳、退热等（具体用药参照支气管炎）。继发性小叶性肺炎应积极治疗原发病，同时配合消炎、对症治疗和支持疗法等。

处方1

头孢唑林钠，每千克体重15～30mg，肌内注射，每天2次，连用7～15d；干咳时可用磷酸可待因，每千克体重1.0～2.0mg，皮下注射，每天2次；体温升高时可用清开灵，每千克体重0.05～0.1mL，皮下注射；制止渗出可用10%葡萄糖酸钙溶液，每次10～20mL，每天1次。

处方2

超声波雾化治疗，加入庆大霉素8万U、鱼腥草2mL、糜蛋白酶2mL，每天2次，连续使用5～7d。

异物性肺炎

异物性肺炎又称吸入性肺炎，是由于如食物、胃内容物或其他刺激性液（气）体进入肺内而引起的肺部化学性损伤，严重者可发生呼吸衰竭或急性呼吸窘迫综合征。

【病因】经口投予动物的液状药剂进入肺内；吸入有毒或刺激性气体；意识不清（如麻醉）时，呕吐物进入呼吸道。胃内容物进入肺内，由于胃酸的刺激，可引起急性肺部炎症反应，严重程度与吸入量、胃内容物中盐酸浓度以及在肺内的分布有关。

【症状】异物或刺激性气体进入肺内，首先损害黏膜层，由于细菌等微生物的感染，引起支气管肺炎。根据损害的严重程度不同，症状表现轻重不同，轻者仅出现轻微临床症状，严重的可导致死亡。较严重者可表现为混合性呼吸困难，腹式呼吸，体温升高，精神沉郁，湿性咳嗽，食欲减退或废绝，心跳加快；脉搏初期为实脉，随着肺坏疽的形成，心脏机能的衰弱，变为细数；同时体温升高，弛张热型，痛性湿咳，呼出气体带有腐败臭味，鼻液恶臭，有时混有血液。肺部拒按，听诊有啰音，叩诊病变区呈浊音或半浊音，后期可能形成空洞而出现鼓音。

【诊断】根据病史、临床症状、实验室检查结合X射线摄影检查可以确诊。实验室检查可见白细胞总数升高，中性粒细胞比例增加，核左移。鼻液中有弹力纤维。X射线照片可见到透明的肺空洞及坏死灶的阴影（图2-6）。本病应注意与腐败性支气管炎区别，腐败性支气管炎无高热，无肺部的病理变化，在鼻液中无弹力纤维。

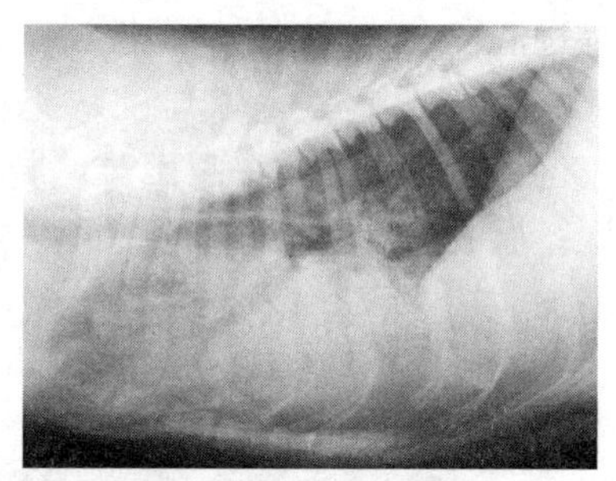

图2-6 异物性肺炎

【治疗】本病应以缓解呼吸困难、迅速排出异物、制止肺组织腐败分解及对症治疗为原则。可通过吸氧以缓解呼吸困难；用大剂量抗生素制剂制止肺组织的腐败分解；排除异物时，让患病犬、猫横卧，后腿抬高，有利于咳出异物。皮下注射2%盐酸毛果芸香碱0.2～1.0mL，增加气管分泌，促使异物排出。

【预防】给动物灌药液时要小心，避免将药物灌入气管和肺内，为动物做全身麻醉之前要把胃排空，麻醉后要禁食、禁水24h。

处　方

吸氧，缓解呼吸困难；吸除气管、支气管里面的异物；头孢唑林钠，每千克体重15～30mg，肌内注射，每天2次，连续使用；体温升高时可用清开灵，每千克体重0.05～0.1mL，皮下注射；制止渗出可用10%葡萄糖酸钙溶液，每次10～20mL，每天1次。

肺　出　血

肺出血是指由于各种原因造成的肺出血的症状。临床上以咯血、呼吸困难为主要特征。

【病因】主要原因是胸壁创伤、肋骨骨折、肺肿瘤、胸腔手术、膈疝及犬心丝虫感染等。

【症状】从口鼻咯出鲜红色血液，并混有泡沫。出血量的多少因出血部位和损伤程度而异，重症者精神沉郁，脉搏加快，呼吸困难，腹式呼吸，咳嗽。出血过多者，可视黏膜苍白，体温下降，心率加快，血压下降。听诊时可闻湿性啰音。

【诊断】根据临床症状、X射线摄影检查及胸腔穿刺和穿刺液检查可以确诊。本病主要是同胃出血、鼻出血相区别。肺出血呈鲜红色，其中含有大量气泡，血液不凝固；而胃出血引起的呕血呈暗红色，呈酸性反应；鼻出血时流出血液中不含泡沫或只含几个大气泡。

【治疗】使动物保持安静，但避免过度使用镇静剂以免抑制咳嗽反射。针对发病原因进行外科处置，手术是一种有效的治疗，但需严格选择适应证。给予止血剂，如安络血、止血敏等，并配合向出血的支气管内滴入1∶20 000肾上腺素液。给予广谱抗生素以防止感染。

处　方

吸氧，缓解呼吸困难；针对发病原因进行外科处置；胸腔穿刺，吸出血液；头孢唑林钠，每千克体重15～30mg，肌内注射，每天2次，连续使用。

肺水肿

肺水肿是肺毛细血管内血液异常增加，血液的液体成分渗漏到肺泡、支气管及肺间质内的一种并发症，临床上以突发高度呼吸困难为特征。

【病因】本病分为心源性（左心房与肺静脉压升高）和非心源性（肺静脉压正常）两种。小动物的肺水肿多属心源性。

1. 肺毛细血管的静水压升高 见于各种原因引起的左心机能不全、肺静脉栓塞性疾病、输血及输液过量或过快等。

2. 血浆的胶体渗透压降低或间质的胶体渗透压升高 见于肝病时蛋白合成能力降低、肾小球肾炎及消化吸收不良时。

3. 肺泡毛细血管通透性改变 见于中毒、弥散性血管内凝血、免疫反应、过敏性休克，此外还见于淋巴系统障碍（如肿瘤性浸润）。

4. 运动强度过大 毛细血管的血液灌注量增加，引起毛细血管的表面积及毛细血管外体液量增加，导致肺水肿。

【症状】肺间质水肿时，表现为呼吸困难、呼吸浅表而快，初期只在运动或兴奋时发生，后期也发生于安静状态。

急性肺泡水肿时，呼吸窘迫更加明显，动物呼吸浅而快，黏膜发绀或苍白，头颈伸展，张口呼吸，发出水泡音（有时不用听诊器也可听到），可从口、鼻流出浅粉红色泡沫状液体，前肢外展呈犬坐姿势以减少胸腔压力。脉搏细数，肺部听诊为湿性捻发性啰音，无法听清心音，胸部叩诊时，病变部是浊音。

胸部X射线检查，肺视野模糊的“云雾”状阴影呈散在性增强，气管、支气管轮廓清晰。如为补液量过大引起的肺水肿，肺泡阴影呈弥漫性增强，大部分血管几乎难以发现。肺泡气肿所致的肺水肿，X射线检查可见斑点状阴影。因左心机能不全并发的肺水肿，肺静脉较正常清晰，而肺门呈放射状。

【诊断】根据病史，突发高度呼吸困难等临床症状，配合X射线检查，可以确诊。

【治疗】肺水肿进展迅速，必须尽快采取急救措施。治疗原则为：镇静；改善通气和换气功能；强心；利尿。遇到急性、突发性、渗透性肺水肿时，应立即输氧，并给予皮质类固醇、利尿剂、支气管扩张剂及镇静剂。有感染性肺水肿时应使用抗生素；因充血性心力衰竭而发生肺水肿者，应慎用洋地黄针剂。

1. 输氧 严重的肺水肿，需要立即供给氧气以改善血氧过低的状况。可用细胶管经鼻腔输氧或用氧气面罩，以5～10L/min的速度快速输入氧气。

2. 强心 因心力衰竭而引发的肺水肿，可做迅速的静脉注射式洋地黄疗法，如静脉注射地高辛，剂量为每千克体重0.044mg。

3. 扩张支气管 氨茶碱，缓慢静脉注射或深层肌内注射，间隔8h给药1次，剂量为每千克体重10mg。

4. 镇静 使动物安静下来，对治疗肺水肿很有帮助。可肌内注射戊巴比妥，剂量为每千克体重5～15mg。

5. 利尿 对急性肺水肿，可选用呋塞米，剂量为每千克体重1～4mg，症状严重时，可加倍使用。

处　方

吸氧，缓解呼吸困难；地高辛，每千克体重 0.044mg，静脉注射；呋塞米，每千克体重 2～4mg，肌内注射或静脉注射，间隔 4h 注射 1 次。

肺　气　肿

肺气肿是指由于空气含量过多而使肺泡体积过度扩张，肺泡壁弹力减退，肺泡内充满大量气体的疾病。肺泡内空气增多称为肺泡性肺气肿；由于肺泡破裂，气体进入叶间组织中，使间质膨胀称为间质性肺气肿。本病在临床上以胸廓增大、肺叩诊界后移和呼吸困难为主要特征。

【病因】

1. 原发性肺气肿　主要原因是剧烈运动、急速奔跑、长期挣扎，此时剧烈的呼吸使肺泡充满空气、过分扩张。尤其是老龄犬、猫因肺泡壁弹性降低，更易发生本病。

2. 继发性肺气肿　多因慢性支气管炎、支气管狭窄、气胸时的持续咳嗽，气体通过障碍而发生。由于肺泡内空气排出困难而使肺泡扩张，压迫血管而使血液循环不良，造成肺泡壁损伤甚至破裂，肺泡呼吸面积减少，使呼吸更加困难。

3. 间质性肺气肿　由于剧烈的咳嗽等原因而剧烈吸气，肺泡内的气压急剧增加，致使肺泡壁破裂，空气进入肺间质，并可沿纵隔到达胸壁甚至全身皮下引起相应部位气肿。

【症状】突然发生呼吸困难，气喘，张口呼吸，可视黏膜发绀，精神沉郁，脉数，体温一般正常。听诊肺部，肺泡音初期增强，后减弱，可听到破裂性啰音及捻发音。叩诊呈过清音或鼓音，叩诊界后移。X 射线检查，肺区透明、膈肌后移、支气管影像模糊（图 2-7）。

【诊断】根据病史、临床症状及 X 射线检查结果，可以确诊。

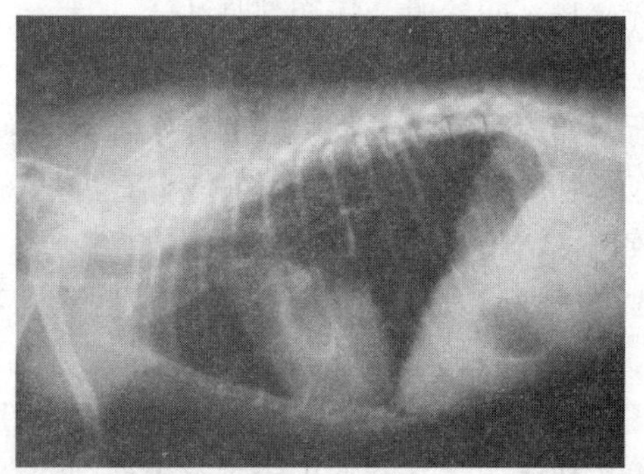

图 2-7　肺气肿

【治疗】本病的治疗原则是积极治疗原发病，消除病因，改善肺的通气和换气功能，控制心力衰竭。

1. 加强护理　使动物保持安静。

2. 输氧　每天多次低浓度供给氧气，以改善血氧过低的状况。

3. 扩张支气管　氨茶碱做缓慢的静脉注射或超声波雾化吸入。

4. 镇静　使动物安静下来，对治疗肺气肿很有帮助。可肌内注射戊巴比妥，剂量为每千克体重 5～15mg。

5. 利尿　出现水肿时，可用利尿剂。可选用呋塞米，剂量为每千克体重 2～4mg。

处　方

吸氧，缓解呼吸困难；氨茶碱，每千克体重 6～11mg 静脉注射；地高辛，每千克体重 0.044mg，静脉注射；出现肺水肿时，呋塞米每千克体重 2～4mg，肌内注射或静脉注射。

胸　膜　炎

胸膜炎是胸膜发生炎性渗出和纤维蛋白沉积的炎症过程。临床上以腹式呼吸、听诊胸膜摩擦音、胸部叩诊出现水平浊音为特征。犬的胸腔纵隔不完整，因此胸膜炎多为双侧性。

【病因】

1. 原发性胸膜炎 在犬、猫较少见，可因胸壁创伤、胸膜腔肿瘤或受寒等应激因素使机体防御机能降低，病原微生物乘虚侵入而致病。

2. 继发性胸膜炎 较常见，如猫传染性鼻气管炎、猫传染性胸膜炎、犬传染性肝炎、支气管肺炎、大叶性肺炎、胸部食管穿孔、胸腔手术、肋骨骨折等，多可引起胸膜炎症。

【症状】病初动物精神沉郁，食欲下降或废绝，体温升高，常达40℃以上，弛张热型。呼吸浅表、频数，呈腹式呼吸，咳嗽，常取站立或犬坐姿势。初期可听到胸膜摩擦音，随着渗出液的增多，摩擦音消失，胸部叩诊表现疼痛、呈水平浊音。浊音区内肺泡呼吸音减弱或消失，浊音区以上肺泡呼吸音增强。在恢复期，渗出液被吸收，又重新出现胸膜摩擦音。

在渗出期，胸腔内积聚大量渗出液，心音减弱，表现呼吸困难，胸腹下部、阴囊发生水肿。胸腔穿刺液黄色易凝固。

血液检查结果显示，白细胞总数增多，中性粒细胞比例增高，核左移，淋巴细胞相对减少。超声探查，渗出性胸膜炎可出现液平段，液平段的长短与积液量成正比。X射线检查可发现积液阴影。

慢性胸膜炎表现为持续低热、呼吸迫促；若发生广泛的粘连，胸部叩诊出现半浊音；听诊肺泡呼吸音减弱，全身症状往往不明显。

【诊断】根据出现以腹式呼吸为主的呼吸困难，听诊有胸膜摩擦音，胸壁触诊疼痛，叩诊呈水平浊音，超声探查出液体平段，胸穿刺液为渗出液的特点，可以确诊。

本病应与胸腔积水、大叶性肺炎相区别。胸腔积水多因慢性心脏病等血液循环障碍性疾病而引起，病情发展缓慢，体温不高，胸膜无炎症变化。胸腔穿刺时排出多量淡黄色澄清的液体，冰醋酸反应阴性。

【治疗】治疗原则：消除炎症，制止渗出，促进渗出液吸收和防止自体中毒。

1. 抗菌消炎 可参照肺炎的治疗用药，以胸腔注射疗效最佳。结核性胸膜炎，可长期口服异烟肼，200mg/次，每天1次；同时肌内注射链霉素50万～100万U/次，每天2次。

2. 镇痛 疼痛期可用痛立定注射，必要时隔8～12h重复1次。

3. 制止渗出、促进渗出液吸收 可肌内注射强心剂（如安钠咖）、利尿剂（如呋塞米）；并用50%葡萄糖溶液20～60mL、10%葡萄糖酸钙（犬5～20mL，猫2～5mL）、20%甘露醇（每千克体重1～2g），静脉注射，每天1次。

4. 激素疗法 为减少纤维蛋白的沉积，可肌内注射肾上腺皮质类药物，如地塞米松每千克体重2～10mg，每天1次，待症状缓解后逐渐减量停药。

5. 胸腔穿刺 胸腔积液过多引起呼吸困难时，可进行胸腔穿刺以排除积液。必要时，可反复施行。如为化脓性胸膜炎，可采用套管针穿刺排液，排液后留针；再用静脉注射针头于胸部侧上方刺入胸腔，注入0.1%雷佛奴耳、0.05%洗必泰等消毒液冲洗胸腔；至排出较透明的冲洗液后，再向胸腔内注入青霉素、链霉素等。

处　方

胸腔积液较多时，进行胸腔穿刺以排除积液；头孢唑林钠，每千克体重15～30mg，肌内注射，每天2次，连续使用；20%甘露醇，每千克体重1～2g，静脉注射，每天1次；疼痛期可注射痛立定，每千克体重0.1mL；地塞米松，每千克体重0.07～0.15mg，肌内注射。

气　胸

气胸是指气体在胸膜腔内蓄积，往往是胸部创伤造成。气体可能来自胸壁的穿孔伤口，破裂的细支气管、肺泡或肺脓肿。

【病因】本病病因包括创伤性和自发性原因。创伤性病因通常由于车撞伤、咬伤、刺伤或枪伤等；自发性病因多由于肺、支气管、细支气管、肺泡的自发性破裂，常见于肺脓肿、肺气肿、肺肿瘤等。

【症状】胸膜腔内积气量少时，无明显临床症状，只表现为呼吸迫促，不耐受运动。严重时表现为明显的呼吸困难，腹式呼吸，呈犬坐姿势，可视黏膜发绀，胸廓增大。听诊呼吸音减弱，叩诊呈鼓音。X射线检查可见气胸处透光度增高，肺纹理消失，心脏腹侧可见到胸腔内游离气体，心脏向背侧移位（图2-8）。

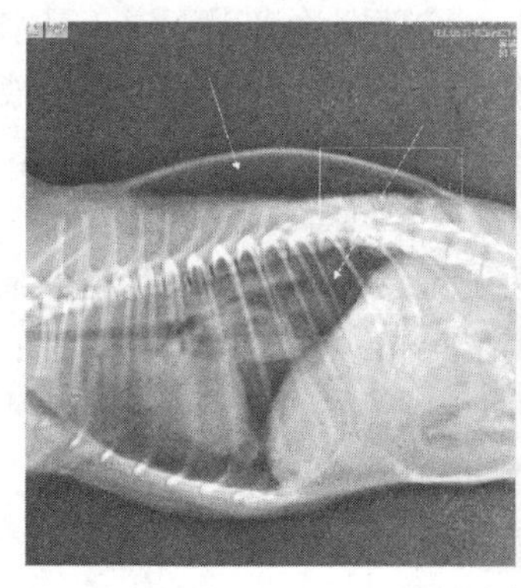
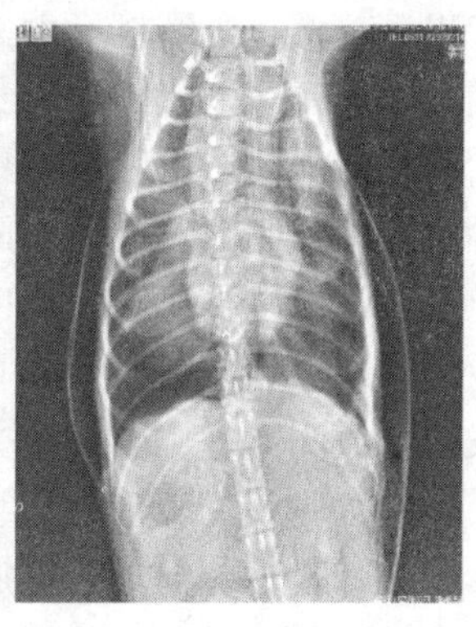

图2-8　气　胸

【诊断】根据临床症状，结合X射线检查可以确诊。

【治疗】治疗的主要目的是使塌陷的肺能再膨胀起来。多数情况下可采取保守治疗，不需要手术。对轻度气胸，可放动物至笼内休息直至胸膜腔内气体被吸收。外伤性气胸，外科处置后做胸腔穿刺，抽气减压并对症治疗；如有感染，则给予抗生素。

胸　腔　积　液

胸腔积液是指胸腔内积有过量的漏出液，简称胸水，通常以呼吸困难为主要临床症状。

【病因】胸腔积液的发生有炎症性与非炎症性的原因。

1. 炎症性原因　胸膜炎为炎症性胸腔积液的主要病因，多继发于肺炎、纵隔炎、食道穿孔等。

2. 非炎症性原因　如血浆渗透压降低（如肝、肾疾病引起的低蛋白血症）、钠滞留、右心或全心衰竭，这时的液体是经由渗漏方式生成。肺的肿瘤有可能阻碍淋巴液的排泄，而促使胸膜腔的液体增加。

【症状】胸水少时，无明显的临床症状。胸水较多时，呼吸困难，浅表且快，疼痛时多为腹式呼吸；呈犬坐姿势，两肘外翻，触诊胸部无痛感。感染严重时，体温可能升高；呼吸困难时，可视黏膜发绀，咳嗽。胸部听诊时，通常可以听到胸膜的摩擦音；胸部叩诊时，两侧呈水平浊音，随着体位变化而改变。X射线检查可见胸腔内有积液阴影，穿刺液检查为漏出液。

【诊断】根据呼吸困难等临床症状，结合胸部叩诊、听诊结果，穿刺液检查及X射线检查可以确诊。应注意与胸膜炎、大叶性肺炎、肺气肿相区别。

胸膜炎有胸部疼痛、咳嗽、体温升高、稽留热或弛张热、听诊有摩擦音等症状，穿刺液为渗出液。大叶性肺炎时高热稽留，有黏液性-脓性鼻液，充血期肺泡音粗粝，有啰音；肝变期肺泡音消失，出现支气管呼吸音；溶解期可听到湿性啰音；胸部叩诊初期为过清音，肝变期为浊音。肺气肿呼吸困难明显，一般无鼻液，气肿区肺泡音弱。

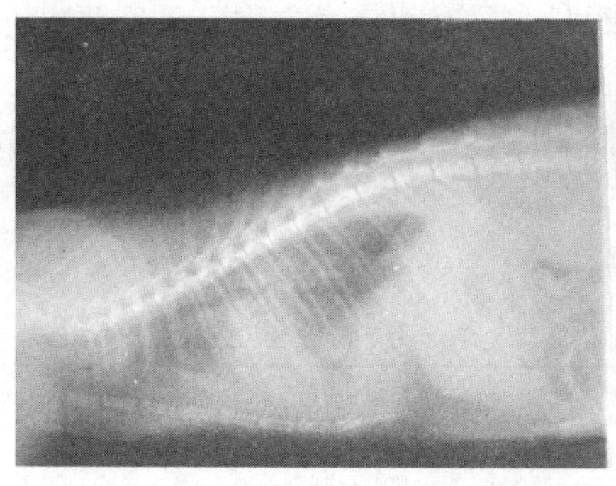

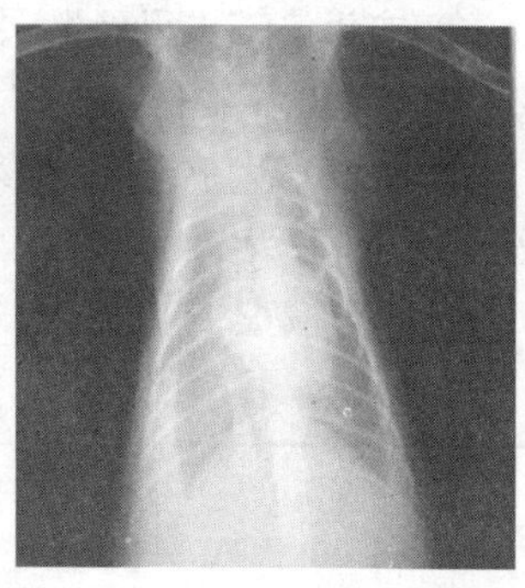

图 2-9 胸腔积液

【治疗】积极治疗原发病，对症治疗。制止渗出，可用葡萄糖酸钙静脉注射或滴注。如积液较多，呼吸困难时，则应穿刺排液，但不宜反复使用；配合使用利尿剂，如呋塞米，每千克体重 2～4mg，肌内注射，以促进漏出液的排出。如果是慢性心衰引起的胸水，可用强心剂，如普萘洛尔，每千克体重 5～40mg，每 8h 使用 1 次，以增强心脏机能。

处 方

呼吸困难时吸氧；胸腔积液较多时，进行胸腔穿刺以排除积液；呋塞米，每千克体重 2～4mg，肌内注射，4～6 次/d；头孢唑林钠，每千克体重 15～30mg，肌内注射，每天 2 次，连续使用；20%甘露醇，每千克体重 1～2g，静脉注射，每天 1 次；地塞米松，每千克体重 0.07～0.15mg，肌内注射；如果是慢性心衰引起的胸水，可用强心剂普萘洛尔，每千克体重 5～40mg，每 8h 使用 1 次。

胸 腔 蓄 脓

胸腔蓄脓是指胸膜腔内蓄积脓性液体的炎症过程，又称脓胸、化脓性胸膜炎。

【病因】胸腔蓄脓可并发于渗出性胸膜炎、肺炎、支气管肺炎、肺脓肿、胸腔内肿瘤、食道穿孔等疾病过程，引起继发感染的常见病原菌是链球菌、葡萄球菌、出血性、败血性巴氏杆菌、大肠杆菌、铜绿假单胞菌、诺卡氏菌等。

【症状】主要表现为精神沉郁、食欲下降或废绝、体温升高、呼吸困难、腹式呼吸、咳嗽，触诊胸部有痛感，淋巴结肿大。血液检查，白细胞总数增多，中性粒细胞比例增高；X 射线检查可见胸腔内有积液阴影；超声波检查可见有回声的涡动液体位于心脏周围；胸腔穿刺有脓性液体。

【诊断】根据临床症状，结合实验室检查、胸腔穿刺、X 射线检查、超声波检查可以确诊。

【治疗】治疗原则为积极治疗原发病，抗菌消炎，对症治疗。在治疗原发病的同时，要及时进行穿刺排脓、胸腔冲洗，并根据药敏试验选择适宜的抗生素连续使用。

处 方

胸腔穿刺排脓；头孢唑林钠，每千克体重 15～30mg，肌内注射，每天 2 次，连续使用。

三、案例分析

（一）病例 1

1. 病畜 阿拉斯加雪橇犬，雌性，3 月龄，体重 4.45kg。

2. 主诉 该犬已经购买很长一段时间，卖主称已免疫两次进口五联疫苗。就诊前一周，该犬咳嗽，在宠物医院注射治疗未见明显效果，饮食欲正常。

3. 检查 犬瘟热化验诊断为阴性。体温 39.2℃，脉搏 146 次/min，呼吸困难。听诊呼吸音为湿啰音。

实验室检查结果见表 2-1。

表 2-1 血液常规检验

检验项目	结果	单位	参考范围	检验项目	结果	单位	参考范围
白细胞数目	↑ 33.16	$\times10^9$个/L	6.00～17.00	红细胞数目	5.27	$\times10^{12}$个/L	5.1～8.50
中性粒细胞百分比	↑ 85.5	%	52.0～81.0	血红蛋白浓度	123	g/L	110～190
淋巴细胞百分比	↓ 5.2	%	12.0～33.0	血细胞比容	↓ 35.0	%	36.0～56.0
单核细胞百分比	↓ 1.7	%	2.0～13.0	平均红细胞体积	66.5	fL	62.0～78.0
嗜酸性粒细胞百分比	5.7	%	0.5～10.0	平均红细胞血红蛋白含量	23.4	pg	21.0～28.0
嗜碱性粒细胞百分比	↑ 1.9	%	0.0～1.3	平均红细胞血红蛋白浓度	351	g/L	300～380
中性粒细胞数目	↑ 28.35	$\times10^9$个/L	3.62～11.32	红细胞分布宽度变异系数	12.3	%	11.5～15.9
淋巴细胞数目	1.71	$\times10^9$个/L	0.83～4.69	红细胞分布宽度标准差	↓ 34.6	fL	35.2～45.3
单核细胞数目	0.58	$\times10^9$个/L	0.14～1.97	血小板数目	177	$\times10^9$个/L	117～460
嗜酸性粒细胞数目	↑ 1.89	$\times10^9$个/L	0.04～1.56	平均血小板体积	10.9	fL	7.3～11.2
嗜碱性粒细胞数目	↑ 0.63	$\times10^9$个/L	0.00～0.12	血小板分布宽度	16.1		12.0～17.5
				血小板比容	0.192	%	0.090～0.500

X 射线检查见图 2-10。

4. 初诊 肺炎。

5. 治疗 ①5%葡萄糖溶液 100mL，头孢哌酮舒巴坦钠 0.3g，静脉输液；②0.9%生理盐水 100mL，沐舒坦 15mg，静脉输液；③血浆 30mL，静脉输液；④富来血 0.45mL，皮下注射；⑤糜蛋白酶 4000IU，庆大霉素 8 万 U，生理盐水 10mL，雾化给药。

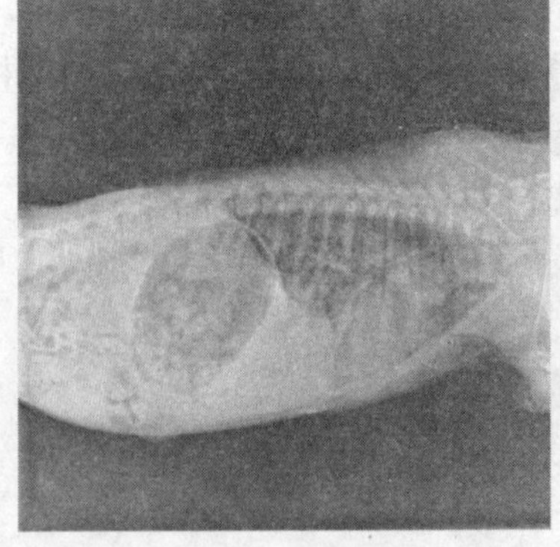

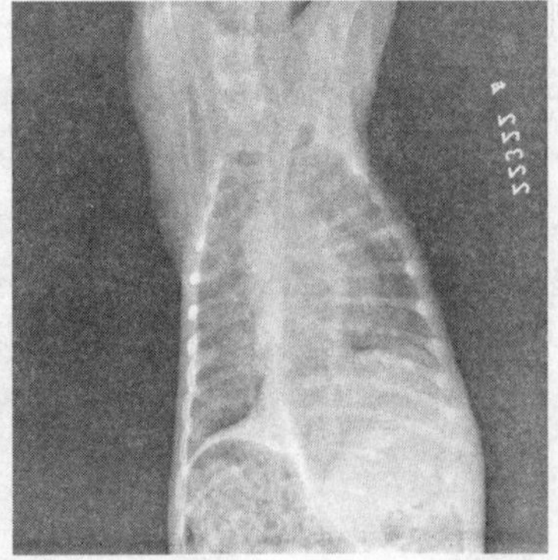

图 2-10 肺 炎

（二）病例 2

1. 病畜 杂交边境牧羊犬，雄性，3月龄，1.8kg。

2. 主诉　该犬未免疫，就诊前2周开始流鼻涕，饮食欲正常，主人自行给犬服用人用感冒药，效果不理想。就诊前1周开始腹泻，排出泥土、沙子之类的大便。饮食欲降低。

3. 检查　视诊该犬精神状态活泼，脓性鼻液，偶尔咳嗽几声，听诊肺呼吸音有水泡音。实验室检查结果见表2-2。

表2-2　血液常规检验

检验项目	结果	单位	参考范围	检验项目	结果	单位	参考范围
白细胞数目	↑ 35.26	$\times10^9$个/L	6.00～17.00	红细胞数目	6.32	$\times10^{12}$个/L	5.1～8.50
中性粒细胞百分比	74.3	%	52.0～81.0	血红蛋白浓度	148	g/L	110～190
淋巴细胞百分比	15.0	%	12.0～33.0	血细胞比容	44.7	%	36.0～56.0
单核细胞百分比	↓ 1.1	%	2.0～13.0	平均红细胞体积	70.8	fL	62.0～78.0
嗜酸性粒细胞百分比	9.3	%	0.5～10.0	平均红细胞血红蛋白含量	23.4	pg	21.0～28.0
嗜碱性粒细胞百分比	0.3	%	0.0～1.3	平均红细胞血红蛋白浓度	331	g/L	300～380
中性粒细胞数目	↑ 26.20	$\times10^9$个/L	3.62～11.32	红细胞分布宽度变异系数	13.7	%	11.5～15.9
淋巴细胞数目	↑ 5.26	$\times10^9$个/L	0.83～4.69	红细胞分布宽度标准差	40.6	fL	35.2～45.3
单核细胞数目	0.39	$\times10^9$个/L	0.14～1.97	血小板数目	165	$\times10^9$个/L	117～460
嗜酸性粒细胞数目	↑ 3.28	$\times10^9$个/L	0.04～1.56	平均血小板体积	10.6	fL	7.3～11.2
嗜碱性粒细胞数目	↑ 0.13	$\times10^9$个/L	0.00～0.12	血小板分布宽度	15.5		12.0～17.5
				血小板比容	0.174	%	0.090～0.500

4. 初诊　肺炎。

5. 初诊治疗　①5%葡萄糖溶液50mL，头孢哌酮舒巴坦钠0.1g，静脉输液；②0.9%生理盐水50mL，沐舒坦7mg，静脉输液；③富血力（主要成分：右旋糖酐铁、亚硒酸钠、维生素B_{12}）0.18mL，皮下注射。

依此处方连用5d，该犬仍然是偶尔咳嗽，精神状态一般，饮食欲一般，脓性鼻液，未有明显改善。听诊肺呼吸音湿啰音。

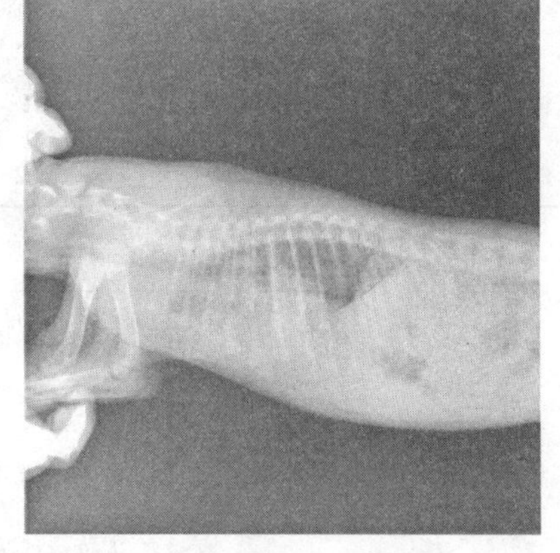

图2-11　肺　炎

6. 复诊　X射线检查结果见图2-11。

7. 复诊治疗　①5%葡萄糖溶液50mL，磷霉素0.3g，静脉输液；②5%葡萄糖溶液50mL，沐舒坦7mg，静脉输液；③甲硝唑30mL，静脉输液；④果根素2mL/次，口服，2次/d。⑤糜蛋白酶4 000IU，庆大霉素 8 万 U，地塞米松 2mg，生理盐水 10mL，雾化给药。

依此处方连用 5d，该犬未见咳嗽，饮食欲正常，大小便正常，无鼻液流出。之后康复出院，配补血肝精回去口服。医嘱半月后免疫。

复诊血液常规检查结果见表 2-3。

表 2-3 复诊血液常规检验

检验项目	结果	单位	参考范围	检验项目	结果	单位	参考范围
白细胞数目	9.71	$\times10^{9}$个/L	6.00～17.00	红细胞数目	6.96	$\times10^{12}$个/L	5.1～8.50
中性粒细胞百分比	68.2	%	52.0～81.0	血红蛋白浓度	183	g/L	110～190
淋巴细胞百分比	21.8	%	12.0～33.0	血细胞比容	52.5	%	36.0～56.0
单核细胞百分比	7.3	%	2.0～13.0	平均红细胞体积	75.5	fL	62.0～78.0
嗜酸性粒细胞百分比	2.7	%	0.5～10.0	平均红细胞血红蛋白含量	26.3	pg	21.0～28.0
嗜碱性粒细胞百分比	0.0	%	0.0～1.3	平均红细胞血红蛋白浓度	348	g/L	300～380
中性粒细胞数目	6.63	$\times10^{9}$个/L	3.62～11.32	红细胞分布宽度变异系数	11.9	%	11.5～15.9
淋巴细胞数目	2.12	$\times10^{9}$个/L	0.83～4.69	红细胞分布宽度标准差	37.6	fL	35.2～45.3
单核细胞数目	0.7	$\times10^{9}$个/L	0.14～1.97	血小板数目	279	$\times10^{9}$个/L	117～460
嗜酸性粒细胞数目	0.26	$\times10^{9}$个/L	0.04～1.56	平均血小板体积	10.6	fL	7.3～11.2
嗜碱性粒细胞数目	0.00	$\times10^{9}$个/L	0.00～0.12	血小板分布宽度	15.4		12.0～17.5
				血小板比容	0.295	%	0.090～0.500

四、拓展知识

漏出液和渗出液在理化性质和镜检结果上的区别见表 2-4。

表 2-4 漏出液与渗出液的区别

性　质	漏出液	渗出液
性质	非炎性产物，呈碱性	炎性产物，呈酸性
颜色	无色或淡黄	淡黄、淡红或红黄
透明度	透明，稀薄	混浊或半透明，浓稠
气味	无特殊气味	有的有特殊臭味

（续）

性　　质	漏出液	渗出液
相对密度	1.015 以下	1.018 以上
凝固性	不凝固或含微量纤维蛋白	在体外或尸体内均易凝固
浆液黏蛋白试验	阴性	阳性
蛋白质定量	2.5%以下	4%以上
细胞	含有间皮细胞、淋巴细胞及少量中性粒细胞、红细胞	含多量中性粒细胞、间皮细胞和红细胞

五、技能训练

（一）气管抽吸

颈气管抽吸是一种诊断性（偶尔也是治疗性）的操作，即将一细管穿过环甲软骨膜或气管环间膜插入气管的方法。具体操作如下：

（1）动物站立或侧卧保定。有些动物需镇静，但通常不需要局麻。禁用全麻，因为会有咳嗽反射。

（2）伸展动物颈部，使鼻孔朝上。

（3）术部剪毛，常规消毒。

（4）套管针通过软骨环刺入气管内，拔除针芯（图 2-12 至图 2-14）。

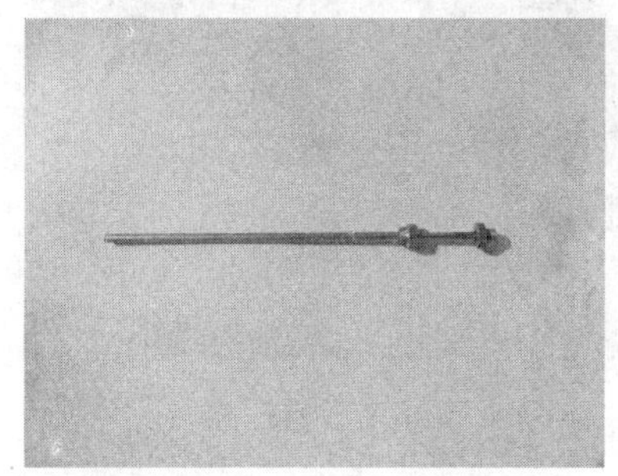

图 2-12　套管针

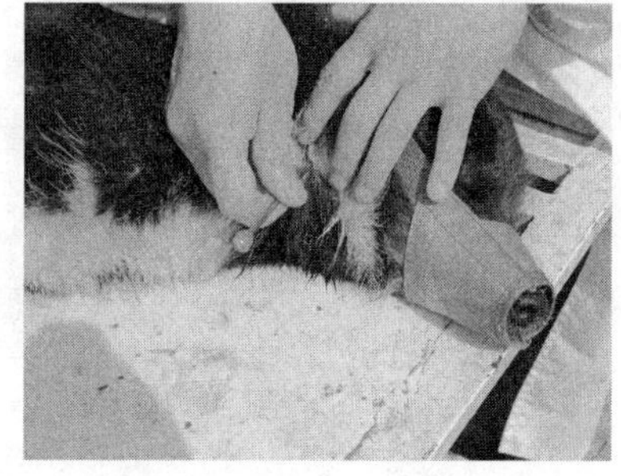

图 2-13　刺入套管针

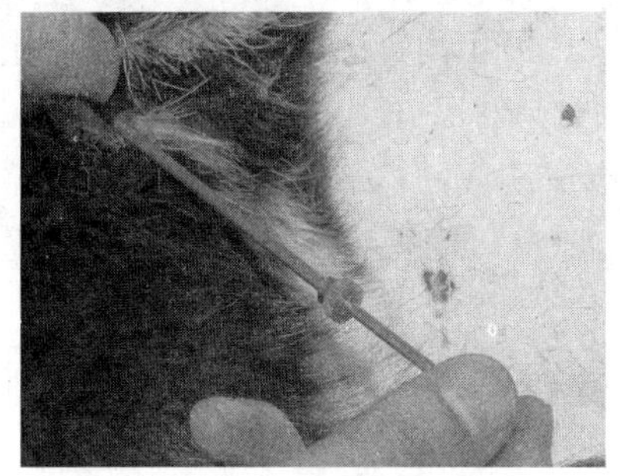

图 2-14　拔出针芯

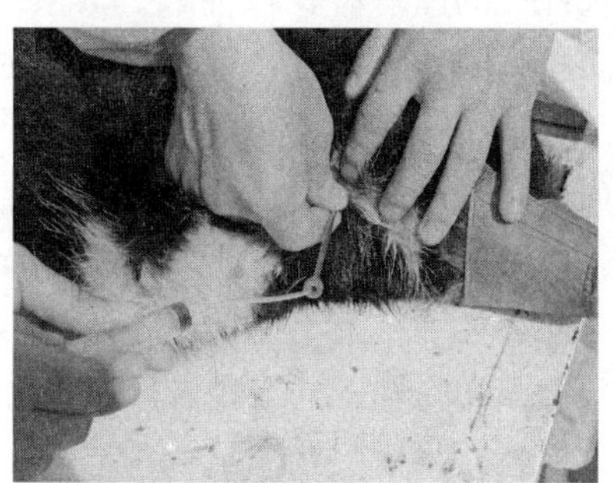

图 2-15　抽吸分泌物

（5）将 PVC 细管通过套管针插入气管内。

(6) 生理盐水可稀释分泌物并促进咳嗽，液体灌注量为每千克体重 0.5mL。

(7) 抽吸分泌物。将注射器内容物转移到标本管，并做细菌培养、药敏试验和细胞学检查（图 2-15）。

(8) 取出导管，局部消毒。

(二) 胸膜腔穿刺

胸膜腔穿刺是指用穿刺针刺入胸膜腔的穿刺方法。

1. 应用 主要用于排出胸腔的积液、血液，或洗涤胸腔及注入药液进行治疗；也可用于检查胸腔有无积液，并采集胸腔积液，鉴别其性质，帮助诊断。

2. 准备 套管针或 16～18 号长针头（图 2-16）。胸腔洗涤剂，如 0.1%雷佛奴耳溶液、0.1%高锰酸钾溶液、生理盐水（加热至与体温等温）等。

3. 部位 犬右（左）侧第 7 肋间，与肩关节水平线交点下方 2～3cm 处，胸外静脉上方约 2cm 处。

4. 方法

(1) 动物站立保定，术部剪毛消毒。

(2) 术者左手将术部皮肤稍向上方移动 1～2cm，右手持套管针，用手指控制穿刺深度，在靠近肋骨前缘垂直刺入 3～5cm。穿刺肋间肌时有阻力感，当阻力消失而感空虚时，表明已刺入胸腔内（图 2-17）。

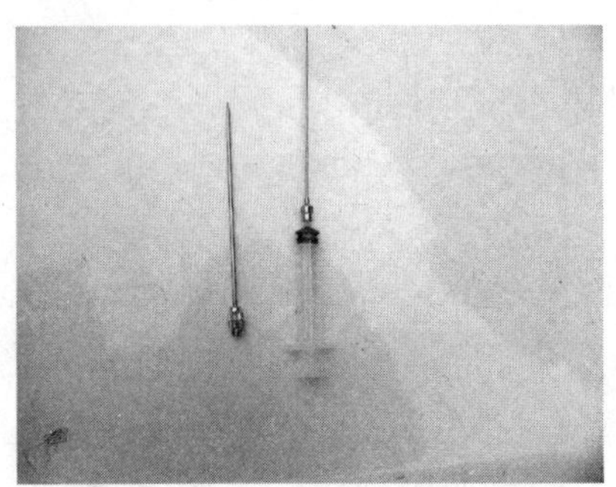

图 2-16 套管针、注射器

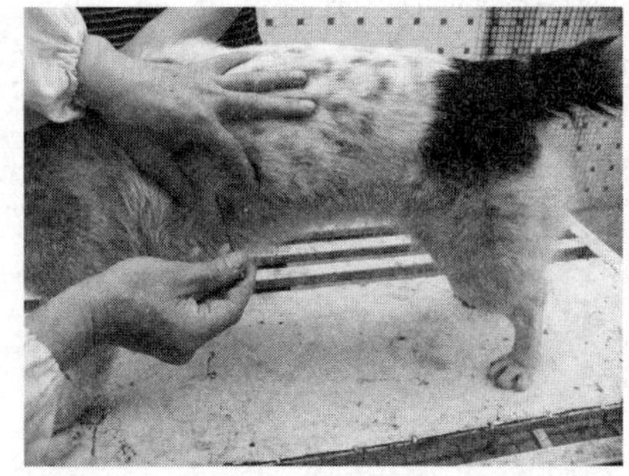

图 2-17 穿 刺

(3) 套管针刺入胸腔后，左手把持套管，右手拔去内针，即可流出积液或血液，也可用带有长针头的注射器直接抽取。放液时不宜过急，应用拇指不断堵住套管口，做间断性引流，防止胸腔减压过急，影响心、肺功能。如针孔堵塞，可用内针疏通，直至放完为止（图 2-18、图 2-19）。

(4) 有时放完积液之后，需要洗涤胸腔，可将装有清洗液的输液瓶乳胶管或输液器连接在套管口上（或注射针），高举输液瓶，药液即可流入胸腔，然后将其放出。如此反复冲洗 2～3 次，最后注入治疗性药物。

(5) 操作完毕，插入内针，拔出套管针（或针头），使局部皮肤复位，术部涂碘酊，用碘仿火棉胶封闭穿刺孔。

5. 注意事项

(1) 穿刺或排液过程中，应注意无菌操作并防止空气进入胸腔。

(2) 排出积液和注入洗涤剂时应缓慢进行，同时注意观察患病动物有无异常表现。

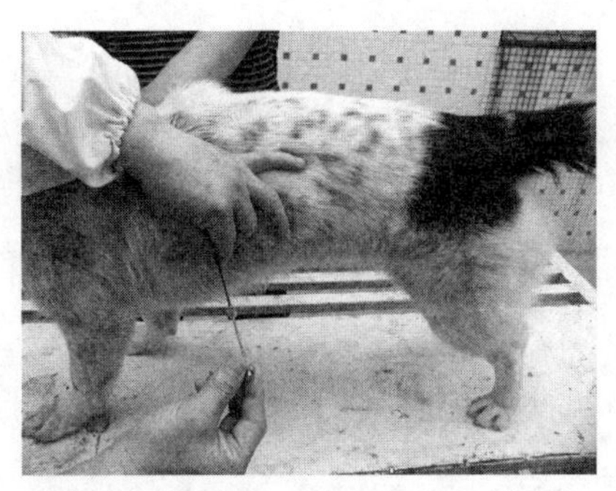

图 2-18 拔出针芯

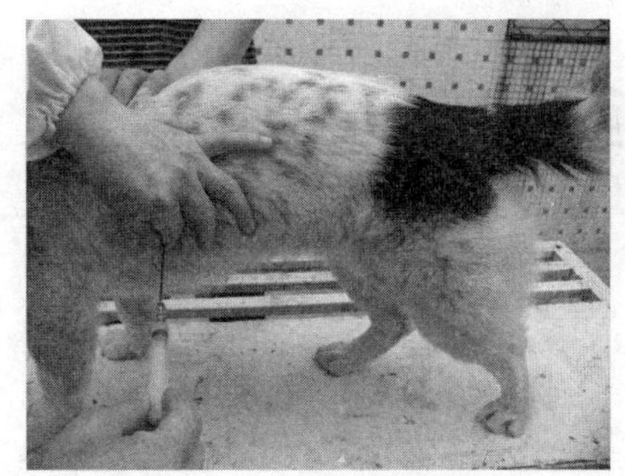

图 2-19 抽取胸腔积液

（3）穿刺时必须注意防止损伤肋间血管与神经。

（4）套管针刺入时，应以手指控制套管针的刺入深度，以防过深刺伤心脏、肺。

（5）穿刺过程中遇有出血时，应充分止血，改变位置再行穿刺。

（6）需进行药物治疗时，可在抽液完毕后，将药物经穿刺针注入。

项目三 心血管疾病
PART 3

任务一　心脏疾病防治

一、任务目标

知识目标

1. 掌握心脏解剖生理知识。
2. 掌握心脏疾病病因与疾病发生的相关知识。
3. 掌握心脏疾病的病理生理知识。
4. 掌握心脏疾病治疗所用药物的药理学知识。
5. 掌握心脏疾病防治原则。
6. 了解犬心脏疾病处方粮成分组成。

能力目标

1. 会使用常用诊断器械与仪器。
2. 具备症状鉴别诊断能力。
3. 具备综合分析并做出初诊的能力。
4. 能准确开出治疗处方。
5. 会使用电解质血气分析仪。

二、相关知识

心力衰竭

心力衰竭是由于心肌收缩或舒张功能障碍，使心脏泵血功能降低，导致心排血量减少，不能满足机体代谢需要的一系列症状和体征的综合征，同时表现出肺循环或体循环淤血。

【病因】

1. 心脏负荷过重　是引起急性心力衰竭的最常见原因，包括压力负荷过重，见于肺动脉瓣狭窄或体、肺循环动脉高压；容量负荷过重，见于心脏瓣膜关闭不全及先天性心脏畸形等。

2. 心肌病变　见于心肌炎、心肌病、栓塞、严重贫血、甲状腺功能亢进以及维生素 B_1 缺乏等。

3. 心包疾病　如急慢性心包炎、心包积液，可使心包内压增高、心脏受压迫、心脏舒张受限制、心脏充盈不足、心排血量减少，导致冠状循环供血不足，进而发生心肌收缩力减弱。

4. 继发性因素 临床上多继发于犬瘟热、犬细小病毒病、犬弓形虫病等急性传染性疾病，中毒性疾病，慢性肾炎及慢性肺水肿等。这些疾病均易伴发心肌炎、心肌变性等，致使心肌受损，心肌收缩力减弱。

5. 医源性因素 如输液速度过快或剂量过大，致使外周血容量急剧增加，超出心脏的负荷；平时不常剧烈运动的犬、猫突然长时间过量运动，均可直接或间接影响心脏机能，导致心力衰竭。

【症状】

1. 急性心力衰竭 多突然发生，表现高度呼吸困难，精神沉郁，脉搏细数而微弱，可视黏膜发绀，体表静脉怒张，心搏动亢盛；精神失常，突然倒地痉挛，体温降低；并发肺水肿者胸部听诊有广泛性湿性啰音，两侧鼻孔流出泡沫样鼻汁。

2. 慢性心力衰竭 病程发展缓慢，精神沉郁，不愿活动，易疲劳，呼吸困难，黏膜发绀；四肢末端发生水肿，运动后水肿会减轻或消失；听诊心音减弱，心内杂音和心律不齐；心脏叩诊浊音区扩大。

3. 左心衰竭 肺循环障碍，肺毛细血管内压急剧升高，易发生肺水肿，表现为呼吸困难和节律加快，听诊有各种性质的啰音，并发咳嗽，偶有干呕现象。X射线检查显示左心扩大和全心肥大，心电图检查节律不齐，心房、心室处有异位起搏点及心房颤动。

4. 右心衰竭 由于体循环障碍，可致心脏、肝、肾等实质器官淤血，因而会出现各实质脏器功能障碍的一系列症状，如少尿、水肿等。X射线检查，显示心影增大。

5. 充血性心力衰竭 常由右心或左心衰竭发展而来，呼吸困难，咳嗽，不爱运动，腹围增大，食欲废绝。精神沉郁，毛细血管充盈缓慢，黏膜发绀或苍白。心动过速或过缓，心音混浊，心律失常，有缩期杂音；心脏叩诊浊音区扩大，X射线显示心脏肥大；心电图可见QRS综合波延长或分裂，节律不齐，有心房或心室期前收缩。血清学检查，天门冬氨酸氨基转移酶、碱性磷酸酶活性升高，尿素浓度升高。

【诊断】

1. 症状诊断 主要根据病因、临床症状，特别是全身血液循环障碍、静脉怒张、呼吸困难等可以做出初步诊断。

2. 实验室诊断 伴有心肌肥大时，X射线检查可见心影扩大；心肌有器质性病变时，心电图检查同时配合血清心脏酶谱的检测可做出确诊。本病应与肺充血和水肿相鉴别。

中暑多在盛夏剧烈运动、环境闷热或运输过程中发病，体温显著升高，常在42℃以上；充血和肺水肿，多在剧烈运动或吸入刺激性气体后突然发生，呼吸困难，肺部有广泛性的湿性啰音，流出带泡沫的鼻液，而心音和脉搏的变化比较轻微。

【防治】

1. 防治原则 减轻心脏负担，增强心肌收缩力，缓解呼吸困难及对症治疗，加强护理。

2. 治疗措施

（1）减轻心脏负担。让犬、猫安静，避免剧烈运动，必要时可给予镇静剂。饲喂易消化和吸收的食物，适当限制食盐的摄入量，也可酌情放血。

（2）增强心肌收缩力。主要用洋地黄类药物，对病情不太严重的犬、猫，用洋地黄毒苷 0.2～1.0mg，5%葡萄糖溶液稀释 10～20 倍后，静脉注射，以后每隔 8h 注射 0.2mg；毒毛花苷 K 0.25～0.5mg，溶于 25%葡萄糖溶液中静脉注射，必要时，2～4h 后以小剂量重复。

(3) 缓解呼吸困难。可采取胸部按压心脏、心室内注射肾上腺素、静脉滴注 10%氯化钙或葡萄糖酸钙的方法，把舌拉出口腔外以利于呼吸，必要时进行气管插管。

(4) 消除水肿。呋塞米，每千克体重 0.6～0.8mg，肌内注射或静脉注射，每天 1 次；或双氢克尿噻，0.05～0.1g，肌内注射，每天 1～2 次，连用 3～4d 后，停药 1～2d 再用。

(5) 应用血管扩张剂，减轻心脏后负荷，如氢化可的松等皮质激素。

(6) 对症治疗，纠正酸碱平衡失调和电解质紊乱，注意纠正低钾血症。必要时进行氧气疗法。用三磷酸腺苷、辅酶 A、细胞色素 C、维生素 B_1 和葡萄糖等能量合剂进行辅助治疗。

处方 1

药物：洋地黄毒苷 0.5mg，地塞米松 5mg，维生素 B_1 50mg，辅酶 A 100IU、细胞色素 C 100IU，ATP 100IU，10%葡萄糖溶液 150mL。

用法：将上述药物溶解后，依次加入 10%葡萄糖溶液中，一次静脉滴注，每天 1 次，连用 1 周。

说明：增强心肌收缩力，纠正酸碱平衡失调和电解质紊乱，减轻心脏后负荷，增强机体抵抗力。

处方 2

药物：呋塞米，每千克体重 0.6mg。

用法：肌内注射或静脉注射，每天 1 次，连用 3～4d。

说明：消除水肿，减轻心脏负担。

心包炎

心包炎是心包的壁层和脏层发生炎症病变的疾病。本病是犬、猫常见的心包疾病，临床上以心区疼痛、心包摩擦音或拍水音、心浊音区扩大为特征。临床上对该病的分类因依据标准不一而比较多。

【病因】

1. 感染性因素 主要有犬、猫的病毒性疾病，如临床上多见的犬细小病毒感染、流行性感冒、猫传染性腹膜炎等；细菌性疾病，如结核病、放线菌病、脑膜炎双球菌感染，以及肺炎双球菌、溶血性链球菌、大肠杆菌、铜绿假单胞菌等均可致病；寄生虫性疾病，如心丝虫病、阿米巴所致左叶肝脓肿常穿破入心包发生急性心包炎，此外，偶可见微丝蚴、血吸虫、弓形虫等感染。

2. 非感染性因素 心包炎可由一些过敏或自身免疫反应所致。风湿性疾病可继发心包炎，如动物结节性多动脉炎、类风湿性关节炎等疾病；慢性肾衰竭的患病动物尿液刺激心包膜引起病变；心肌性疾病也可诱发心包炎，如心肌梗死；肺癌、乳腺癌及淋巴瘤等肿瘤性因素和放射损伤性均可诱发心包炎。此外，维生素缺乏症、矿物质代谢紊乱、过劳、受凉等能降低机体抵抗力的因素，均可促进心包炎的发生。

【症状】根据病因及动物个体反应的差异，全身症状变化较大。患病犬、猫多出现发热、畏寒、不耐劳、食欲不振、精神沉郁、呆立不动、低头伸颈、肘头外展、拱背、结膜潮红、四肢水肿等症状。

触诊表现心区敏感，呻吟、呼吸急促等疼痛反应。听诊出现心包摩擦音及拍水音等，初期心脏搏动亢进，随渗出液增加而变微弱，摩擦部位、范围和强度变化较快。当心包积液充盈时摩擦音消失，继之出现拍水音，渗出液吸收后又可出现摩擦音。叩诊心浊音区扩大，可随体位改变。

X射线检查心包积液时，出现心影增大，并随体位改变而移动，透视或X射线记波摄影可显示心脏搏动减弱。

【诊断】

1. 症状诊断 依据患病犬、猫临床症状，结合宠物的心区触诊、听诊和叩诊所呈现的病理性变化音，再结合其他辅助检查结果，可以做出初步诊断。

2. 实验室诊断

（1）X射线检查。当心脏内积液量超过300mL时，心影向两侧增大，心膈角变成锐角；超过1 000mL时，心影呈烧瓶状，并随体位改变而移动，心脏搏动减弱或消失。

（2）心电图。干性心包炎时，各导联（AVR除外），ST段抬高，数天后回至等电位线上，T波平坦或倒置；心包有积液时，QRS波群呈低电压。

（3）超声心动图。显示心包腔内有液化暗区，为一准确、安全、简便的诊断方法。

（4）超声波检查。显示心包积液液平反射波。

（5）血象检查。化脓性心包炎白细胞数增多，核左移；结核性和风湿性心包炎血沉明显增快。

（6）心包穿刺液检查。结核性心包炎为浆液性血性渗出液，蛋白质含量较高，易凝固。化脓性心包炎为脓性渗出液，涂片或培养可找到病原菌；自发性心包炎有血清性到血液性无菌性渗出液。

心包炎在临床上应与纤维素性胸膜炎、心内膜炎等相区别。纤维素性胸膜炎出现胸膜摩擦音，它与呼吸动作同时出现，不局限于心区；若抑制呼吸动作时，摩擦音消失，摩擦音与心搏动出现时间不一致；渗出性胸膜炎在叩诊时，呈现水平浊音。单纯性胸膜炎心电图正常；心内膜炎以各种心内器质性杂音为特征，而心包炎则无。

【防治】

1. 防治原则 治疗原发病，改善症状，解除循环障碍。

2. 治疗措施 将患病犬、猫置于安静环境中，给予易消化的食物和充足的饮水，避免运动和兴奋。同时根据发病原因进行对因治疗和对症治疗。细菌性心包炎，根据细菌培养和药敏试验选择有效药物，如患病动物表现强烈疼痛，可适当应用镇痛剂；心包积液多、水肿严重者，可心包穿刺放液或使用利尿剂，如双氢克尿噻、呋塞米。对于肿瘤引起的心包炎，可手术切除病变组织。

处方1

药物：头孢拉定，每千克体重50mg。

用法：肌内注射，每天2次，连用1周。

说明：适用于细菌性心包炎。

处方2

药物：两性霉素B，每千克体重0.3mg。

用法：静脉注射，每天1次，连用3d。

说明：适用于霉菌性心包炎。

心肌炎

心肌炎是指病原微生物感染或物理化学因素引起的心肌炎症性疾病。本病在犬、猫比较常见，多继发或并发于其他疾病。

【病因】

1. 感染性因素 以病毒性心肌炎最常见，可由犬瘟热、犬细小病毒感染、犬传染性肝炎、流感等引起；细菌性感染中凡是能引起肺炎及各种败血症和脓毒血症、肠胃炎的病原菌，以及引起风湿症的链球菌均可导致心肌炎的发生；另外，一些内寄生虫，如犬心丝虫病、犬巴贝斯虫病、弓形虫病及螺旋体感染时都可引起心肌炎。

2. 过敏性因素 如磺胺类药物、疫苗及血清等生物制品均可诱发心肌炎。

3. 理化因素 如酒精、一氧化碳、砷化物、α-萘酚、麝香、铜中毒等所致的心肌炎。

【症状】急性非化脓性心肌炎初期心肌兴奋性较高，表现脉搏快速而充实、心悸亢进、心音高朗，患病犬、猫运动后，心搏迅速增快，力量增强。慢性心肌炎呈周期性心脏衰弱，体表浮肿，剧烈运动后，出现呼吸困难、黏膜发绀、脉搏加快、节律不齐症状。

继发于传染性疾病则表现长期发热，心动过速，有时过缓。重症心肌炎的患病犬、猫可见全身震颤，昏迷甚至死亡。因感染或中毒所致的心肌炎，除上述的一般症状外，血液学变化较明显，有时伴有传染病和中毒的特有症状。

X射线检查，可见心脏阴影扩大。心电图检查，急性心肌炎初期，R波增大，T波增高，P-Q和S-T间期缩短；急性心肌炎严重期，R波变低、变钝，T波增高，P-Q和S-T间期延长；急性心肌炎的致死期，R波更变小，T波更增高，S波更变小。

【诊断】

1. 症状诊断 心肌炎通常并发于传染病，因无特异临床症状，故诊断较难，应以病史、临床症状、心电图检查，以及借助心功能试验进行综合分析。

2. 实验室诊断

（1）血液生化检查。约半数病例血沉加快。急性期或心肌炎活动期，血清肌酸磷酸激酶（CK）及其同工酶（CK-MB）、乳酸脱氢酶、天冬氨酸转氨酶活性增高。血清肌钙蛋白T、肌钙蛋白I检测对心肌损伤的诊断具有较高的特异性和敏感性，其定量检查有助于心肌损伤范围和预后的判断。

（2）心电图检查。心电图改变以心律失常尤其是期前收缩最常见，其次为房室传导阻滞多见，约1/3病例有复极波异常，可表现为S-T改变。此外，心室肥大、Q-T间期延长、低电压等改变也可出现。

（3）X射线检查。严重病例因左心功能不全有肺淤血或肺水肿征象。

【防治】

1. 防治原则 减轻心脏负担，增强其营养，提高收缩机能，抗感染，治疗原发病。

2. 治疗措施 对于感染性因素引起的心肌炎，尽早使用抗病毒药、抗生素治疗，以及早驱虫。传染病引起的可用抗血清等生物制剂进行特异性治疗。中毒性疾病及时断绝其毒源，并给予特异性解毒药。同时使患病犬、猫保持安静、避免运动，多次少量地饲喂易于消化而富含营养和维生素的食物。给患病犬、猫投喂大量的复合维生素B、维生素C、辅酶A、肌苷、细胞色素C等，有助于损伤心肌的恢复和改善心肌的代谢；严重呼吸困难的可输氧；水肿明显且尿量少的，可给予利尿药；伴有高热的，可用糖皮质激素类药物治疗。

处方1

药物：头孢拉定0.5g，地塞米松5mg，维生素 B_1 50mg，维生素C 50mg，ATP 100IU，细胞色素C 100IU，5%葡萄糖溶液200mL。

用法：一次静脉注射。每天1次，连用5d。

说明：消炎和预防继发感染，改善心肌营养，促进心肌代谢，增强动物机体抗病能力。

处方2

药物：呋塞米，每千克体重5mg。

用法：口服，每天1次，连用3d。

说明：消除水肿，减轻心脏负担。

心内膜炎

心内膜炎是心内膜或瓣膜以及乳头肌的炎症，在犬、猫以房室瓣膜和心内膜慢性纤维素性炎症较多见。

【病因】

1. 感染性因素 常见的感染有细菌感染，如溶血性链球菌、葡萄球菌等；病毒感染，如犬瘟热病毒等；还可由寄生虫感染引起，如心丝虫、立克次氏体等。

2. 继发性因素 多继发于心包炎、心肌炎及主动脉硬化症、败血症、脓毒血症等疾病。感冒、过劳，也可诱发心内膜炎。

3. 遗传性因素 如先天性心肌缺损的犬、猫易发，雄性猫肥大性心肌病等可继发本病。

4. 药物性因素 尤其是葡萄糖苷、麻醉药物的应用以及维生素缺乏。临床上滥用肾上腺皮质激素，可抑制机体抗感染能力，从而容易引发细菌侵入血液而发生本病。

【症状】患病犬、猫初期持久性或周期性发热，精神沉郁、嗜睡、不耐运动，运动过程中出现咳嗽、气喘现象。心悸亢进，震动胸壁，心律不齐，心浊音区扩大，脉搏增快，出现间歇脉。听诊时瓣膜口有收缩期杂音，第一心音与第二心音融合。

疣性心内膜炎，可听到瓣膜性杂音，即在收缩期出现吹风样杂音，偶然在舒张期也可听到震动杂音。溃疡性心内膜炎，常伴有发热和转移性病灶，除可视黏膜出血外，肝、肺及其他器官发生转移病灶，引起相应器官的化脓性炎症。

【诊断】

1. 症状诊断 根据临床症状，结合血液学检查以及有无转移性化脓病灶可以确诊。临床症状，应注意听诊有瓣膜杂音，心律不齐，无名发热及血管栓塞。疣状心内膜炎的心脏杂音较为稳定，溃疡性内膜炎杂音变化较多，出现快。

2. 实验室诊断

（1）血液学检查。白细胞总数及中性粒细胞增多，核左移，血液细菌培养阳性。

（2）X射线检查。可见肺充血、肺水肿以及胸腔积液等。

（3）心电图检查。显示左心房扩大及左心室扩大波型，节律不齐，其他无明显变化。

【防治】

1. 防治原则 使患病犬、猫保持安静，避免兴奋和运动。给予富有营养、易于消化的饮食，并限制其过量饮水。在治疗原发病的同时，进行强心、输血等治疗。

2. 治疗措施 在治疗原发病的同时，应根据血液培养及药敏试验结果，选择敏感性高的抗菌药物进行治疗。为维持心脏机能，可适当应用强心剂，如洋地黄、毒毛花苷K等。

严重贫血，可少量多次输血，以改善全身状况，增强机体抵抗力。

处方 1

药物：头孢曲松钠 1g；呋塞米，每千克体重 2～3mg。

用法：分别肌内注射，每天 1 次，连用 5d。

说明：杀菌消炎，对原发性和继发性细菌感染进行治疗；呋塞米可以消除水肿，缓解心脏负担。

处方 2

药物：两性霉素 B，每千克体重 0.3mg，葡萄糖生理盐水 100mL。

用法：混匀一次静脉注射，每天 1 次，连用 6d。

说明：适用于霉菌性心内膜炎。

二尖瓣关闭不全

二尖瓣关闭不全又称二尖瓣闭锁不全，为最常见的心瓣膜病，分为器质性和功能性两类。本病好发于老龄犬，多见于长毛狮子犬、史劳特犬、西班牙长耳犬、吉娃娃犬、杜伯曼犬、猎狐㹴及波士顿㹴等犬种，雄性犬比雌性犬易患本病。

【病因】目前多认为本病与遗传因素有关。器质性二尖瓣关闭不全是由于二尖瓣结构的完整性改变所致。常见于微生物感染性心内膜炎、风湿性心脏病、黏液样退行性二尖瓣脱垂综合征、乳头肌断裂或功能不全及先天性二尖瓣关闭不全。

功能性二尖瓣关闭不全指二尖瓣结构基本正常，但不能完全发挥应有功能。其主要是左心室功能障碍和左心室扩大所引起的关闭不全，多见于过度运动或严重的主动脉瓣狭窄导致的二尖瓣关闭不全。功能性二尖瓣关闭不全多病变较轻，在原发病得到纠治后，大多数可自行消失。

【症状】早期表现为运动时气喘，以后发展为安静时呼吸困难以及夜间发作性呼吸困难。左侧心搏动强，触诊心区可感到震颤，听诊可听到收缩期杂音，叩诊左右两侧浊音区扩大。后期，可视黏膜发绀，颈静脉怒张，水肿。

【诊断】

1. 症状诊断 根据临床症状和听诊、触诊及叩诊，再结合犬的年龄可基本确诊。

2. 实验室诊断

（1）心电图检查。为正常的窦性节律，但心功能不全的犬可出现室上性心动过速或心房纤颤。P 波幅增宽，呈双峰性。QRS 波群中的 R 波增高。ST 波随病情发展而下降。

（2）X 射线检查。重症犬可见左心房、左心室扩张，肺静脉淤血和肺水肿。

【防治】

1. 防治原则 治疗原则是强心、利尿、扩充血管。

2. 治疗措施 二尖瓣关闭不全目前没有彻底治疗的办法。可尝试让患病动物保持安静，避免过量运动，喂食易消化的流体食物，限制食盐的摄入量；应用洋地黄类药物加强心肌收缩力，增加心搏出量；根据水肿程度，投服利尿剂，消除水肿，减轻心脏前负荷；应用扩张血管类药物，减轻心脏后负荷；及时纠正酸碱平衡失调和电解质紊乱，必要时输氧。

处方 1

药物：头孢拉定 0.5g，地塞米松 1mL，ATP 100IU，辅酶 A 100IU，维生素 C 1mL，维生素 B_6 1mL，毒毛花苷 K 每千克体重 0.5 mg，5%葡萄糖溶液 150 mL。

用法：缓慢静脉滴注，每天 1 次，连用

3d。

说明：补充能量，纠正酸碱平衡，增强心肌收缩力，缓解机体缺氧状况。

处 方 2

药物：呋塞米，每千克体重 0.6mg。

用法：肌内注射，每天 1 次，连用 3d。

说明：消除水肿，减轻心脏负荷。

三尖瓣关闭不全

【病因】三尖瓣关闭不全又称三尖瓣闭锁不全，为少见的心瓣膜病，分为器质性和功能性两类。前者多由风湿病引起，常伴有二尖瓣病变；后者由于右心室显著扩大，使三尖瓣环扩张，造成三尖瓣功能性关闭不全，但瓣膜本身无病变。当右心室收缩时，三尖瓣不能严密关闭，部分可见到颈静脉在心脏收缩时的搏动，并有腹水、水肿等，严重时可发生心力衰竭。

【症状】患病动物表现为易疲乏，不耐运动，食欲减退、消化不良，恶心、嗳气及呕吐，黏膜发绀，器官水肿，体腔积液。

胸壁右侧听诊可感到震颤和收缩期杂音，第二心音减弱，右侧心脏浊音界扩大，颈静脉怒张呈条索状，表现出三尖瓣关闭不全的典型症状（即颈静脉阳性搏动）。

【诊断】

1. 症状诊断 根据典型杂音，右心室、右心房增大及体循环淤血的症状和体征，一般不难做出诊断。

2. 实验室诊断

（1）X 射线检查。可见右心室、右心房增大。右房压升高者，可见奇静脉扩张和胸腔积液；有腹水者，横膈上抬。透视时可看到右房收缩期搏动。

（2）心电图检查。右心室肥厚劳损，右心房肥大，并常有右束支传导阻滞。

（3）超声心动图检查。可见右心室、右心房增大，上下腔静脉增宽及搏动；连枷样三尖瓣。二维超声心动图声学造影可证实反流，多普勒超声检查可判断反流程度和肺动脉高压。

【防治】

1. 防治原则 减轻心脏负荷，加强心肌收缩力，支持对症处理。

2. 治疗措施 单纯三尖瓣关闭不全而无肺动脉高压，如继发于感染性心内膜炎或创伤者，一般不需要手术治疗。积极治疗其他原因引起的心力衰竭，可改善功能性三尖瓣反流的严重程度。二尖瓣病变伴肺动脉高压及右心室显著扩大时，纠正二尖瓣异常、降低肺动脉压力后，三尖瓣关闭不全可逐渐减轻或消失而不必特别处理；病情严重的器质性三尖瓣病变者，尤其是风湿性而无严重肺动脉高压者，可施行瓣环成形术或人工心脏瓣膜置换术。

处 方

处方同二尖瓣关闭不全。

三、案例分析

1. 病畜 京巴犬，雄性，12 岁，9kg。

2. 主诉 该犬每年定期免疫，定期驱虫。就诊前 2d 晚上开始发病，气喘，但饮食欲仍正常。已注射过抗生素及平喘药物，未见明显效果。

3. 检查 该犬无法站立，喘息严重，听诊呼吸音重，心音弱，饮食欲废绝。体温 38.2℃。

血液常规检查结果见表 3-1，血液生化检查结果见表 3-2。

表 3-1 血液常规检验

检验项目	结果	单位	参考范围	检验项目	结果	单位	参考范围
白细胞数目	14.95	$\times10^9$个/L	6.00～17.00	红细胞数目	↑ 8.75	$\times10^{12}$个/L	5.1～8.50
中性粒细胞百分比	↓ 34.3	%	52.0～81.0	血红蛋白浓度	↑ 209	g/L	110～190
淋巴细胞百分比	↑ 57.9	%	12.0～33.0	血细胞比容	52.0	%	36.0～56.0
单核细胞百分比	4.6	%	2.0～13.0	平均红细胞体积	↓ 59.4	fL	62.0～78.0
嗜酸性粒细胞百分比	3.1	%	0.5～10.0	平均红细胞血红蛋白含量	23.9	pg	21.0～28.0
嗜碱性粒细胞百分比	0.1	%	0.0～1.3	平均红细胞血红蛋白浓度	↑ 402	g/L	300～380
中性粒细胞数目	5.13	$\times10^9$个/L	3.62～11.32	红细胞分布宽度变异系数	13.2	%	11.5～15.9
淋巴细胞数目	↑ 8.65	$\times10^9$个/L	0.83～4.69	红细胞分布宽度标准差	↓ 32.6	fL	35.2～45.3
单核细胞数目	0.68	$\times10^9$个/L	0.14～1.97	血小板数目	303	$\times10^9$个/L	117～460
嗜酸性粒细胞数目	0.47	$\times10^9$个/L	0.04～1.56	平均血小板体积	↓ 6.6	fL	7.3～11.2
嗜碱性粒细胞数目	0.02	$\times10^9$个/L	0.00～0.12	血小板分布宽度	17.5		12.0～17.5
				血小板比容	0.201	%	0.090～0.500

表 3-2 血液生化检验

项目缩写	项目名称	浓度	单位	描述	参考范围
TP	总蛋白	73	g/L		52～82
ALT	丙氨酸转氨酶	10	IU/L		10～100
CREA	肌酐	82.7	μmol/L		44.0～159.0
GLU	葡萄糖	6.70	mmol/L		4.11～7.94
UREA	尿素氮	9.0	mmol/L		≤60.0
G-GT	G-谷氨酰转移酶	6	g/mL		≤7
CK	肌酸激酶	52	IU/L	↑	10～200
T-BIL	总胆红素	8.6	μmol/L		≤15.0
AST	天冬氨酸转氨酶	28	IU/L		≤50
TG	甘油三酯	0.7	mmol/L		≤1.1
ALB	白蛋白	31	g/L		21～40
Ca	钙离子	1.91	mmol/L	↓	1.95～3.15
P	无机磷	0.93	mmol/L		0.81～2.19
ALP	碱性磷酸酶	240	IU/L	↑	23～212
α-AMY	α-淀粉酶	624	IU/L		300～1500

X射线检查见图3-1至图3-3。

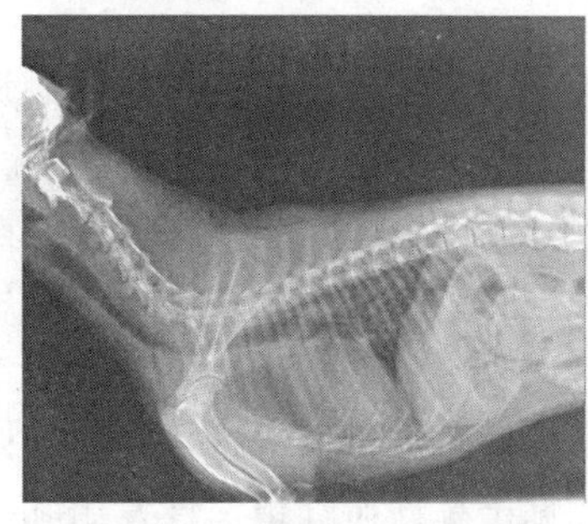
图3-1 正常心脏X射线片

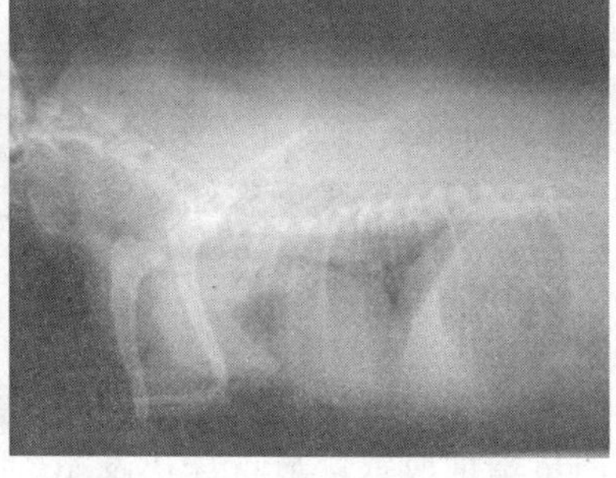
图3-2 心脏肥大

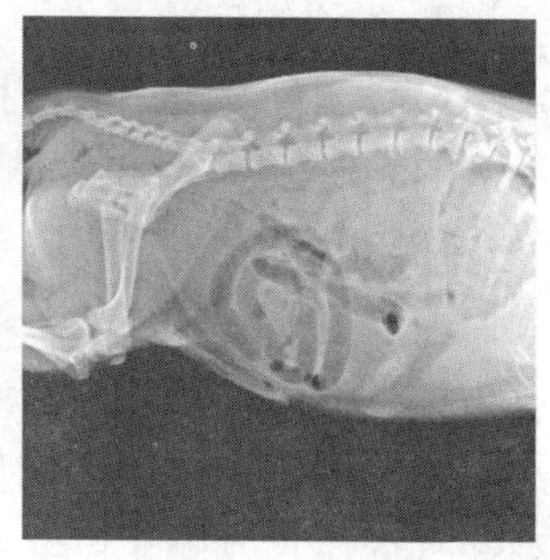
图3-3 肠臌气

4. 初诊 心脏肥大、肠臌气。

5. 治疗 ①贝心康（主要成分：盐酸贝那普利）1片/次，1次/d，口服；②美洛昔康半片每次，1次/d，口服。经过20d治疗，该犬逐渐恢复正常走路与饮食，继续口服贝心康。

四、拓展知识

（一）发绀

发绀，又称紫绀或青紫，是指皮肤和可视黏膜因所分布小血管内血液的还原血红蛋白含量增高而显现蓝紫色。广义的发绀，还包括由血液内其他暗色血红衍生物（高铁血红蛋白和硫化血红蛋白）所引发的皮肤和可视黏膜变色。

1. 发绀的病理学类型

（1）中枢性发绀。这是指动脉性缺氧、血氧未饱和度增加所引发的一类发绀。

①大气乏氧性发绀。原因是高原空气稀薄、气压低。见于高原性发绀等。

②通气障碍性发绀。原因是上呼吸道狭窄，造成通气功能障碍，肺泡内氧张力降低。见于上呼吸道狭窄的各种疾病。

③换气障碍性发绀。原因是肺换气功能发生障碍，血红蛋白在肺泡内氧合不全所致。见于肺炎、肺水肿等。

④静脉分流性发绀。原因是部分静脉血未经肺内氧合作用而通过分路直接流入动脉系统，分流量超过心排血量的34%，即可产生发绀。见于先天性心脏病、先天性血管病等。

⑤组织乏氧性发绀。原因是血红蛋白分子异常，氧合血红蛋白在微循环内不容易分离，以致血氧失去利用而组织缺氧，激起红细胞增多症所显现的发绀。见于异常血红蛋白血症等。

（2）外周性发绀。这是指组织耗氧量增高、微循环淤滞、毛细血管血氧未饱和度增加所引发的一类发绀。

①缺血性发绀。原因是动脉血流不足，见于各种病因所致的休克，尤其是低血容量休克。

②淤血性发绀。原因是静脉血流不畅，见于各种病因所致的心力衰竭。

（3）血液性发绀。血红蛋白本身的性质发生改变，形成高铁血红蛋白、硫化血红蛋白等暗色血红蛋白衍生物所引发的一类发绀。

①高铁血红蛋白性发绀。原因是高铁血红蛋白形成，见于亚硝酸盐中毒、药物中毒等。

②硫化血红蛋白性发绀。原因是硫化血红蛋白形成，见于药物中毒、慢性肠道疾病等。

2. 发绀的症状学类型

（1）红色发绀。皮肤和可视黏膜既发红又发绀，呈红紫色。显现红色发绀的，见于高原地区的大气乏氧性发绀，某些异常血红蛋白血症的组织乏氧性发绀，以及各种红细胞增多症。

（2）浅色发绀。皮肤和可视黏膜显现浅度发绀，呈灰蓝色或淡蓝紫色，静脉血色暗红，系血液内还原血红蛋白量增高所致。显现浅色发绀的，见于大气和组织乏氧性发绀以外的所有中枢性发绀以及外周性发绀。

（3）深色发绀。皮肤和可视黏膜显现深度发绀，静脉血呈棕褐色甚至蓝褐色，系血液内高铁（变性）或硫化血红蛋白量增加所致。显现深色发绀的，见于高铁血红蛋白性发绀和硫化血红蛋白性发绀。

（二）犬心脏病处方粮

适宜对象：患心脏病的幼犬；出现心脏病症的成年犬；高血压病犬。

不适宜对象：怀孕期、哺乳期、生长期的犬；低钠血症病犬；患胰腺炎或有胰腺炎病史的犬；高脂血症病犬。

1. 主要成分 大米，鸡肉粉，鸡肉骨粉，鸭肉粉，鸭肉骨粉，鸡油，牛油，小麦粉，谷朊粉，蛋粉，犬粮口味增强剂，甜菜粕，纤维素，矿物质元素及其络（螯）合物（硫酸铜、硫酸亚铁等），维生素（维生素 A、维生素 E、维生素 D_3、氯化胆碱等），鱼油，大豆油，啤酒酵母粉，果寡糖，牛磺酸，L-赖氨酸，L-肉碱，DL-蛋氨酸，天然叶黄素（源自万寿菊），BHA，没食子酸丙酯，防腐剂（山梨酸钾）。

2. 主要值 每 100g 食物含有：蛋白质 26g、脂肪 20g、糖类 33.9g、NFE 37.8g、膳食纤维 5.5g、粗纤维 1.6g、Ω-6 3.75g、Ω-3 0.78g、EPA＋DHA 0.38g、钙 0.83g、磷 0.55g、镁 0.15g、钠 0.13g、钾 0.8g、L-肉碱 83mg、代谢能（C）1 733.4kJ。

3. 协同抗氧化复合物 每 100g 食物含有：维生素 E 60mg、维生素 C 30mg、牛磺酸 340mg、叶黄素 0.5mg。

4. 添加剂

（1）营养性添加剂。包括维生素 A 15 100IU、维生素 D_3 800IU、维生素 E_1（铁）37mg、维生素 E_2（碘）2.8mg、维生素 E_4（铜）7mg、维生素 E_5（锰）47mg、维生素 E_6（锌）156mg。

（2）技术添加剂。包括防腐剂-抗氧化剂。

五、技能训练

电解质及血气分析仪使用

电解质及血气分析仪见图 3-4。

（一）校正

需要材料：SRC 1（标准参考校正片，等级 1），SRC3（标准参考校正片，等级 3）。每日使用 SRC1 和 SRC3 进行检查，也可每日间隔使用不同的 SRC。

1. 设定标准参考校正片

（1）在首页上选择“System Manager”。

（2）按“Setup”。

(3) 输密码，完成后按“OK”。

(4) 按“SRC”。

(5) 扫描条形码。将SRC锡箔外包装上的条形码扫描入条形码扫描仪（条形码面向分析仪，注意不要丢弃锡箔外包装），机器发出一声“哔”，表示扫入有效条形码；红色指示灯闪烁表示条形码无效，SRC可能过期。

注：如果条形码毁损会无法扫描，可以手动输入条形码。选择“Manual”后，可见数字键出现在屏幕上，输入铝箔外包装上印的条形码即可。

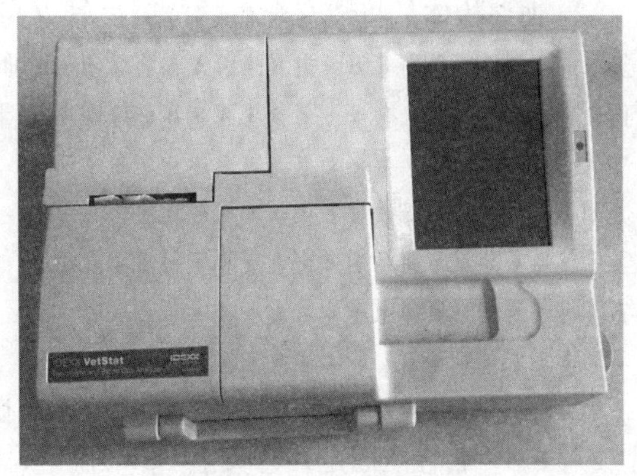

图3-4 电解质及血气分析仪

(6) 系统提示“打印上次SRC数据?”，可选择“YES”或“NO”。

若选择“YES”→进入“Enter Setup Password”的界面→输入密码→完成后按“OK”→“Please Wait”→机器自动打印上次数据并删除→屏幕显示“SRC Database Deleted”→按“OK”即可；若选择“NO”，直接进入下一条。

(7) 核对校正片级别、产品批号和有效日期。若正确，则选择“Save”保存数据；若不正确，选择“Edit”加以修改。

(8) 确认后，按“Home”返回主菜单。

2. 执行SRC（步骤）

(1) 按“Quality Control”。

(2) 按“SRC”。

(3) 输入操作者代号，如“LIU”，完成后按“OK”。

(4) 按下检体测试槽（SMC）的按钮，打开盖子。

(5) 系统提示“放入SRC”。检查SRC是否干净，确定后将其放入测试槽内，并轻压SRC使其正确载入。

(6) 放入校正片后，系统提示“关上SMC盖子”。

(7) 关上盖子后，系统显示“SRC信息是否正确?”，核对无误后，选择“Yes”。

(8) 系统提示“进行测试程序（60s）”。

(9) 测试完成后，系统显示出测试结果。

(10) 若结果全为“PASS”，则可按“UP”打印结果。

(11) 打印完成后，系统提示“打开SMC盖子，取出SRC后关上”。

(12) 按“Home”返回首页。

(13) 校正完要将校正片放回待用。

（二）检体准备

1. 全血采集 采血→拔掉针头，将血注入绿头管（肝素管）→上下颠倒混匀→用1mL注射器，吸取最少200μL全血→小心地拔掉针头，赶走注射器内气泡→盖好针头后备用。

注意：①采血后应立刻进行测试（5min内），采血超过1h的检体应废弃；②只能用锂肝素作为抗凝剂；③检体最少需求量是125μL，但为预防气泡进到试剂片内，应最少充满200μL。

2. 血浆检体 将装有全血的抗凝试管以高速（12 000～16 000r/min）离心 120s。离心完成后，用干净的 1mL 针筒吸取最少 200μL 血浆。若保存检体，将血浆分离、装入检体管内并紧锁盖子，保存在 4～8℃，48h 内检测。若需保存更久时间，应将血浆冷冻保存。

3. 血清检体 同生化。

（三）检测步骤

（1）扫描试剂片条形码或选“Last Entry”。若测试片和上一次检测的试剂片为同一批次，则可选“Last Entry”。

（2）打开 SMC（检体测试槽）。

（3）载入测试片。①先打开铝箔包取出测试片；②用无尘纸擦拭多余的水珠；③将测试片载入 SMC 后轻压固定；④关上 SMC 盖子；⑤指示灯呈绿色，表示系统进行校正（此时切勿打开 SMC 盖子）。

（4）输入病畜信息。①按“New Patient”（新病例）；②选择种别：犬、猫、马或其他；③选择病畜性别：Female（母）、Male（公）；④输入病畜年龄，如按“4”“Year”（4 岁）；⑤按“Finish”完成。

（5）系统出现“嘀嘀”声，插入注射器：拔下注射器针头，在测试槽右方插入，必须插到底。完成后，按“OK”，系统自动吸入血液。

（6）吸完后，系统“滴”声提醒，同时屏幕显示“测试程序正在进行”。在测试过程中，还可按“Patient info”，继续填写病畜信息。

（7）测试完成后，系统自动打印结果并显示。

（8）按“Home”，屏幕提示“修改病畜信息或结束”，若不需修改，则按“Finalize Results”结束检测。

任务二　血液疾病防治

一、任务目标

知识目标

1. 掌握骨髓、血细胞解剖生理知识。
2. 掌握血液疾病病因与疾病发生的相关知识。
3. 掌握血液疾病的病理生理知识。
4. 掌握血液疾病治疗所用药物的药理学知识。
5. 掌握血液疾病防治原则。

能力目标

1. 会使用常用诊断设备。
2. 具备症状鉴别诊断能力。
3. 具备综合分析并做出初诊的能力。
4. 能准确开出治疗处方。
5. 会使用血液分析仪。

二、相关知识

贫　血

贫血是指单位容积的血液中红细胞数、血红蛋白含量及血细胞比容在正常值以下。临床以黏膜苍白、呼吸加快、全身无力等为特征。贫血不是特定的疾病，而是伴随多种疾病时的一种症状。贫血按发生原因可分为出血性贫血、溶血性贫血、营养性贫血和再生障碍性贫血。

(一) 出血性贫血

出血性贫血是红细胞或血红蛋白丧失过多所致，可分为急性和慢性出血性贫血。

【病因】

1. 急性出血性贫血　由于外伤或手术引起内脏器官（如肝、脾）及体外血管破裂造成大出血，使机体血容量突然降低所致。

2. 慢性出血性贫血　主要由于慢性胃、肠炎症，膀胱、子宫出血性炎症，造成长期反复出血所致。另外，犬钩虫感染也可造成慢性出血性贫血。

【症状】常见症状：可视黏膜、皮肤苍白，心跳加快，全身肌肉无力，并与出血量的多少成正比。出血量多可表现虚脱、不安、血压下降，四肢和耳鼻部发凉、步态不稳、肌肉震颤，后期可见有嗜睡、昏迷、休克状态。出血量少及慢性出血的犬，初期症状不明显，但病犬可见逐渐消瘦，可视黏膜由淡红色逐步发展到白色，精神不振，全身无力、嗜睡、不爱活动、脉搏快而弱，呼吸浅表，经常可见下颌、四肢末梢水肿。重者可导致休克、心力衰竭而死亡。

【诊断】急性出血性贫血，根据临床症状及发病情况可以做出诊断，但对内出血，必须进行细致的检查。当肝、脾破裂时，腹腔穿刺有血液；胃肠道出血时，除低色素性贫血外，粪便潜血检查阳性；泌尿系统出血时，则有血尿。长期慢性出血时，血液中幼稚型网织红细胞增多，血红蛋白含量降低，血液相对密度下降，血沉加快，红细胞总数减少。

【治疗】治疗原则为止血、恢复血容量、防治休克和补充造血物质。

1. 外伤性出血　可结扎止血、压迫止血、止血带止血。对于四肢末端出血，可用止血带止血后立即送往兽医院治疗。

2. 注射止血药　止血敏每千克体重 25mg；维生素 K_3 每千克体重 0.4mg；维生素 K_1 每千克体重 1mg；凝血质每千克体重 1.5mg。

3. 补充血容量　可静脉滴注右旋糖酐、葡萄糖、复方盐水、代血浆、氨基酸制剂，有条件的兽医院应进行输血疗法。补充造血物质，如硫酸亚铁 30～100mg 口服；枸橼酸铁铵 100～500mg 口服，3 次/d；复合维生素 B，100～200mg 肌内注射，1～2 次/周。

(二) 溶血性贫血

因各种原因引起红细胞大量破坏导致的贫血，称为溶血性贫血。临床上以黄疸，肝、脾肿大为特征；血液学检查以血红蛋白过多的巨细胞性贫血为特征。

【病因】

1. 传染性因素　如钩端螺旋体病，疱疹病毒、锥虫、溶血性链球菌感染，以及猫白血病病毒感染、犬心丝虫病、利什曼原虫病等均可引起严重的溶血性贫血。

2. 中毒性疾病　包括重金属中毒（如铅、铜、砷、汞等）、化学药物中毒（如苯、酚、磺胺类药物等）。警犬在执行任务时吸入 TNT 炸药也可导致溶血性贫血。

3. 免疫性因素 因新生仔犬的血型和母犬的血型不同，吃入母乳后发生抗原抗体反应而导致仔犬溶血性贫血；异型血型输血也可导致溶血；还包括猫的获得自体免疫性溶血性贫血、免疫介导的血小板减少症、药物免疫性溶血等。

4. 其他因素 如高热性疾病、淋巴肉瘤、骨髓性白血病、血浆血红蛋白增多症、红细胞丙酮酸激酶缺乏等因素均可造成溶血性贫血。

【症状】可视黏膜黄染，皮肤口角发黄，肝、脾肿大，精神沉郁，运动无力，心动过速，呼吸困难，体重减轻。后期可视黏膜白黄，昏睡，血红蛋白尿，体重继续下降，粪便颜色呈橘黄色。

【诊断】首先结合临床症状和血液学检查，可以初步诊断。确诊需做血液学检查，红细胞总数和血细胞比容减少，血红蛋白量下降。红细胞形态及大小均正常，网织红细胞增多，血中游离血红蛋白量增多。黄疸指数升高，尿中可见大量胆红素，粪胆素增加。血清胆红素间接反应阳性。

【治疗】

1. 治疗原则 加强护理，扩充血容量，消除病因，对症治疗。

2. 治疗措施 补液、输血疗法。中毒性疾病，给予解毒药；寄生虫感染，给予杀虫药治疗。同时结合激素疗法，自身免疫性贫血，应给予免疫抑制剂，如泼尼松每千克体重 2mg，肌内注射，5～10d 为一疗程，无效则摘除脾。新生犬、猫的溶血病，一旦发病，治疗时最好边放血边输血，以除去血液中破坏自身红细胞的同种抗体和游离胆红素。

（三）营养性贫血

营养性贫血指缺乏某些造血物质，影响红细胞和血红蛋白的生成而发生的贫血。

【病因】

1. 蛋白质缺乏 蛋白质摄入不足或长期丧失，使血浆蛋白含量降低，影响血红蛋白合成，也可导致贫血，主要由于动物摄入的蛋白质不足或慢性消化功能障碍引起。

2. 微量元素缺乏 如铁、铜、钴等微量元素缺乏，临床上以缺铁性贫血常见。铁是血红蛋白合成必需的成分，铜缺乏也可导致血红蛋白合成减少。

3. 维生素缺乏 维生素 B_1、维生素 B_{12}、维生素 B_6、叶酸、烟酸等缺乏均会导致红细胞的生成和血红蛋白合成发生障碍，造成营养性贫血。

以上因素大多因为犬的食物单一、内外寄生虫、慢性尿血、胃肠道出血等慢性疾病引起肠道吸收功能紊乱，久而久之造成营养性贫血。

【症状】营养性贫血发展较慢，主要表现进行性消瘦、营养不良、体质衰弱无力、腹部蜷缩、被毛粗糙、可视黏膜苍白、不耐运动、呼吸困难及心搏动加快、摇晃、倒地起立困难，直至卧地不起、全身衰竭。心脏检查可发现心脏肥大，严重者可听到贫血性心杂音。

【诊断】根据临床症状，结合血液学检查，可以确诊。缺铁性贫血时，血液中红细胞平均容积、红细胞平均血红蛋白低于正常值，血液涂片上见有红细胞大小不均、红细胞淡染，但较少出现有核红细胞，并有嗜铬性小红细胞出现。B 族维生素和叶酸缺乏引起的贫血，红细胞平均体积大于正常，中性分叶核粒细胞增多，骨髓中有大量巨幼红细胞。低蛋白性贫血，除一般贫血症状外，还伴有全身水肿和血红蛋白降低。

【治疗】

1. 治疗原则 加强饲养，补充造血物质，给予富含蛋白和维生素的食物。

2. 治疗措施 确定病因之后，补充缺乏的造血所必需的营养物质。缺乏维生素，可口服或肌内注射维生素制剂或多喂富含维生素的饲料。如硫酸亚铁，每千克体重 50mg，口服，2～3 次/d；0.3%氯化钴溶液，口服，3～5mL/d；维生素 B_1 每千克体重 5～10mg，维生素 B_{12} 每千克体重 25～10mg，混合肌内注射，1 次/d；叶酸，每千克体重 1～3mg，口服，1 次/d。另外，可补充葡萄糖和多种氨基酸制剂，有助于机体功能恢复。

(四) 再生障碍性贫血

再生障碍性贫血是指骨髓造血机能发生障碍引起的贫血。临床上表现严重的进行性贫血。

【病因】

1. 慢性中毒 宠物长期接触某些重金属物质，如金、砷、铋等；或接触某些有机化合物，如苯、酚、三氯乙烯等；或过量使用某些治疗性药物，如氯霉素、磺胺类药物。这些因素均可引起再生障碍性贫血。

2. 放射性损伤 在疾病治疗中，大量 X 射线或某些放射性元素辐射，破坏骨髓造血细胞、红细胞、骨样细胞及巨核细胞，使这些细胞遭受不可逆的损伤，导致造血机能丧失。

3. 疾病性因素 如慢性肾疾病、白血病、造血器官肿瘤等，可导致造血干细胞受到损伤，机体发生再生障碍性贫血。

【症状】再生障碍性贫血临床症状的发展比较缓慢，可视黏膜苍白和周期性出血，机体衰竭，易疲劳，心动过速，气喘。当机体发生感染时，体温升高，皮肤发生局部坏死。症状主要表现在血象变化，红细胞及血红蛋白含量低，血液中网状红细胞消失。

【诊断】

1. 症状诊断 根据临床症状和病史可做出初步诊断，确诊必须依据实验室检查。

2. 实验室诊断

(1) 血液学检查。外周血液中红细胞和白细胞减少，血红蛋白量降低，网织红细胞及幼稚型细胞几乎完全消失。血小板也减少，血沉加快。

(2) 骨髓细胞检查。仅可发现淋巴细胞、网状细胞及浆细胞，而不易见到巨核细胞。

【治疗】

1. 治疗原则 加强饲养管理，消除致病原因，提高造血机能，补充血液量。

2. 治疗措施 消除病因，凡是可能引起再生障碍的病因都应设法消除，疑似药物或食物过敏的要立即停止饲喂；提高造血机能，可应用睾酮 20～50mg/次，肌内或静脉注射，还可口服羟甲烯龙、司坦唑醇或诺龙等。同时投喂具有同化作用的非特异性红细胞生成刺激剂雄激素，常用的有丙酸睾酮、羟甲雄酮等，羟甲雄酮每天、每千克体重 0.5～2.0mg，分 3 次。肾上腺糖皮质激素具有造血和止血作用，可用于有出血和溶血症状的犬、猫，强的松的剂量为每天每千克体重 0.5～1.0mg。有感染时，可选用广谱抗生素，但禁用抑制骨髓造血机能的氯霉素和合霉素等。

血小板减少症

血小板减少症是指由于血小板数量减少或功能减退所导致的以出血现象为主要临床症状的一种疾病。血小板减少症可能源于血小板产生不足、脾对血小板的阻留、血小板破坏或利用增加以及被稀释。无论何种原因所致的严重血小板减少，都引起典型的出血症状。

【病因】

1. 感染性因素 主要是因病毒、细菌或其他感染所致的血小板减少性出血疾病。可致血小板减少的病毒感染主要有犬瘟热、猫传染性粒细胞缺乏症、猫瘟热、猫白血病、猫自身免疫缺陷病、细小病毒病、病毒性肝炎等。病毒可侵犯巨核细胞，使血小板生成减少；病毒也可吸附于血小板，致血小板破坏增加。当然，许多细菌感染可致血小板减少，包括革兰氏阳性及阴性细菌引起的败血症，如结核杆菌。细菌毒素抑制血小板生成，或使血小板破坏增加，也可由于毒素影响血管壁功能而增加血小板消耗。

2. 药物性因素 药物引发的血小板减少可分为原发性和继发性两类。药物直接引发的血小板减少症，最典型的药物就是瑞斯特菌素。由药物继发引起的血小板减少症，主要是某些药物抑制了骨髓的功能，从而导致血液中血小板减少，如激素类药物、抗癌类药物、某些抗生素和其他一些药物。

3. 免疫性因素 该类因素多见于自身免疫性疾病，或由于注射疫苗及应用某些药物导致免疫复合物吸收或新抗原的表达。临床上不正当的输血也可引起血小板减少。

4. 血小板生成减少 常见于再生障碍性贫血和急性白血病等血液病，以及应用某些化疗药物后，此时常伴有贫血和白细胞减少。另外，骨髓瘤的发生和骨髓纤维化也是血小板生成减少的常见因素。

5. 血小板破坏过多 大量的血小板从循环血液中被过量清除掉，致使血小板消耗增大，从而出现血小板减少现象，这种现象常见于患有血管内寄生虫病的动物和脉管炎疾病，如心丝虫病。

【症状】主要临床症状表现为黏膜出血，如鼻出血、齿龈出血、胃肠出血、尿道出血、耳郭淤血等，还表现厌食、虚弱、嗜睡、不耐运动、贫血、呼吸困难。若是由感染性因素引起，还会出现相应的临床症状，如细小病毒病患犬多有出血性腹泻；犬瘟热患犬表现为呼吸道、胃肠道和中枢神经系统的机能障碍；患有睾丸瘤的公犬雌性化等。血液检测血小板低于150 000个/μL。

【诊断】

1. 症状诊断 根据动物临床表现、黏膜出血症状即可怀疑本病，再结合动物发病前的具体情况进一步诊断，如动物发病前是否输过血、应用过药物及骨髓的健康状况等。

2. 实验室诊断

（1）血液检查。外周血细胞计数是确定血小板减少症的关键性检查，若外周血液中血小板的数量低于150 000个/μL时，则该动物患有血小板减少症。

（2）血涂片检查。外周血涂片检查能为其病因检查提供线索。

（3）血清学检查。主要是根据抗原抗体反应来检测感染性病原和免疫性因素，如ELISA。

【防治】

1. 防治原则 包括消除原发性病因、防止大量出血和综合治疗。

2. 治疗措施 确定病因后及时清除，药物性因素引起的要停止使用所有药物；感染性因素要及时治疗，消灭病原；骨髓原因造成的可尝试进行骨髓移植。对出血严重的病例可进行输血或输富含血小板的血浆和血小板浓缩液，若发生贫血，最好输全血。

同时进行综合治疗，增强动物机体的抵抗能力。传统上临床治疗血小板减少症的首选药物为肾上腺皮质激素类，其次为免疫球蛋白、长春新碱、环磷酰胺、硫唑嘌呤等免疫抑制剂类药物。对以上药物治疗无效的患者，往往采用输注血小板悬液、脾切除的治疗方法。

处方 1

药物：地塞米松，每千克体重 0.2mg。

用法：皮下注射，每天 2 次，连用 1 周后，剂量减半。

说明：肾上腺皮质激素类药物，起免疫抑制作用。

处方 2

药物：长春碱，每千克体重 0.04mg。

用法：静脉注射，每周注射一次。

说明：免疫抑制剂。

白细胞减少症

凡外周血液中白细胞数持续低于 4×10^9 个/L 时，统称白细胞减少症，为常见血液病。临床主要表现以不耐运动、易疲劳为主，常伴有食欲减退、低热心悸、畏寒等症状。白细胞减少可有遗传性、家族性、获得性等，其中获得性占多数。药物、放射线、感染性疾病、毒素等均可使粒细胞减少，药物引起者最常见。

【病因】

1. 药物因素 治疗肿瘤的药物和免疫抑制剂均可直接杀伤增殖细胞群，药物抑制或干扰白细胞核酸合成，影响细胞代谢，阻碍细胞分裂。药物直接的毒性作用造成粒细胞减少，程度与药物剂量相关。能引起白细胞减少的药物很多，主要有抗癌药、氯霉素、磺胺类、止痛片、治疗甲亢的药物、治疗糖尿病的药物等。

2. 感染因素 很多感染性疾病可引起白细胞减少，如细菌或病毒感染、支原体肺炎、犬传染性肝炎、肺结核等。

3. 血液病 血液病也可引起白细胞减少，如急性白血病、恶性淋巴瘤、恶性组织细胞瘤、脾功能亢进、再生障碍性贫血等。

4. 化学毒物及放射线 化合物苯及其衍生物、二硝基酚、砷等对造血干细胞有毒性作用，X 射线和中子能直接损伤造血干细胞和骨髓微环境，造成急性或慢性放射损害，出现白细胞减少。

5. 免疫因素 自身免疫性粒细胞减少是自身抗体、T 淋巴细胞或自然杀伤细胞作用于粒细胞分化的不同阶段，引起骨髓损伤、白细胞生成障碍。常见于风湿病和自身免疫性疾病。

6. 细胞成熟障碍、无效造血 如叶酸和维生素 B_{12} 缺乏，影响 DNA 合成，骨髓造血活跃，但细胞成熟停滞而破坏于骨髓内。某些先天性粒细胞缺乏症和急性非淋巴细胞白血病、骨髓异常增生综合征、阵发性睡眠性血红蛋白尿等疾病，也存在着细胞成熟障碍，而引起白细胞减少。

【症状】白细胞减少常继发于多种全身性疾病，临床表现以原发病的临床症状为主。多数白细胞减少症动物病程短暂，呈自限性，无明显临床症状或有易疲乏、无力、食欲减退、精神沉郁、低热、上呼吸系统感染等非特异性临床表现。

【诊断】

1. 症状诊断 临床上可无症状，或有易疲乏、无力、食欲减退、精神沉郁、低热、上呼吸系统感染等非特异性症状，犬、猫易患感冒等病毒性和细菌性感染。根据以上症状只能做出初诊。

2. 实验室诊断 血液中白细胞总数为（2.0～4.0）$\times10^9$ 个/L，中性粒细胞绝对值降低，血红蛋白和血小板正常。骨髓象正常或轻度增生，一般有粒系统的增生不良或成熟障碍或有细胞质的改变，红细胞系统及巨核细胞系统正常，淋巴细胞及网状内皮细胞可相对增加。

【防治】

1. 防治原则 加强护理，消除病因，刺激骨髓造血机能。

2. 治疗措施 ①首先应仔细查找引起白细胞减少的原因，根据病因选择相应的治疗措施，如因药物引起者，应立即停药；②刺激白细胞生成，如维生素 B_6 可用于各种白细胞减少症，维生素 B_4、肌苷、脱氧核苷酸等对抗癌药、放疗或氯霉素等因素所致的白细胞减少有较好疗效；③在针对病因治疗同时，对上述药物可选择其中1～2种，服用4～6周，观察是否有使白细胞回升效果。如一般升白细胞药物治疗无效，白细胞持续减少，其原因可能与糖皮质激素类药物使用有关。

处方1

药物：①人参15g、熟地50g、黄芪50g、党参20g、当归20g、鸡血藤20g、石韦20g、丹参15g、茯苓15g、首乌25g。

②紫河车粉、龟胶粉、鹿胶粉各10g。

用法：先将①加水适量文火煎取汁，再将药液冲泡②，每天1剂，分2次内服。

说明：中药方剂，适用于放、化疗引起的白细胞减少症。

处方2

药物：生长因子G-CSF，每千克体重50μg。

用法：皮下注射，每天1次，维持2～4周。

说明：适用于各种原因引起的白细胞减少症。

凝血因子缺乏症

【病因】凝血因子缺乏症是指血浆中某一凝血因子缺乏造成凝血障碍并引起出血的疾病。临床上分为两大类：一类是遗传性凝血因子缺乏症，其特点是常自幼发生出血症状，有遗传家族史，一般均为常染色体隐性遗传；另一类是获得性凝血因子缺乏症，为多因子缺乏引起和原发病，常见的如维生素K缺乏症，还有严重肝病等。在犬类养殖中，由于近亲繁殖现象比较普遍，故本病的发病率较高。

1. 纤维蛋白原缺乏 先天性纤维蛋白原缺乏症极为少见，是常染色体隐性遗传病；后天获得性纤维蛋白原减少见于纤维蛋白溶解增加、弥散性血管内凝血、急（慢）性中毒、严重肝病、白血病及肿瘤转移等情况。近亲交配的圣伯纳犬、苏格兰牧羊犬及俄国狼犬多发。

2. 第Ⅶ因子缺乏 先天性Ⅶ因子缺乏极少见，为常染色体不完全隐性遗传；后天性Ⅶ因子减少见于肝病、维生素K缺乏、手术后等情况。阿拉斯加雪橇犬、比格犬和杂种犬发病率高。

3. Ⅹ因子缺乏 先天性Ⅹ因子缺乏极为少见，为常染色体不完全隐性遗传。本病仅见于西班牙长耳犬和一个杂交品种犬的常染色体隐性遗传病。

4. Ⅻ因子缺乏 先天性Ⅻ因子缺乏症亦极少见，为常染色体隐性遗传。一般无出血症状，外伤或手术后出血也不严重。但病例凝血时间、部分凝血活酶时间均延长。标准卷毛犬、德国短毛猎犬及猫多发。

5. 先天性ⅩⅢ因子缺乏 先天性ⅩⅢ因子缺乏症少见，属常染色体不完全隐性遗传。无性别差异，雌性和雄性犬、猫均可发病，均可以遗传给后代，患病动物往往是近亲交配的产物。

【症状】本病的特点是延迟性出血。一般以脐带残端出血为多见；其次为皮肤出现淤点、淤斑或血肿，黏膜出血或外伤出血后不生成凝块，吐血、便血、血尿，关节出血也较常见。外科手术后出血可一度中止，但12～36h后又出血不止，伤口愈合不良。实验室检查呈现出血时间、凝血时间、凝血酶原时间、凝血酶时间、部分凝血活酶时间均延长。

【诊断】

1. 症状诊断 根据犬、猫临床表现易出血，尤其是皮肤出现淤点、淤斑或血肿，黏膜出血或外伤出血后不生成凝块等病理现象；结合对主人询问犬、猫病史，调查患病犬、猫的家族史以及一般的临床检查，可做出初诊。

2. 实验室诊断

（1）检查凝血象。出血时间、凝血时间、凝血酶原时间、凝血酶时间、部分凝血活酶时间均延长。

（2）交叉试验。用已知缺乏因子的血浆做交叉试验，若实验阳性即可确诊。

【防治】

1. 防治原则 加强护理，合理交配，输血或促进凝血因子合成，给予易消化的流体食物。

2. 治疗措施 在犬、猫舍的结构设计和内部配置上，要充分考虑环境的安静和犬、猫的安全。防止受到外界干扰造成动物受惊吓，引起意外创伤。在犬、猫配种时，要优化配种，避免近亲繁殖，追求杂交优势最大化。对于后天获得性凝血因子缺乏症，找到原发病，及时消除病因，适量输血或血浆以及凝血酶原复合物浓缩剂，缓解病情。在饮食上，喂些易消化的流体食物，利于消化和吸收。

处方1

药物：输全血或血浆，每千克体重每次10mL。

用法：缓慢静脉滴注，每天1次，连用3d。

说明：补充血液中缺失的凝血因子。

处方2

药物：硫酸亚铁，每千克体重3mg。

用法：口服，每天1次，

说明：刺激骨髓造血机能。

处方3

药物：叶酸15mg。

用法：肌内注射，每天1次，直到凝血恢复正常。

说明：刺激骨髓造血机能和凝血因子的合成。

三、案例分析

1. 病畜 德国牧羊犬，3月龄，体重12kg。

2. 主诉 腹泻，口服抗生素治疗已20d。食欲废绝，身体消瘦，精神高度沉郁，被毛焦躁逆立，不能站立。

3. 临床检查 可视黏膜（眼结膜、齿龈、口腔黏膜）均苍白，体温36.5℃，脉搏82次/min。实验室检查结果见表3-3。

表3-3 血液常规检验

检验项目	结果	单位	参考范围	检验项目	结果	单位	参考范围
白细胞数目	9.85	$\times 10^9$个/L	6.00～17.00	红细胞数目	↓ 2.36	$\times 10^{12}$个/L	5.1～8.50
中性粒细胞百分比	↓ 46.8	%	52.0～81.0	血红蛋白浓度	↓ 52	g/L	110～190
淋巴细胞百分比	↑ 35.7	%	12.0～33.0	血细胞比容	↓ 16.2	%	36.0～56.0

（续）

检验项目	结果	单位	参考范围	检验项目	结果	单位	参考范围
单核细胞百分比	9.6	%	2.0～13.0	平均红细胞体积	68.9	fL	62.0～78.0
嗜酸性粒细胞百分比	7.7	%	0.5～10.0	平均红细胞血红蛋白含量	22.1	pg	21.0～28.0
嗜碱性粒细胞百分比	0.2	%	0.0～1.3	平均红细胞血红蛋白浓度	321	g/L	300～380
中性粒细胞数目	4.61	$\times 10^9$个/L	3.62～11.32	红细胞分布宽度变异系数	13.0	%	11.5～15.9
淋巴细胞数目	3.52	$\times 10^9$个/L	0.83～4.69	红细胞分布宽度标准差	37.8	fL	35.2～45.3
单核细胞数目	0.94	$\times 10^9$个/L	0.14～1.97	血小板数目	↓ 66	$\times 10^9$个/L	117～460
嗜酸性粒细胞数目	0.76	$\times 10^9$个/L	0.04～1.56	平均血小板体积	8.2	fL	7.3～11.2
嗜碱性粒细胞数目	0.02	$\times 10^9$个/L	0.00～0.12	血小板分布宽度	↑ 17.6		12.0～17.5
				血小板比容	↓ 0.054	%	0.090～0.500

4. 诊断 贫血，机体衰竭性恶质病。

5. 治疗 ①强尔心 1mL，维生素 C 2mL，ATP 2mL，辅酶 A 100IU，5%葡萄糖生理盐水 100mL，静脉注射；②再取患犬母亲血液 100mL 输血。

2h 后，体温 38.8℃、脉搏 118 次/min、呼吸 26 次/min，精神明显好转，能站立行走，又经 3d 对症治疗回家，1 周后追访康复。

四、拓展知识

（一）贫血的分类

贫血是指单位容积血液中红细胞数或血红蛋白量低于正常值。贫血的分类法通常有以下几种：

1. 根据红细胞平均血红蛋白浓度（MCHC）分类 可把贫血分为两大类：

（1）低血色素性贫血（各种动物的 MCHC 分别低于各自的正常值）。该型贫血由于血红蛋白含量减少（如铁或蛋白质损失过多，铁利用障碍或血红蛋白异常等），因此常呈现小红细胞性贫血和红细胞平均容积（MCV）缩小。

（2）正血色素性贫血（各种动物的 MCHC 等于或高于各自的正常值）。该型贫血又可按红细胞平均容积（MCV）的不同，分成大红细胞性贫血（MCV 大于正常值）和正常红细胞性贫血（MCV 在正常范围内）。前者常见于因核酸代谢障碍而导致的巨幼红细胞性贫血过程，后者可见于某些溶血性贫血过程中（如输入异型血引起的溶血）。

2. 按红细胞的大小分类 可分为大红细胞性贫血、正常红细胞性贫血和小红细胞性贫血。

3. 根据贫血的发生原因分类 可分为失血性贫血、溶血性贫血、营养性贫血和再生障碍性贫血。这是临床上常用的分类法。

（二）贫血时的病理变化及对机体的影响

1. 贫血时外周血液形态学变化 贫血时，外周血液不仅红细胞数和血红蛋白量减少，而且红细胞的形态也有所改变，出现各种病理形态的红细胞。通常可分为退化型和再生型两种。

（1）退化型红细胞。

①异型红细胞。其外形呈椭圆形、梨形、半圆形、哑铃形、多角形等变化。

②红细胞大小不均。

③红细胞染色浓淡不均，有的红细胞含血红蛋白多，染色较浓；反之，染色则较淡。

（2）再生型红细胞。在外周血内出现网织红细胞、多染性红细胞、未成熟的有核红细胞，以及含有核残迹（红细胞内含有核质碎片，称豪-周氏小体）或含核膜脂蛋白残迹（称为 Cabot 环）的红细胞等未成熟红细胞。这是骨髓造血机能代偿性增强的一种表现。

2. 贫血时骨髓象的改变 由于贫血原因不同，贫血时骨髓象存在不同的改变。

（1）红骨髓增生，并伴随着出现红细胞增多尤其是幼稚型红细胞增多，这是骨髓造血机能代偿性增强的表现。

（2）红骨髓增生，红细胞生成障碍。红细胞成熟延缓，形成红细胞的血红蛋白含量不足，成熟红细胞入血缓慢。这多见于细菌毒素中毒、化学物质中毒或缺铁、维生素 B_{12} 缺乏等过程中。

（3）再生不良性骨髓。红骨髓减少或消失，涂片只有极少数幼稚型红细胞。

3. 贫血的剖检变化 贫血尸体，由于红细胞及血红蛋白减少，呈现血液稀薄，各组织器官呈现缺血、缺氧变化；可视黏膜苍白，如果是溶血性贫血，则有黄疸变化。内脏器官色泽变淡，实质器官变性，浆膜、黏膜有时有点状出血。慢性贫血时除有红骨髓的增生或退化外，有时在脾、肝、淋巴结可见髓外造血灶。

4. 贫血对机体的影响 贫血对机体的影响主要表现为缺血、缺氧使各系统机能障碍。

（1）循环系统。由于红细胞减少、机体氧运输障碍、物质代谢受阻，酸性代谢产物在体内堆积，通过颈动脉及主动脉化学感受器的兴奋传导，代偿性地使心搏加快。长期心搏加快使心肌能量过多消耗，加之贫血时心肌能力产生不足，结果可使心肌发生肌源性扩张并出现相对性瓣膜关闭不全。

（2）呼吸系统。贫血时，由于缺氧和酸性代谢产物的堆积，一方面可以通过化学感受器反射性地刺激呼吸中枢兴奋；另一方面二氧化碳浓度升高又可直接作用于延髓化学敏感细胞，间接使呼吸加快。患病动物往往表现稍加使役就出现呼吸急促，容易疲劳。另外贫血时组织呼吸酶活性增高，增加了组织细胞对氧的利用能力，反映了机体由贫血引起缺氧的代偿能力。

（3）消化系统。贫血使胃肠道消化吸收机能降低，促使患病动物食欲不良、消化障碍，出现便秘、腹泻，加重贫血的发展。

（4）神经系统。缺氧使中枢神经系统兴奋性降低，这对机体有一定保护作用。但脑组织如长期供氧不足，则对各系统的调节机能降低，并表现神经沉郁等症状。

五、技能训练

血液分析仪使用

血液分析仪见图 3-5。

（一）校正

（1）按“MODE”键（位于操作按钮最右边），直到屏幕出现“Insert Cal Rod”。

（2）打开装载台盖子，从装载台后方的凹槽内取出校正管，用无尘纸将校正管表面的脏污及指纹彻底清除。

(3) 擦拭干净后，将校正管放到装载台上。

(4) 盖上装载台盖子，机器开始运转。

(5) 自行分析后，系统自动打印结果（提前连好打印机），检查校正值是否在正常范围之内。

(6) 最后，将校正管放回凹槽内，校正完成。

注意：血液分析仪每天使用之前，先做校正。

（二）检体制备及处理

(1) 采血。选择一条足够清晰的血管，如颈静脉、前肢头静脉等。

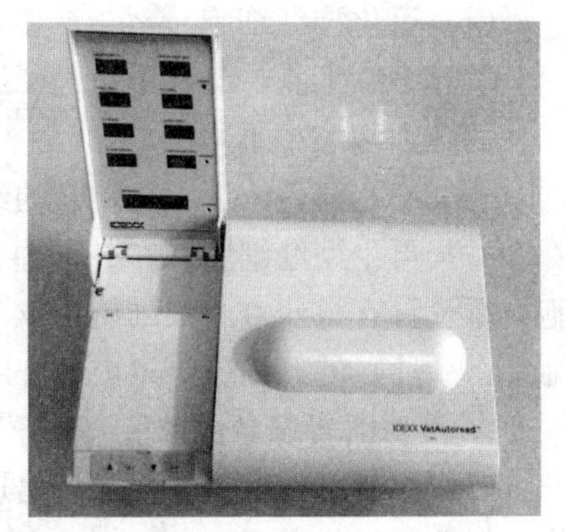

图 3-5　血液分析仪

(2) 将针头卸下，打开抗凝管（紫头管）盖子，快速、缓和地将样本与管壁的 EDTA 混合（血量为 1/2～3/4）。

(3) 将紫头管轻轻上下倒置至少 10 次。

(4) 放置抗凝管备用（超过 4h，血液会失去检验的活性）。

（三）样品测试

所需材料：离心管、浮标、软塞等。

(1) 用镊子取出一支新的离心管，将离心管装到微量滴管上。

安装方法：将微量滴管管口远离自己，把底部的管身顺时针旋松，把离心管有绿色标线的一端塞进微量滴管，塞到底。然后逆时针转紧微量滴管底部的管身。

注意：在打开装有血液的 EDTA 抗凝管吸取血液之前，请缓缓地将抗凝管上下倒置 10 次。

(2) 压下微量滴管的活塞，将离心管末端（有橙啶呈色剂的一端）深入样本液面下，再轻轻释放活塞，将血液样本吸入离心管中。务必确定血液达到 111μL 的黑色标线。

(3) 将微量滴管拿起，用无尘纸小心擦拭离心管外部，把离心管的底端插入软塞中，旋转半圈以确保软塞已牢固地栓上。稍稍抬起微量滴管，检查底部是否密封。若血液渗入软塞或者漏出，应以新的离心管重新操作。

(4) 水平持握微量滴管，小心地以往前转动的方式取出离心管。

(5) 以手指让离心管水平地转动至少 30s，确定呈色剂和样本均匀混合。

(6) 水平拿着离心管，用镊子夹持一根浮标，让浮标完全塞入管子中。

(7) 离心方法。

①打开离心机，逆时针拧开盖子，将离心管放入槽内，为维持平衡，务必在对侧用另一支管平衡。放置时注意管的底座端朝外。

②放好离心管后，顺时针旋紧旋钮，确定已经切实地拴紧盖子。关上最上层的掀盖。

③按“ON”键，开始离心。离心时间固定为 5min。

④离心后马上取出管子，检查外部是否有血渍或指纹的污染，以及血浆层是否在两绿线之间。若血浆层超出或不到两绿线，请依照以上过程重新制备。

离心后，离心管中液体会分成 3 层：细胞密度最大的红细胞层、肤色层以及血浆层。由于浮标密度刚好介于红细胞和血浆之间，离心后，肤色层将会被放大到整个浮标的长度。由于离心管内部管壁涂了一层橙啶（荧光染料），可使细胞等生物物质发出不同的荧光，仪器利用光学原理测量其荧光强度，软件会界定每一细胞层的分界，计算出各项数据。

(8) 测试程序。

①选择正确的物种。方法为：按“MODE”选取（Dog Tube—Cat Tube—Horse Tube—Bovine Tube）。

②把准备好的离心管放进分析仪的装载台（用无尘纸将脏污和指纹擦去）。

③把离心管放到装载台上（底座朝左放置，用镊子将离心管顶至左侧）。

④关上盖子，系统自动开始检验。

注意：若在中途把门打开，检验会中途停止；若要继续检验，请把门关上，等待装载台回到原位，取下管子，重新装回去，再把门关上即可。

(9) 判读结果。系统在扫读结束、显示结果后，会自动地把结果打印出来（确定已连接打印机）。

泌尿生殖系统疾病

任务一　泌尿系统疾病诊治

一、任务目标

知识目标

1. 掌握泌尿器官局部解剖生理知识。
2. 掌握泌尿器官疾病病因与疾病发生的相关知识。
3. 掌握泌尿器官疾病的病理生理知识。
4. 掌握泌尿器官疾病治疗所用药物的药理学知识。
5. 掌握泌尿器官疾病防治原则。
6. 了解肾疾病处方粮成分组成。
7. 了解尿道疾病处方粮成分组成。

正常膀胱
（充盈不良）

正常膀胱
（适度充盈）

正常肾

能力目标

1. 会使用常用诊断设备。
2. 具备症状鉴别诊断能力。
3. 具备综合分析并做出初诊的能力。
4. 能准确开出治疗处方。
5. 会使用尿液分析仪。

二、相关知识

肾　衰　竭

肾衰竭是肾功能下降或完全丧失引起的以少尿或无尿、代谢紊乱及尿毒症为特征的一种疾病。其根据病程分为急性和慢性两种类型。

【病因】根据致病部位，本病可分为肾前性、肾性和肾后性三类。

1. 肾前性病因　由泌尿系统以外的因素引起，如外伤或手术造成大出血、严重腹泻和呕吐、大面积烧伤、腹水、休克、心力衰竭、心输出血量减少等。

2. 肾性病因　由肾本身的疾病引起，如肾小球、肾小管和肾间质病变；钩端螺旋体、细菌等造成的肾感染；氨基糖苷类抗生素、磺胺类药物、非甾体类抗炎药物、阿昔洛韦、两性霉素B等药物中毒以及乙二醇、重金属、蛇毒、蜂毒等造成的肾中毒；肾动脉血栓、弥散性血管内凝血等引起的肾血液循环障碍等。

3. 肾后性病因 由于尿路不通、排尿障碍，如损伤、结石等引起的尿路阻塞，引起肾小球滤过受阻，导致血氮增多。

肾衰竭

以上各种致病因素导致肾小球动脉端血压下降，肾缺血、缺氧，肾小球滤过率下降，引起急性肾衰竭。

【症状】本病可分为少尿期、多尿期和恢复期三个时期。

1. 少尿期 病的初期，病犬、猫在原发病（出血、溶血反应、烧伤、休克等）症状的基础上，排尿量明显减少，甚至无尿。由于水、盐、氮质等代谢产物的潴留，可表现水肿、心力衰竭、高血压、高钾血症、低钠血症、酸中毒和尿毒症等，并易发生继发或并发感染。少尿期历时不定，短者约1周，长者2～3周。如果长期无尿，则有可能发生肾皮质坏死。

2. 多尿期 病犬、猫经过少尿期后尿量开始增多而进入多尿期。表现为排尿次数和排尿量均增多。此时，水肿开始消退，血压逐渐下降。同时，因水、钾、钠丧失，病者可表现四肢无力、瘫痪，心律失常甚至休克，重者可猝死；因病犬、猫多死于多尿期，故又称为危险期。此期持续时间1～2周。如能耐过此期，便进入恢复期。

3. 恢复期 病犬、猫排尿量逐渐恢复正常，各种症状逐渐减轻或消除。但由于机体蛋白质消耗量大，体力消耗严重，仍表现四肢乏力、肌肉萎缩、消瘦等症状。因此，应根据病情，继续加强调养和治疗。恢复期的长短，取决于肾实质病变恢复的程度。重症犬、猫，若肾小球功能迟迟不能恢复时，可转为慢性肾衰竭。

【诊断】

1. 症状诊断 根据病史调查、尿液变化及水肿症状可做出初步诊断。

2. 实验室诊断

（1）尿液检查。少尿期的尿量少，而比重低。即在某些诱发病史的基础上（如严重外伤、烧伤、失水、失血、中毒、感染等），特别是有休克时，每天尿量突然减少至每千克体重20mL以下（少尿），甚至5mL以下（正常指标为每天尿量每千克体重20～167mL）；尿正常相对密度为1.015～1.050，若相对密度低于1.010为可疑，在1.007～1.009时即可确诊。同时，尿钠浓度偏高，尿中可见红细胞、白细胞和各种管型及蛋白。多尿期的尿相对密度偏低，尿中含有白细胞。

（2）血液学检查。白细胞总数增加和中性粒细胞比例增高；血中肌酐、尿素氮、尿酸、磷酸盐、钾含量升高；血清钠、氯、二氧化碳结合力降低。

（3）补液试验。给少尿期的病犬、猫补液500mL后，再静脉注射利尿素或呋塞米10mg。若仍无尿或尿相对密度低者，可认为是急性肾衰竭。

（4）肾造影检查。急性肾衰竭时，造影剂排泄缓慢。根据肾显影情况，可判断肾衰竭程度。如肾显影慢和逐渐加深，表明肾小球滤过率低；显影快而不易消退，表明造影剂在间质和肾小管内积聚；肾显影极淡，表明肾小球滤过功能极度障碍。

（5）B超声波检查。可确定肾后性梗阻。

3. 鉴别诊断 注意与慢性肾衰竭的区别。急性肾衰竭有发生过局部缺血或接触毒物的病史，临床检查时，体质较好，肾光滑、肿胀、有痛感，有严重的肾机能障碍，血清钾逐渐升高，代谢性酸中毒严重；而慢性肾衰竭往往有肾病或肾机能不全的病史，长期烦渴、多尿，慢性消瘦，血清钾逐渐降低，有轻度的代谢性酸中毒。

【治疗】

1. 防治原则 治疗原发病，防止脱水和休克，纠正高血钾和酸中毒，缓解氮血症。

2. 治疗措施 首先治疗原发病，有创伤、烧伤和感染时，用抗生素控制感染。脱水和出血性休克时，要注意补液。如为中毒病，应中断毒源，及早使用解毒药，适度补液。尿路阻塞时，应尽快排尿。必要时，可采用手术方法消除阻塞，排除潴留的尿液后再适当补充液体。

无尿是濒死的预兆，必须尽快利尿，可口服呋塞米或布美他尼。血浆二氧化碳结合力在12mmol/L以下时，按酸中毒治疗，用5%碳酸氢钠溶液静脉注射，但高血压及心力衰竭时禁用。高钾血症时，用生理盐水或乳酸林格氏液静脉注射。出现高氮血症时，可在纠正脱水后，用20%甘露醇静脉注射，或静脉注射25%～50%葡萄糖溶液，并限制蛋白质的摄入，补充高能量和富含维生素的食物。

多尿期时，随排尿量的增加，应注意补充电解质，尤其是钾的补充，以避免出现低钾血症。血中尿素氮为20mg/100mL（犬）或30mg/100mL（猫）时，可作为恢复期开始的指标，若低于上述指标时，则应逐步增加蛋白质的摄入，以利于康复。

恢复期应补充营养，给予高蛋白、高糖类和含维生素丰富的食物。

处方1

药物：每千克体重，氨苄西林10mg，生理盐水10～20mL，地塞米松0.3～0.6mg。

用法：静脉注射。

说明：氨苄西林主要用于治疗原发病如创伤、烧伤和感染等。也可换用其他抗生素，如红霉素、头孢菌素等，但不能用氨基糖苷类、磺胺类、多黏菌素等肾毒性较大的药物。脱水和出血性休克时，生理盐水的量可以加大，有水肿时生理盐水的量要小。

处方2

药物：呋塞米，每千克体重4～6mg。

用法：口服，每8～12h 1次。

说明：呋塞米有利尿作用，用于少尿和无尿期的治疗。也可换用布美他尼等其他利尿药。长期用药时可引起低血钾，需注意补钾。

处方3

药物：5%碳酸氢钠溶液20～40mL。

用法：静脉注射。

说明：当血浆二氧化碳结合力在12mmol/L以下时，用碳酸氢钠治疗，但高血压及心力衰竭时禁用。

处方4

药物：生理盐水或乳酸林格氏液，每千克体重10～20mL。

用法：静脉注射。

说明：用于高钾血症的治疗。因肾功能低下，静脉注射时速度要慢。

处方5

药物：20%甘露醇，每千克体重0.5～2.0g。

用法：静脉注射，每4～6h 1次。

说明：出现高氮血症时用。

处方6

药物：5%氯化钾溶液3～10mL，5%葡萄糖溶液50～100mL。

用法：将氯化钾加入葡萄糖溶液中慢慢静脉滴注。

说明：用于多尿期的治疗。随排尿量的增加，应注意补充电解质。尤其是钾的补充，以避免出现低钾血症。

慢性肾衰竭

慢性肾衰竭是由于承担肾功能的肾单位绝对数减少，引起机体内环境平衡失调和代谢严重紊乱而出现的综合征候群。本病表现为肾源性氮质血症，持续时间长，通常超过2周。

【病因】多由急性肾衰竭转化而来。

【症状】根据疾病的发展过程，分为四期。

Ⅰ期：为储备能减少期。表现为血中肌酸酐和尿素氮轻度升高。

Ⅱ期：为代偿期。出现多尿、多饮，轻度脱水，贫血和心力衰竭。

Ⅲ期：为氮质血症期，表现排尿量减少，中毒或重度贫血，血钙降低，血钠降低，血磷升高，血尿素氮升高（可达 130mg/dL 以上），多伴有代谢性酸中毒。

Ⅳ期：为尿毒症期。表现无尿，血钙降低，血钠降低，血钾升高，血磷升高，血尿素氮高达 250mg/dL 以上，伴有代谢性酸中毒、神经症状和骨骼明显变形等。

【诊断】根据临床症状和实验室检查结果确诊，参见急性肾衰竭的诊断。

【治疗】加强护理，给予高能量、低蛋白的食物。纠正水、电解质平衡紊乱和对症治疗。使用雄性激素 1-甲雄烯醇丙酮或醋酸睾酮以抑制蛋白分解和促进造血机能。适当投予铁制剂、维生素制剂等。出现抽搐症状时，使用小剂量镇静药物。其他可参见急性肾衰竭的治疗方法。

处方 1

药物：1-甲雄烯醇丙酮乙酸盐，每千克体重 2mg。

用法：肌内注射或口服。

说明：或用醋酸睾酮以抑制蛋白分解和促进造血机能。

处方 2

药物：苯巴比妥，每千克体重 6～12mg。

用法：内服。

说明：出现抽搐症状时使用。

肾　炎

肾小球、肾小管和肾间质的炎症统称为肾炎。

（一）肾小球肾炎

肾小球肾炎是一种由感染或中毒后变态反应引起的以弥漫性肾小球损害为主的疾病。临床上以肾区敏感、疼痛、水肿、高血压、血尿和蛋白尿为特征。犬、猫均可发生。本病可分为急性和慢性两种肾小球肾炎。

【病因】

1. 感染性因素 见于细菌（链球菌、双球菌、葡萄球菌、结核杆菌等）、病毒（犬瘟热病毒、传染性肝炎病毒）、钩端螺旋体、寄生虫（弓形虫）等感染。

2. 中毒因素 内源性中毒见于胃肠炎症、代谢障碍性疾病、皮肤疾病、大面积烧伤等所产生的毒素、代谢产物或组织分解产物；外源性中毒见于摄食有毒物质（汞、砷、磷等）或霉败食物等。

慢性肾小球肾炎发生的病因与急性肾小球肾炎相同，仅刺激作用轻微和持续时间较长而已，也可由急性肾小球肾炎转化而来。

【症状】患急性肾小球肾炎的犬、猫，精神沉郁，体温升高，食欲不振，有时发生呕吐、腹泻。肾区敏感，触诊疼痛，肾肿胀。不愿活动，步态强拘，站立时背腰拱起，后肢集拢于腹下。

频尿、尿淋漓或排尿困难，有的病例有血尿或无尿。尿闭后腹围迅速增大，病犬、猫屡屡做出排尿姿势，但无尿排出。动脉血压升高，第二心音增强。随病程延长，由于血液循环障碍和全身静脉淤血，可见眼睑、胸、腹下发生水肿。当本病发展为尿毒症时，则呼吸困难、衰竭无力、肌肉痉挛、昏睡、体温低下、呼出气有尿臭味。

慢性肾小球肾炎发展缓慢，病犬、猫食欲不振，消瘦，被毛无光泽，皮肤失去弹性。体温正常或偏低，可视黏膜苍白。有的出现明显的水肿、高血压、血尿或尿毒症。初期多尿，后期少尿。口腔检查时，常见口腔和齿龈黏膜溃疡。肾单位有广泛性损伤，有进行性纤维化或萎缩性炎症时，可触知肾变硬。发展为尿毒症时，病犬、猫意识丧失、肌肉痉挛、昏睡。病程可持续数月或数年，有的反复发作。

【诊断】

1. 初步诊断 根据病史、水肿症状、肾区敏感和排尿变化可做出初步诊断。

2. 实验室诊断

（1）尿常规检查。①急性肾小球肾炎。尿液相对密度增高，蛋白含量增多，尿沉渣中可见有透明颗粒、红细胞管型，有的可见有上皮管型及散在的红细胞、肾上皮细胞、白细胞和病原菌等；②慢性肾小球肾炎。多尿时尿液相对密度减小，潜伏期尿蛋白较少，活动期常增多，晚期尿蛋白减少。尿沉渣中可见大量颗粒和透明管型，晚期可见粗大的蜡样管型；当出现红细胞管型时，则为肾小球肾炎的急性发作。

（2）血常规检查。红细胞数轻度减少，白细胞数正常或偏高，血沉加快。

（3）血液生化检查。血清中 γ-球蛋白降低，α2-球蛋白升高。多尿时低血钠，少尿时高血钙，严重病例血中非蛋白氮升高。

【治疗】

1. 治疗原则 急性肾小球肾炎病例应加强护理、抗菌消炎、利尿消肿、抑制免疫反应和防止尿毒症的发生。

2. 治疗措施 将病犬、猫置于清洁、温暖和通风良好的笼舍中，给以高能量、低蛋白食物，病初或少尿期限制给予食盐。水肿或少尿者，用利尿剂（呋塞米、双氢克尿噻）和脱水剂（甘露醇、山梨醇等）；抗菌消炎，可选用青霉素类抗生素；为抑制免疫反应，可肌内注射糖皮质激素类药物（地塞米松、泼尼松等）；如并发急性心力衰竭、高血压、血尿或尿毒症时，则进行对症治疗。慢性肾小球肾炎的治疗方法与急性肾小球肾炎相同，但不易治愈，且易反复发作。

处方 1

药物：呋塞米，每千克体重 5mg。

用法：口服，每日 2 次。

说明：呋塞米有利尿作用，水肿时使用。长期应用可引起低血钾，需注意补钾。

处方 2

药物：双氢克尿噻，每千克体重 2～4mg。

用法：口服，每日 2 次。

说明：有利尿作用，与处方 1 交替应用。长期应用可引起低血钾。

处方 3

药物：普鲁卡因 0.1～0.2g，25%葡萄糖溶液 50～200mL。

用法：静脉注射。

说明：有脱水作用，可与处方1或处方 2 同时应用于水肿病例。体格小的动物适当减量。

处方 4

药物：青霉素 80 万～160 万 IU。

用法：肌内或静脉注射。

说明：有消炎作用，也可选用其他抗生素，但不能用对肾损害大的药物。本方可配合处方 1、处方 2 或处方 3 应用。

处方5

药物：地塞米松，每千克体重0.25～1.0mg。

用法：肌内或静脉注射，每日1次。

说明：有抗过敏作用，也可选用氯苯那敏或泼尼松等其他抗过敏药物。

处方6

药物：石韦60g，黄柏30g，知母30g，栀子30g，甘草30g。

用法：凉水浸泡30min后，煮沸30min，药渣加水继续煎煮30min，合并2次药液约200mL，用胃导管一次灌服，每天1剂，连用4d。

说明：以上为20～30kg体重成年犬1次的量，其他犬、猫应根据体重大小适量加减。

（二）间质性肾炎

间质性肾炎是指肾间质发生弥散性或局灶性非化脓性炎症。临床上以肾间质结缔组织增生、肾实质萎缩、肾体积缩小、质地坚硬为特征。

【病因】

1. 感染性因素 钩端螺旋体病、犬瘟热、犬传染性肝炎、犬细小病毒病等可致本病。

2. 中毒性因素 主要由外源性毒素和蛋白质分解产物等引起。

3. 继发因素 肾小球肾炎、肾盂肾炎、腹膜炎等可继发间质性肾炎。

【症状】

1. 急性间质性肾炎 表现为食欲突然减退和废绝，饮欲增加，持续呕吐，发热，脱水。病初少尿或无尿，弓腰。触诊腰部和肷部疼痛。

2. 慢性间质性肾炎 病程较缓慢病犬、猫食欲不振，消瘦，腹泻或便秘，脱水，贫血。排尿量增多，尿液相对密度降低；病的后期排尿量减少，尿液相对密度增高。肾区触诊时，可感觉肾体积缩小、质地坚硬，但无疼痛反应。血压升高，心搏动增强，第二心音增强；血液红细胞数、血红蛋白和血细胞比容降低，血液尿素氮和肌酐含量增高。病的后期可发展为尿毒症。

【诊断】

1. 症状诊断 根据病史、肾区敏感和尿液变化可做出初步诊断。

2. 实验室诊断

（1）尿沉渣检查。可见少量红细胞、单核细胞、淋巴细胞、浆细胞、中性粒细胞、大量颗粒管型。

（2）肾组织学检查。可见纤维性结缔组织增生，间质组织中有大量单核细胞。肾小管呈退行性变化，多数肾小球继发纤维性增生，肾髓质有钙沉着。

（3）鉴别诊断。注意与钩端螺旋体病和细菌感染而引起的细菌性肾盂肾炎相鉴别。

①钩端螺旋体病，在肾小管内发现钩端螺旋体集块，曲细小管上皮明显变性，集合管中有玻璃样管型。必要时，通过其他方法来鉴别。

②细菌性肾盂肾炎，尿中可查到多量大肠杆菌和变形杆菌等，且无血尿和血红蛋白尿。

【治疗】

1. 治疗原则 消除病因，加强护理，纠正水和电解质平衡紊乱。

2. 治疗措施 首先，要充分给水，适量静脉补液。每天用食盐1～12g，分3次投给。但对心脏功能不全或水肿的犬，要少给或不给食盐。根据血浆二氧化碳结合力的变化，用5%碳酸氢钠溶液静脉注射，以纠正酸中毒。

少尿期，在林格氏液中加入适量20%甘露醇、维生素C、维生素B_1，静脉注射，直至排尿为止。为防止出现高钾血症，用10%葡萄糖酸钙溶液，缓慢静脉注射。甘露醇无效时，改用呋塞米5～20mg，静脉注射。

对低蛋白血症的犬、猫，给予营养丰富的高蛋白食物，还可投予蛋白合成激素，如双氢睾酮等。为抗过敏可投予免疫抑制剂，尿路感染时，用抗菌药物控制感染。

处方1

药物：食盐1～12g。

用法：分3次内服。

说明：适用于多尿期治疗。食盐用量每天每千克体重0.4g以下，但对心脏功能不全或水肿的犬，要少给或停给食盐。

处方2

药物：5%碳酸氢钠溶液10～50mL。

用法：静脉注射，每日1次。

说明：二氧化碳结合力降低，有酸中毒时应用，以调整酸碱平衡。

处方3

药物：林格氏液100～200mL，20%甘露醇10～20mL、维生素C 50～100mg、维生素B_1 10～20mg。

用法：静脉注射，每日1次。

说明：少尿期使用，直至排尿为止。

处方4

药物：10%葡萄糖酸钙溶液5～10mL，生理盐水50～100mL。

用法：将葡萄糖酸钙溶液加入生理盐水中静脉滴注。

说明：用于预防高血钾。注射速度一定要慢，防止葡萄糖酸钙对心脏的损伤。

处方5

药物：呋塞米5～20mg。

用法：内服或静脉注射。

说明：用于水肿的情况。长期应用可引起低血钾，注意补钾。

处方6

药物：氨基酸注射液50～100mL。

用法：静脉注射，每日1次。

说明：应用于低蛋白血症的犬、猫。

处方7

药物：每千克体重，硫唑嘌呤2～3mg或环磷酰胺2～4mg。

用法：口服，每日1次。使用4d后停药3d。

说明：抑制免疫反应、消炎。但当白细胞减少至5×10^9个/L时，应停药。

膀胱炎

膀胱炎是膀胱黏膜或黏膜下层组织的炎症。临床上以尿频、尿痛、膀胱部位触诊敏感和尿沉渣中含有大量膀胱上皮细胞、脓细胞和血细胞等为特征。雌性及老龄犬、猫多发。

【病因】

1. 细菌性感染　如链球菌、铜绿假单胞菌、葡萄球菌、大肠杆菌、变形杆菌、化脓杆菌等细菌通过血液循环或尿道感染膀胱。

2. 物理性损伤　膀胱结石、膀胱肿瘤等引起膀胱黏膜损伤。

3. 有害物质刺激　肾组织损伤碎片、尿长期蓄积发酵分解产生大量的氨及其他有害产物等，均可强烈刺激膀胱黏膜引起炎症。

4. 继发因素　可继发于肾炎、前列腺炎、前列腺脓肿，以及阴道、子宫、输尿管疾病。

5. 其他因素　脊椎骨折、椎间盘突出、脊髓炎所导致的神经损伤、膀胱憩室等引起尿潴留；导尿管消毒不严和使用不当、长期使用免疫抑制性药物（如环磷酰胺、地塞米松等）和各种有毒、强烈刺激性药物（如松节油）等引起膀胱炎。

【症状】

膀胱炎：膀胱壁增厚表面不平滑

1. 急性膀胱炎症　病犬、猫表现尿少而频，排尿时尿液呈点滴状排出，并表现疼痛不安。当膀胱括约肌肿胀、痉挛或膀胱颈肿胀引起尿闭时，病犬、猫仅呈排尿姿势而无尿液排出。尿液混浊，有氨臭味，混有大量黏液、血液或血凝块、黏膜、脓汁及微生物等。膀胱多呈空虚状态，触压有疼痛性收缩反应。严重病例体温升高，精神沉郁，食欲不振。

2. 慢性膀胱炎症　无排尿困难现象，但病程较长，其他症状较轻，触诊膀胱壁肥厚，一般不敏感，有时可触及膀胱内的肿瘤或结石，有结石时敏感。尿沉渣镜检，有大量白细胞、膀胱上皮细胞、红细胞及微生物等。

【诊断】

1. 症状诊断　根据尿少而频、尿痛和膀胱触诊敏感等可做出初步诊断。

2. 实验室诊断

（1）尿液检查。尿液检查在诊断上极为重要，采集自然排尿或穿刺尿，在光镜下检查，尿中混有多量白细胞，呈混浊时为脓尿，呈褐色时为血尿。尿中查到细菌时，说明膀胱已被感染。若同时查到脓尿、血尿、蛋白尿、细菌尿时，说明是尿路感染。

（2）血液检查。膀胱炎一般无白细胞增加和中性粒细胞核左移现象。这些变化可与肾盂肾炎和前列腺炎相区别。

（3）X射线检查。可检出一些并发症，如尿结石、肿瘤、尿道异常、膀胱内憩室等疾病，并以此与这些疾病相区别。慢性膀胱炎时膀胱黏膜肥厚。

【治疗】

1. 治疗原则　改善饲养管理，消除病因，抗菌消炎，对症治疗。

2. 治疗措施　饲喂无刺激、营养丰富的高蛋白食物，供给清洁饮水，并在饮水中添加少量食盐，以促进利尿；抗菌消炎，根据药敏试验结果选用合适的抗生素，同时，用乌洛托品进行尿路消毒；口服氯化铵以酸化尿液，因酸性尿有助于净化细菌，并增强青霉素G和四环素的抗菌效果；清洗膀胱，可先用温生理盐水反复冲洗后，再用0.1%高锰酸钾溶液（或2%硼酸溶液、1%～2%明矾溶液、1%鞣酸溶液）进行冲洗。慢性膀胱炎可用0.02%～0.1%硝酸银溶液冲洗。膀胱冲洗干净后，可直接注入青霉素和链霉素，以达到局部消炎的目的。

处方1

药物：头孢氨苄，犬0.25～1g，猫0.05～0.2g。

用法：静脉或肌内注射，每天1～2次。

说明：具有抗菌消炎作用。最好根据药敏试验结果选用抗生素。在未做药敏试验之前，可使用青霉素、氨苄西林、头孢菌素或磺胺嘧啶等，因大多数尿道病原菌对这些药敏感，且这些药物都能在尿液中获得高浓度。

处方2

药物：40%乌洛托品，犬2～4mL，猫0.5～1mL。

用法：静脉注射，每天1～2次。

说明：在应用乌洛托品之前，先内服氯化铵使尿液酸化，因乌洛托品只有在酸性环境下，才能分解放出甲醛，起到杀菌和消毒作用。

处方3

药物：氯化铵，犬每千克体重110mg，猫每千克体重20mg。

用法：口服，每天2次。

说明：酸性尿有助于净化细菌，并增强青霉素G和四环素的抗菌效果。

处方4

药物：温生理盐水、0.1%高锰酸钾溶液（或2%硼酸溶液、1%～2%明矾溶液）。

用法：清洗膀胱。

说明：先用温生理盐水反复冲洗膀胱后，再用0.1%高锰酸钾溶液（或2%硼酸溶液、1%～2%明矾溶液）进行冲洗。

处方5

药物：0.02%～0.1%硝酸银溶液。

用法：膀胱冲洗。

说明：适用于慢性膀胱炎症。

处方6

药物：青霉素40万～80万IU，注射用水5～10mL。

用法：膀胱注入。

说明：先导尿后冲洗膀胱，冲洗干净后，用注射水溶解青霉素直接注入膀胱内。

处方7

药物：黄柏、知母、栀子、连翘、金银花、木通、车前草各5g，瞿麦、萹蓄各3g，滑石10g，甘草2g。

用法：水煎取汁灌服，每天1剂，连用2d。

说明：利尿消炎。

尿道炎

尿道炎是尿道黏膜及下层的炎症。临床上以尿频、尿痛、尿淋漓、尿液混浊和经常性血尿为特征。

【病因】

1. 尿路阻塞　排尿不畅使得尿液冲洗尿道作用减弱，导致阻塞部近端尿液潴留，细菌大量增殖。另外，尿液潴留使得阻塞部近端管腔压力增高影响血液循环，导致组织缺血，抵抗力降低，易发生尿道感染。

2. 尿道损伤　内窥镜检查或导尿管导尿时，消毒不严或操作不慎，公犬、猫相互咬伤，骨盆骨折，交配时过度舔舐或其他异物刺入尿道引起尿道黏膜损伤，导致细菌感染和尿道炎症。

3. 邻近器官炎症蔓延　见于膀胱炎、包皮炎、阴道炎、子宫内膜炎等。

【症状】

1. 排尿变化　病犬、猫频频排尿，但排尿困难，排尿时表情痛苦，尿液呈线状、断续状排出，公犬阴茎频频勃起，母犬阴唇不断开张。

2. 尿液感官变化　由于尿中有炎性分泌物，故尿液混浊，含有黏液、脓汁，有时排出脱落的黏膜。尿液有时带血，尤其在排尿初期含血量较多。

3. 局部检查　触诊或导尿检查时患部敏感，并抗拒或躲避检查。尿道黏膜潮红肿胀，严重时尿道黏膜溃疡、糜烂、坏死或形成瘢痕组织。常有黏液或脓汁从尿道口流出。当尿道狭窄或阻塞，发生尿道破裂时，尿液渗流到周围组织，使腹部下方积尿而发生自体中毒。

【诊断】

1. 症状诊断　根据排尿困难和排尿疼痛、触诊局部敏感、导尿困难等症状可做出初步诊断。

2. 实验室诊断　无菌采集尿液，离心后取尿沉渣，光镜下检查，可见尿道上皮细胞、红细胞、白细胞、脓细胞及病原微生物等，但无管型。

【治疗】治疗原则为消除病因、控制感染和冲洗尿道。

处方 1

药物：硫酸庆大霉素，犬 4 万～8 万 U，猫 1 万～2 万 U。

用法：肌内注射，每天 2 次。

说明：庆大霉素在尿液中浓度较高，对尿道病原菌有杀灭作用。但小于 1 岁的幼龄犬、猫及怀孕犬、猫禁用，因庆大霉素对肾及胎儿有损害。

处方 2

药物：头孢羟氨苄，犬 0.5～1g，猫 0.25～0.5g。

用法：内服，每天 2 次。

说明：有消炎作用，可与处方 1 交替应用。

处方 3

药物：安络血注射液，犬 1～2mL，猫 0.5～1mL。

用法：肌内注射，每天 2 次。

说明：有止血作用，若出血不多，可不用此方。

处方 4

药物：磺胺异噁唑，每千克体重 50mg。

用法：口服，每天 3 次。

说明：尿路消炎，在应用本方时，应配合内服碳酸氢钠以减轻磺胺药对肾的损害。本方不可与处方 1 或处方 2 同时应用。

处方 5

药物：0.1%雷佛奴耳溶液（或 0.1%洗必泰溶液）。

用法：冲洗尿道。

说明：尿路消毒，但在操作过程中要特别小心，避免损伤尿道。

尿石症

尿石症又称尿路结石，是肾结石、输尿管结石、膀胱结石和尿道结石的统称。临床上以排尿困难、阻塞部位疼痛和血尿为特征。老龄犬、猫多见，且有明显的家族倾向性，柯利犬、腊肠犬和小型贵宾犬等易发。

【病因】尿结石形成的原因尚未完全清楚，一般认为与尿路感染、维生素 A 缺乏、饮水不足、食物中矿物质含量过高、甲状旁腺机能亢进、维生素 D 含量过高、矿物质代谢紊乱、尿液 pH 的改变等因素有关。

【症状】尿石症的临床症状因其阻塞部位、体积大小、对组织损害程度不同而异。

1. 肾结石 多位于肾盂，肾结石形成初期常无明显症状，随后呈现肾盂肾炎的症状，病犬、猫常做排尿姿势，频频排尿但每次排尿量少，尿中带血，肾区压痛，行走缓慢，步态强拘、紧张。严重时可形成肾盂积水。继发细菌感染时，体温升高。

2. 输尿管结石 急剧腹痛，呕吐，病犬、猫不愿走动，表现痛苦，步行拱背，腹部触诊疼痛。输尿管单侧或不完全阻塞时，可见血尿、脓尿和蛋白尿；若双侧输尿管同时完全阻塞时，无尿进入膀胱，呈现无尿或尿闭，往往导致肾盂肾炎和肾盂积水。

3. 膀胱结石 最常见，病犬、猫排尿困难，频尿、每次排出量少，尿中带血，尤其是排尿末期的尿含血量多，最后几滴可能是鲜血。结石位于膀胱颈部时，可呈现排尿困难和疼痛表现。膀胱敏感性增高，抗拒检查，较大的结石触诊时往往可摸到。

4. 尿道结石 多发生于公犬、猫。尿道不完全阻塞时，排尿疼痛，尿液呈滴状或断续状流出，有时排尿带血，排尿初期的尿液含血量多。尿道完全阻塞时，则发生尿闭、肾性腹痛。膀胱极度充盈，病犬、猫频频努责，却不见尿液排出。时间拖长，可引起膀胱破裂或尿毒症。

【诊断】

1. 症状诊断 根据尿痛、尿淋漓及血尿等症状进行初步诊断。

2. 尿道探诊 对于尿道结石和膀胱颈口结石可通过导尿管探诊进行确诊。

3. X射线检查 根据X射线造影检查结果，可做出确诊（图4-1、图4-2）。有的膀胱结石同时伴发膀胱息肉或膀胱肿瘤。

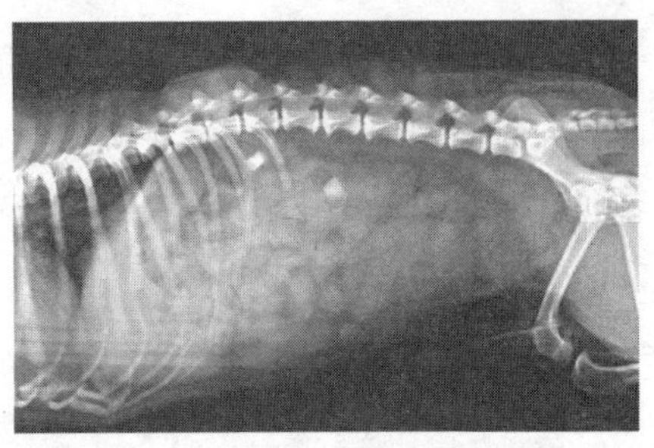

图4-1 肾结石

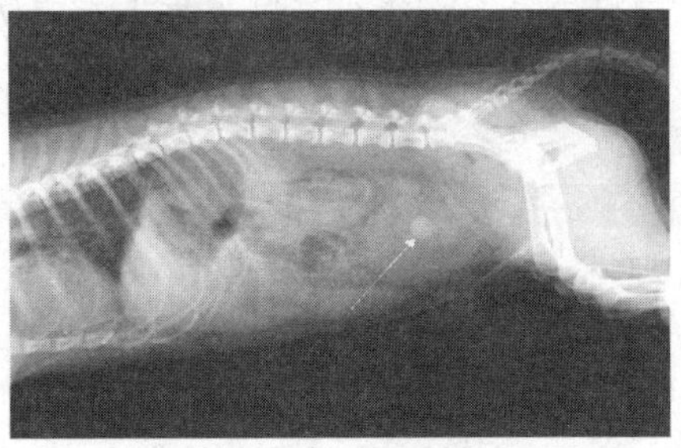

图4-2 膀胱结石

4. 犬、猫常见尿结石的区别

（1）磷酸盐尿结石。呈白色或灰白色，生成迅速。可形成鹿角状结石，常发生于碱性尿液中。X射线显影较淡。

（2）草酸盐尿结石。呈棕褐色，表面粗糙有刺，质坚硬，易损伤尿路而引起血尿，发生于碱性尿液内。X射线特征为尿结石中有较深的斑纹，呈桑葚状，边缘呈针刺状，并向外放射。

（3）尿酸盐尿结石。呈浅黄色，表面光滑，质坚硬，常发生于酸性尿液中。X射线显影较淡。

（4）胱氨酸盐尿结石。表面光滑，能透过X射线，在X射线上不易显影，故称为透光性结石，发生于酸性尿液中。

（5）碳酸盐尿结石。呈白色，质地松脆，发生于碱性尿液中。

膀胱结石

肾结石

【治疗】

1. 治疗原则 排除结石，对症治疗。

2. 治疗措施 详见处方。

处方1

药物：氯化铵，每千克体重，犬100mg，猫20mg。

用法：内服，每日2次。

说明：对磷酸盐、草酸盐和碳酸盐结石有效，使尿液酸化，以促进结石的溶解和病情的好转。

处方2

药物：碳酸氢钠，犬0.5～2g，猫0.1～0.5g。

用法：内服。

说明：使尿液碱化，促进尿酸盐结石和胱氨酸盐结石的排出。亦可达到阻止结石形成和促进结石溶解目的。

处方3

药物：D-青霉胺，每日每千克体重15～30mg。

用法：内服。

说明：使胱氨酸结石成为可溶性胱氨酸复合物，由尿液排出。

处方4

药物：异嘌呤醇，每日每千克体重4mg。

用法：内服。

说明：对尿酸盐结石有用，可阻止尿酸盐凝结。

处方5

药物：南瓜藤100g（鲜藤200g）。

用法：开水浸泡取汁饮用，连用6～7d。

说明：排石消肿。

此外，对较重病例应采用手术疗法，对体积较大的结石，并伴发尿路阻塞时，必须及时施行尿道切开术或膀胱切开术取出结石。如有膀胱息肉或膀胱肿瘤，需同时手术切除之。如果结石少而且较小，可用超声波碎石。外科手术具体操作方法参见外科学相关内容。在饮食上应该注意：对不完全阻塞或病情轻微的病例，给予矿物质少而富含维生素A的食物，配合中药排石汤并给大量清洁饮水、投给利尿剂等，以稀释尿液和增加排尿量，并可冲洗尿路，使体积细小的结石随尿排出。

膀胱破裂

膀胱破裂是指膀胱壁发生裂伤，尿液和血液流入腹腔所引起的以排尿障碍、腹膜炎、尿毒症和休克为特征的一种膀胱疾患。本病公犬多发。

【病因】

1. 膀胱积尿时剧烈活动 当膀胱充满尿液时，膀胱内压急剧升高，膀胱壁张力过度增大而破裂。尤其腹部受到重剧的冲撞、打击、按压，以及摔倒、坠落等，更易致膀胱破裂。

2. 机械损伤 骨盆骨折的断端、子弹、刀片或其他尖锐物的刺入，可引起膀胱壁贯通性损伤。使用质地较硬的导尿管导尿时，插入过深或操作过于粗暴，以及膀胱内留置插管过长等，都会引起膀胱壁的穿孔性损伤。

3. 膀胱病变 膀胱结石、溃疡和肿瘤等病变状态也易发生本病。

【症状】膀胱破裂后尿液立即进入腹腔，膨胀的膀胱抵抗感突然消失，多量尿液积聚腹腔内，使腹下部突出明显，触诊有波动感。尿液在腹腔内可引起严重腹膜炎，病犬、猫表现腹痛和不安，腹部触诊敏感。无尿或排出少量血尿。随着病程的进展，尿液重吸收入血后，可出现呕吐、腹痛、体温升高、脉搏和呼吸加快、精神沉郁、血压降低、昏睡等尿毒症症状，呼出气及皮肤有尿味。

【诊断】

1. 症状诊断 根据无尿、腹围增大、触诊敏感且有波动感、呼出气有尿味等临床症状初步诊断为膀胱破裂。

2. 实验室诊断 犬、猫导尿时发现膀胱空虚或仅有少量尿液。腹腔穿刺时有尿液流出，即可确诊为膀胱破裂，再通过X射线膀胱造影检查更为可靠。

【治疗】

1. 治疗原则 打开腹腔，清除腹腔内积液，修补膀胱破裂口，控制腹膜炎，防止尿毒症和休克的发生，治疗原发病。

2. 治疗措施 自耻骨前缘，沿腹中线向脐部切开腹壁，腹腔打开后先排放或吸引腹腔内积液，检查膀胱破口，消除膀胱内血凝块，处理受损脏器或插管冲洗尿路结石，再用温灭菌生理盐水冲洗，然后修复缝合膀胱壁破裂口。

膀胱壁破口修复缝合时，为避免膀胱与输尿管接合处阻塞，可用细号肠线，进行两道浆膜肌层缝合（缝合线不要露出黏膜面）。缝合腹壁之前再用温灭菌生理盐水或林格氏液充分冲洗腹壁和脏器，吸净腹腔内冲洗液，然后撒入青霉素 80 万～160 万 IU 和链霉素 50 万～100 万 U。最后分层缝合腹壁切口。

处方 1

药物：青霉素，犬 80 万～160 万 IU，猫 40 万～80 万 U；生理盐水，犬 100～500mL，猫 50～100mL；10%葡萄糖溶液，犬 20～50mL，猫 10～20mL。

用法：静脉注射，每日 1 次，连用 1 周。

说明：将青霉素溶于生理盐水中静脉注射，葡萄糖溶液单独静脉注射，且不可将青霉素溶于葡萄糖溶液中以免降效。

处方 2

药物：链霉素，犬 50 万～100 万 U，猫 20 万～40 万 U。

用法：溶于注射水中肌内注射。

说明：可与处方 1 同用。但由于链霉素肾毒性较强，幼龄动物慎用。

猫泌尿系统综合征

猫泌尿系统综合征是由于膀胱和尿道结石、结晶和栓塞等刺激，引起膀胱和尿道黏膜炎症，甚至造成尿道阻塞的一组症候群。公、母猫均有发生，以长毛猫发病率最高。多发生在 1～10 岁的猫，尤以 2～6 岁的猫多见。临床上以排尿困难、努责、频尿、疼痛性尿淋漓、血尿、部分或全部尿道阻塞等为特征。

【病因】

1. 营养不均衡 主要原因是由饲喂含过量镁的干食物引起。因为含过量镁的干食物往往会引起尿液中盐类物质结晶，从而形成尿道阻塞。

2. 病原感染 某些细菌（金黄色葡萄球菌、棒状杆菌）、病毒（细小病毒、疱疹病毒）、支原体、真菌（念珠菌、曲霉菌）、寄生虫（毛首线虫）等引起膀胱炎或尿道炎时，产生的细胞碎片，有利于尿结石的形成。

3. 尿路疾病 如膀胱、尿道肿瘤等。

4. 继发因素 饮水少、活动少、卵巢摘除、肥胖、气候寒冷等，也可能诱发本病。

【症状】临床表现排尿困难、频尿、少尿、尿淋漓、血尿或无尿。尿闭后腹围增大，病猫屡做排尿姿势但无尿排出。尿液混浊，常混有病菌和脓细胞。

1. 全身症状 病猫精神抑郁，不停地行走，鸣叫和频频舔生殖器。若发生尿道阻塞，病猫食欲废绝、呕吐、脱水、电解质丢失和酸中毒。如阻碍物不及时排除，常于 3～5d 内虚脱休克而死。

2. 局部检查 尿道阻塞时，腹部触诊可感知膀胱饱满。有时可发生膀胱破裂、腹腔积液。

【诊断】

1. 症状诊断 根据病史调查、排尿及尿液变化等临床症状可做出初步诊断。

2. 实验室诊断

（1）X 射线检查。X 射线照片，可见膀胱积尿膨大，膀胱或尿道内有结石阴影。

（2）血液生化检查。尿素氮和肌酐升高、碳酸氢盐减少。

（3）尿常规检查。尿 pH 呈碱性，尿中含有蛋白和潜血，尿沉渣有磷酸铵镁结晶。

【治疗】治疗措施参见处方 1～3。另外，尿道阻塞或发病初期，可用力挤压膀胱积尿，以排除结石；也可用导尿管或用细而钝的针头，插入尿道，用水冲洗，除去塞子。如阻塞不能排除，膀胱积尿过多，可穿刺排尿，然后，做尿道切开术或造口术取出结石。每天在食物中加入0.5～1.0g食盐，使猫增加饮水和多排尿，能减少尿结石的发生。

处方1

药物：蛋氨酸，每日量，犬0.5～0.8g，猫0.2～0.4g。

用法：内服。

说明：酸化尿液，使尿结石溶解，适用于尿结石所致的病例。

处方2

药物：氯化铵，每日量，0.8～1g。

用法：内服。

说明：作用同处方1，可与处方1交替应用。也可用酸性磷酸钠，每天每千克体重40mg，拌食饲喂，起到相同的作用。

处方3

药物：青霉素，犬80万～160万IU，猫40万～80万IU；生理盐水，犬200～500mL，猫100～200mL；5%碳酸氢钠溶液，犬20～40mL，猫5～10mL。

用法：静脉注射。

说明：消炎补液，纠正酸中毒。将青霉素溶于生理盐水中静脉注射，碳酸氢钠溶液单独静脉注射。不可将青霉素溶于碳酸氢钠溶液中以免降效。

三、案例分析

（一）病例1

1. 病畜 泰迪犬，雄性，未绝育，2岁，体重3.3kg。

2. 主诉 该犬尿淋漓有十几天，饮食欲废绝有3d，平时以骨头、肉、火腿肠为主食，精神萎靡，不愿站立。

3. 检查 体温38.3℃，呼吸46次/min，脉搏132次/min。触诊该犬腹部有抗拒动作。

实验室检查结果见表4-1、表4-2。

表4-1 血液常规检验

检验项目	结果	单位	参考范围	检验项目	结果	单位	参考范围
白细胞数目	↑ 19.99	$\times10^9$个/L	6.00～17.00	红细胞数目	8.25	$\times10^{12}$个/L	5.1～8.50
中性粒细胞百分比	77.7	%	52.0～81.0	血红蛋白浓度	↓ 193	g/L	110～190
淋巴细胞百分比	↓ 5.4	%	12.0～33.0	血细胞比容	55.0	%	36.0～56.0
单核细胞百分比	↑ 15.8	%	2.0～13.0	平均红细胞体积	67.8	fL	62.0～78.0
嗜酸性粒细胞百分比	0.9	%	0.5～10.0	平均红细胞血红蛋白含量	23.4	pg	21.0～28.0
嗜碱性粒细胞百分比	0.2	%	0.0～1.3	平均红细胞血红蛋白浓度	345	g/L	300～380
中性粒细胞数目	↑ 15.54	$\times10^9$个/L	3.62～11.32	红细胞分布宽度变异系数	13.5	%	11.5～15.9
淋巴细胞数目	1.07	$\times10^9$个/L	0.83～4.69	红细胞分布宽度标准差	38.3	fL	35.2～45.3
单核细胞数目	↑ 3.14	$\times10^9$个/L	0.14～1.97	血小板数目	263	$\times10^9$个/L	117～460
嗜酸性粒细胞数目	0.19	$\times10^9$个/L	0.04～1.56	平均血小板体积	8.7	fL	7.3～11.2
嗜碱性粒细胞数目	0.05	$\times10^9$个/L	0.00～0.12	血小板分布宽度	15.3		12.0～17.5
				血小板比容	0.229	%	0.090～0.500

表 4-2 血生化检验

项目缩写	项目名称	浓度	单位	描述	参考范围
TP	总蛋白	67	g/L		52～82
ALT	丙氨酸转氨酶	32	IU/L		10～100
CREA	肌酐	51.1	μmol/L	↑	44.0～159.0
GLU	葡萄糖	9.39	mmol/L	↑	4.11～7.94
UREA	尿素氮	48.9	mmol/L		≤60.0
G-GT	G-谷氨酰转移酶	2	g/mL		≤7
CK	肌酸激酶	608	IU/L	↑	10～200
T-BIL	总胆红素	4.6	μmol/L		≤15.0
AST	天冬氨酸转氨酶	44	IU/L		≤50
TG	甘油三酯	0.7	mmol/L		≤1.1
ALB	白蛋白	26	g/L		21～40
Ca	钙离子	2.0	mmol/L		1.95～3.15
P	无机磷	9.32	mmol/L	↑	0.81～2.19
ALP	碱性磷酸酶	100	IU/L		23～212
α-AMY	α-淀粉酶	1276	IU/L		300～1500

X射线片检查见图 4-3，B超检查见图 4-4。

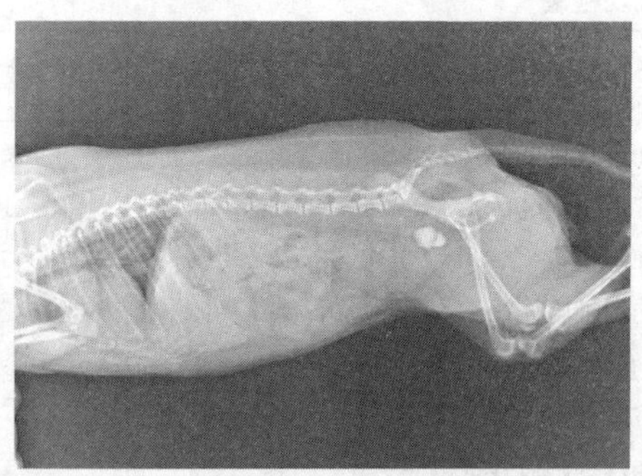

图 4-3 膀胱结石（X射线片）

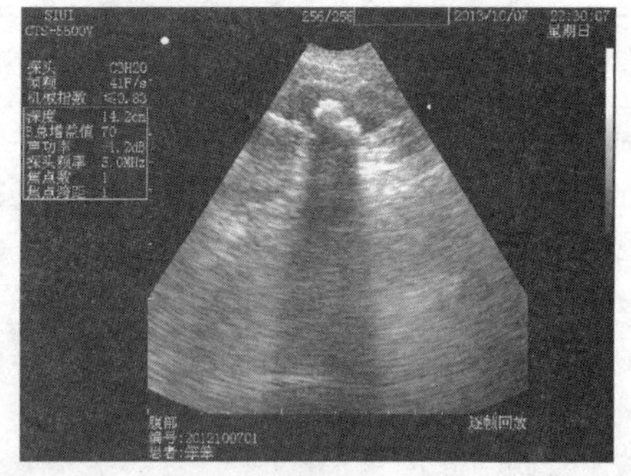

图 4-4 膀胱结石（B超）

4. 诊断结果 膀胱结石。

(二) 病例 2

1. 病畜 圣伯纳犬，雌性，7 岁，体重 65kg。

2. 主诉 该犬 2 日来饮食欲废绝，精神萎靡，大便量少，颜色正常，小便情况不详，定期免疫，定期驱虫，以人食物为主。

3. 检查 听诊心音、心率、呼吸无明显异常。触诊未见明显异常。脱水程度 5%。

实验室检查结果见表 4-3、表 4-4。

表 4-3 血液常规检验

检验项目	结果	单位	参考范围	检验项目	结果	单位	参考范围
白细胞数目	↑ 17.93	×10⁹个/L	6.00～17.00	红细胞数目	↓ 4.45	×10¹²个/L	5.1～8.50
中性粒细胞百分比	74.8	%	52.0～81.0	血红蛋白浓度	↓ 101	g/L	110～190
淋巴细胞百分比	↓ 10.3	%	12.0～33.0	血细胞比容	↓ 29.2	%	36.0～56.0
单核细胞百分比	13.0	%	2.0～13.0	平均红细胞体积	65.7	fL	62.0～78.0
嗜酸性粒细胞百分比	1.8	%	0.5～10.0	平均红细胞血红蛋白含量	22.7	pg	21.0～28.0
嗜碱性粒细胞百分比	0.1	%	0.0～1.3	平均红细胞血红蛋白浓度	346	g/L	300～380
中性粒细胞数目	↑ 13.41	×10⁹个/L	3.62～11.32	红细胞分布宽度变异系数	15.3	%	11.5～15.9
淋巴细胞数目	1.85	×10⁹个/L	0.83～4.69	红细胞分布宽度标准差	42.3	fL	35.2～45.3
单核细胞数目	↑ 2.33	×10⁹个/L	0.14～1.97	血小板数目	416	×10⁹个/L	117～460
嗜酸性粒细胞数目	0.32	×10⁹个/L	0.04～1.56	平均血小板体积	8.4	fL	7.3～11.2
嗜碱性粒细胞数目	0.02	×10⁹个/L	0.00～0.12	血小板分布宽度	15.8		12.0～17.5
				血小板比容	0.349	%	0.090～0.500

表 4-4 血液生化检验

项目缩写	项目名称	浓度	单位	描述	参考范围
TP	总蛋白	58	g/L		52～82
ALT	丙氨酸转氨酶	41	IU/L		10～100
CREA	肌酐	179	μmol/L	↑	44.0～159.0
GLU	葡萄糖	4.57	mmol/L		4.11～7.94
UREA	尿素氮	88.9	mmol/L	↑	≤60.0
G-GT	G-谷氨酰转移酶	0	g/mL		≤7
CK	肌酸激酶	290	IU/L	↑	10～200
T-BIL	总胆红素	7.8	μmol/L		≤15.0
AST	天冬氨酸转氨酶	72	IU/L	↑	≤50
TG	甘油三酯	1.4	mmol/L	↑	≤1.1
ALB	白蛋白	24	g/L		21～40
Ca	钙离子	1.09	mmol/L	↓	1.95～3.15
P	无机磷	3.78	mmol/L	↑	0.81～2.19
ALP	碱性磷酸酶	199	IU/L		23～212
α-AMY	α-淀粉酶	664	U/L		300～1500

血气检查，存在呼吸性碱中毒与代谢性酸中毒。尿液检查见有少量颗粒管型、肾上皮细胞。

初诊：慢性肾衰竭。

治疗：①5%碳酸氢钠溶液400mL，静脉输液；②复方氯化钠500mL，ATP/辅酶A各一支，维生素C 2mL，静脉输液；③5%葡萄糖溶液250mL，氨苄西林钠3g，静脉输液；④肾康宁胶囊13片/次，2次/d，口服；⑤贝心康6片/次，1次/d，口服。每天坚持血气检查、输液治疗，预后不良。

四、拓展知识

（一）动物红尿综合征症状鉴别诊断

红尿是泛指尿液变红的一般症状，主要包括血尿和血红蛋白尿，还有肌红蛋白尿、卟啉尿和药物红尿。

1. 血尿分类及诊断

（1）病灶分类。按血液浸染尿液的病灶部位，可分为肾前性血尿、肾性血尿和肾后性血尿三大类。

①肾前性血尿。这是由于全身性出血病引起的血尿，见于各种出血性素质疾病，如各种传染性出血病、侵袭性疾病、中毒性出血病、遗传性出血病等。

②肾性血尿。这是由于肾疾病所引起的血尿，见于出血性肾炎、急性肾小球肾炎、中毒性肾病、肾梗死、肾结石等。

③肾后性血尿。这是由于肾以外泌尿系统疾病所引起的血尿，见于肾盂肾炎、输尿管结石、膀胱炎、膀胱结石、尿道炎、尿道结石以及尿道外伤等。

（2）病因分类。按血尿起因的性质，可分为出血素质病性血尿、中毒性血尿、炎症性血尿、结石性血尿、肿瘤性血尿、外伤性血尿。

①出血素质病性血尿。这是全身性出血病表现于泌尿系统出血的一个分症，见于坏血病、血斑病、血小板病等。

②中毒性血尿。这指各类毒物尤其肾毒所引起的血尿，见于重金属中毒、植物中毒、有机化合物中毒、抗凝血毒鼠药中毒等。

③炎症性血尿。这是肾、膀胱、尿道等泌尿器官本身炎症、溃疡所引起的血尿。

④结石性血尿。这是因肾结石或尿路结石造成泌尿系统炎症和损伤而引起的血尿，见于肾结石、输尿管结石、膀胱结石、尿道结石等。

⑤肿瘤性血尿。见于肾的腺癌、膀胱的血管瘤等。

⑥外伤性血尿。见于肾、膀胱或尿道损伤等。

2. 血红蛋白尿病因分类

（1）传染性血红蛋白尿。见于某些微生物感染如附红细胞体病。

（2）侵袭性血红蛋白尿。见于梨形虫病、锥虫病等。

（3）中毒性血红蛋白尿。见于各种溶血毒素中毒，如洋葱中毒、毒蛇咬伤、药品中毒等。

（4）遗传性血红蛋白尿。见于遗传性铜累积病、先天性红细胞生成卟啉病。

（5）免疫性血红蛋白尿。见于抗原抗体反应，如不相合血输血等。

（6）物理性血红蛋白尿。见于大面积烧伤等。

（7）代谢性血红蛋白尿。见于低磷酸盐血症等。

3. 血尿定位诊断 见表 4-5。

表 4-5 血尿定位诊断

尿流观察	三杯试验	膀胱冲洗	尿渣镜检	泌尿系统症状	提示部位
全程血尿	三杯均红	红-淡-红	肾上皮细胞各种管型	肾区触痛，少尿	肾性血尿
终末血尿	末杯深红	红-红-红	膀胱上皮细胞磷酸铵镁结晶	膀胱触痛，排尿异常	膀胱血尿
初始血尿	首杯深红	不红	脓细胞	尿频、尿痛刺激症状	尿道血尿

（二）犬肾疾病处方粮

适宜对象：慢性肾衰竭；需要碱化尿液来防止尿石症的复发；尿酸盐结石和胱氨酸结石；预防伴有肾功能受损的犬；草酸钙尿结石的复发。

不适宜对象：怀孕期、哺乳期、生长期的犬；胰腺炎或有胰腺炎病史；高脂血症。

1. 主要成分 大米，小麦粉，鸡油，牛油，大豆分离蛋白，谷朊粉，犬粮口味增强剂，甜菜粕，矿物元素及其络（螯）合物（硫酸铜、硫酸亚铁等），蛋粉，纤维素，鱼油，维生素（维生素 A、维生素 E、维生素 D_3、氯化胆碱等），大豆油，沸石粉，果寡糖，L-精氨酸，牛磺酸，L-赖氨酸，L-酪氨酸，天然叶黄素（源自万寿菊），BHA，没食子酸丙酯，防腐剂（山梨酸钾）。

2. 主要值 每 100g 食物含有：蛋白质 16g、脂肪 18g、糖类 45g、NFE 50g、膳食纤维 7.2g、粗纤维 2.2g、Ω-6 3.99g、Ω-3 0.82g、EPA＋DHA 0.41g、钙 0.7g、磷 0.2g、钠 0.2g、钾 0.7mg、维生素 D_3 100IU、代谢能（C）1 671.5kJ。

3. 协同抗氧化复合物 每 100g 食物含有：维生素 E 60mg、维生素 C 20mg、牛磺酸 200mg、叶黄素 0.5mg。

4. 添加剂

（1）营养性添加剂。包括维生素 A 11600IU、维生素 D_3 1000IU、维生素 E_1（铁）46mg、维生素 E_2（碘）4mg、维生素 E_4（铜）11mg、维生素 E_5（锰）59mg、维生素 E_6（锌）196mg。

（2）技术添加剂。包括防腐剂-抗氧化剂。

（三）猫肾疾病处方粮

适宜对象：慢性肾衰；预防伴有肾功能受损草酸钙尿结石的复发；需要碱化尿液来预防尿结石的复发；酸盐尿结石和胱氨酸尿结石。

不适宜对象：怀孕期、哺乳期、生长期的猫。

1. 主要成分 玉米粉，大米，鸡油，小麦麸，纤维素，玉米皮，鸡水解粉，大豆酶解蛋白，甜菜粕，矿物质及其螯合物（碳酸钙等），鱼油，果寡糖，大豆油，沸石粉，维生素（维生素 A、维生素 E、维生素 D、维生素 C 等），防腐剂（山梨酸钾）。

2. 主要值 每 100g 食物含有：蛋白质 23g、脂肪 17g、糖类 38.1g、NFE 44g、膳食纤维 10.5g、粗纤维 4.6g、粗灰分 5.9g、Ω-6 3.26g、Ω-30.8g、EPA＋DHA 0.42g、钙 0.6g、磷 0.3g、钠 0.3g、代谢能（C）1 640.5kJ。

3. 协同抗氧化复合物 每 100g 食物含有：维生素 E 60mg、维生素 C 20mg、牛磺酸

210mg、叶黄素 0.5mg。

4. 添加剂

（1）营养性添加剂。包括维生素 A 22 000IU、维生素 D_3 800IU、维生素 E_1（铁）53mg、维生素 E_2（碘）4mg、维生素 E_4（铜）9mg、维生素 E_5（锰）69mg、维生素 E_6（锌）227mg。

（2）技术添加剂。包括防腐剂-抗氧化剂。

（四）犬泌尿道疾病处方粮

适宜对象：细菌性膀胱炎；溶解鸟粪石尿结石；预防鸟粪石尿结石的复发；预防草酸钙尿结石的复发。

不适宜对象：怀孕期、哺乳期、生长期的犬；慢性肾衰竭；代谢性酸中毒；胰腺炎或有胰腺炎病史；高脂血症；心力衰竭；使用酸化尿液的药物。

1. 主要成分 大米，小麦粉，鸡肉粉，鸭肉粉，鸡肉骨粉，鸭肉骨粉，牛油，鸡油，矿物元素及其络（螯）合物（硫酸铜、硫酸亚铁等），犬粮口味增强剂，纤维素，维生素（维生素 A、维生素 E、维生素 D_3、氯化胆碱等），大豆油，鱼油，DL-蛋氨酸，果寡糖，牛磺酸，天然叶黄素（源自万寿菊），L-赖氨酸，BHA，没食子酸丙酯，防腐剂（山梨酸钾）。

2. 主要值 每 100g 食物含有：蛋白质 18g、脂肪 17g、糖类 43.3g、NFE 46.7g、膳食纤维 5.6g、粗纤维 2.3g、Ω-6 3.67g、Ω-3 0.58g、EPA＋DHA 0.2g、钙 0.5g、磷 0.5g、镁 0.05g、钠 1.2g、氯 2.21g、代谢能（C）1 619.2kJ。

3. 协同抗氧化复合物 每 100g 食物含有：维生素 E 60mg、维生素 C 20mg、牛磺酸 210mg、叶黄素 0.5mg。

4. 添加剂

（1）营养性添加剂。包括维生素 A 16 200IU、维生素 D_3 1 000IU、维生素 E_1（铁）52mg、维生素 E_2（碘）5.2mg、维生素 E_4（铜）10mg、维生素 E_5（锰）67mg、维生素 E_6（锌）202mg、维生素 E_8（硒）0.08mg。

（2）技术添加剂。包括防腐剂-抗氧化剂。

（五）猫泌尿道疾病处方粮

适宜对象：溶解鸟粪石结石；预防鸟粪石结石和草酸钙结石的复发。

不适宜对象：怀孕期、哺乳期、生长期的猫；慢性肾衰竭；代谢性酸中毒；心力衰竭；高血压；使用酸化尿液的药物。

1. 主要成分 鸡肉粉，鸡肉骨粉，鸭肉粉，鸭肉骨粉，大米，谷朊粉，小麦粉，鸡油，牛油，猫粮口味增强剂，矿物元素及其络（螯）合物（硫酸铜，硫酸亚铁等），纤维素，甜菜粕，鱼油，大豆油，维生素（维生素 A、维生素 E、维生素 D_3、氯化胆碱等），DL-蛋氨酸，果寡糖，葡萄糖胺，牛磺酸，天然叶黄素（源自万寿菊），BHA，没食子酸丙酯，防腐剂（山梨酸钾）。

2. 主要值 每 100g 食物含有：蛋白质 34.5g、脂肪 15g、糖类 30.8g、NFE 35.1g、膳食纤维 6.8g、粗纤维 2.5g、Ω-6 3.59g、Ω-30.64g、EPA＋DHA 0.26g、钙 0.8g、磷 0.7g、镁 0.05g、钠 0.9g、钾 1g、氯 1.9g、葡萄糖胺 178.5mg、代谢能（C）1 649.8kJ。

3. 协同抗氧化复合物 每 100g 食物含有：维生素 E 50mg、维生素 C 20mg、牛磺酸 200mg、叶黄素 0.5mg。

4. 添加剂

(1) 营养性添加剂。包括维生素 A 22 000IU、维生素 D_3 800IU、维生素 E_1（铁）46mg、维生素 E_2（碘）3.5mg、维生素 E_4（铜）8mg、维生素 E_5（锰）59mg、维生素 E_6（锌）194mg、维生素 E_8（硒）0.08mg。

(2) 技术添加剂。包括防腐剂-抗氧化剂。

五、技能训练

尿液分析仪使用

尿液分析仪见图 4-5。

1. 校正 测试前，务必完成校正；必须每 7d 校正一次。

(1) 取出校正片，正面放置于尿液检体架上。

(2) 按左边“Calibre”（功能键），再按“Start”按钮（黄色圆形按钮）。

(3) 听到一声“哔”后，银色卡杆会扣住校正片，校正片被慢慢拉入仪器中进行判断读取。

(4) 读取结束后，校正片自动回到原位。

(5) 校正无误后，系统自动打印结果。

(6) 校正完毕，拿出校正片，丢弃。每一校正片仅可用一次。

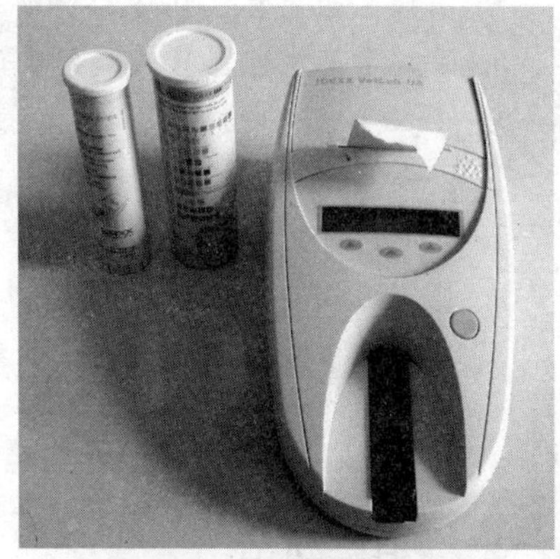

图 4-5　尿液分析仪

2. 尿液检体采集 随机取尿（中段尿）、膀胱穿刺取尿、导尿管导尿。

3. 尿液检体处理注意事项

(1) 应在 30min 内分析尿液。因为尿液不稳定，时间过长易导致 pH 上升（细菌分解尿素形成氨），葡萄糖减少（细菌消耗葡萄糖）。

(2) 30min 之后分析，需冷藏保存 2h，并放置在干净紧盖的容器内。室温放置过久会导致细菌增生；测试前检体需回到室温并混匀；不可冷冻尿液。

(3) 检测前不可离心。

(4) 不可直接阳光暴晒。

(5) 取用尿液试纸后，试纸瓶一定要立刻盖紧。

(6) 室温下操作。

(7) 上机前先混合检体。

4. 测试

(1) 将尿液试纸放入尿液检体中约 1s，要确认尿液完全浸湿。

(2) 将边缘多余尿液刮除。

(3) 试剂片朝上放入检体架上，顶住前端，确认银色卡杆是开启的。

(4) 按“Start”按钮，开始进行判断读数。注意：开始判断尿液试纸前，仪器会等待 55s（培育时间），才开始进行读数。

(5) 测试完成后，取出尿液试纸并丢弃，用无尘纸擦拭检体架。判断结果及时间、日期由打印机打印出。

任务二　生殖系统疾病诊治

一、任务目标

知识目标

1. 掌握生殖器官解剖生理知识。
2. 掌握生殖器官疾病病因与疾病发生的相关知识。
3. 掌握生殖器官疾病的病理生理知识。
4. 掌握生殖器官疾病治疗所用药物的药理学知识。
5. 掌握生殖器官疾病防治原则。
6. 了解常见生殖器官疾病针灸治疗知识。

能力目标

1. 会使用常用诊断器械。
2. 具备症状鉴别诊断能力。
3. 具备综合分析并做出初诊的能力。
4. 能准确开出治疗处方。
5. 会冲洗阴道及子宫。

二、相关知识

子 宫 肿 瘤

犬、猫子宫肿瘤包括上皮肿瘤（腺瘤、腺癌）和间质细胞性肿瘤（纤维瘤、纤维肉瘤、平滑肌瘤、平滑肌肉瘤、脂肪瘤与淋巴肉瘤），其中以平滑肌瘤最常见。

【症状】良性肿瘤一般无明显临床症状，仅见患病动物不孕，或虽能怀孕但在分娩时出现阻塞性难产。恶性肿瘤往往有明显的症状，如精神不振、食欲减退、渐进性消瘦、被毛粗乱无光。较重病例阴道常有分泌物，为脓性或黏液状或黯黑的血样。腹部触诊，发现子宫内有一个或数个硬物，若为良性肿瘤，则个体较大，通常是单一的，呈球形，突出于子宫腔内，与周围组织界限明显，有柄且有膜包裹；若为恶性肿瘤，则数目较多且形状不规则，呈扁平状或菜花状，界限不清。当肿瘤接近子宫颈时，由于子宫阻塞可继发子宫积液或子宫蓄脓。

【诊断】

1. 症状诊断　根据消瘦、不孕、子宫触诊有硬物可做出初步诊断。

2. 实验室诊断

（1）X射线检查。发现子宫内阴影。

（2）病理组织学检查。腺瘤是由非常致密的成熟胶原基质组成，内有大量分化良好的腺泡结构，上面衬有单层内皮细胞，且细胞常有分泌物。腺癌则由呈弥散性侵袭的大量紧密堆积在一起形成不规则形状的腺泡组成。其中的细胞呈乳头状生长，突出于腔内。平滑肌瘤通常包含两种成分，一般以平滑肌细胞为主，同时有一些纤维组织。平滑肌瘤细胞呈长梭形，细胞质丰富；细胞核呈梭形，两端钝，极少出现核分裂象；细胞有纵行肌纤维堆，染成深粉红色。瘤细胞常以米状纵横交错排列，或呈漩涡状分布。平滑肌肉瘤细胞分化程度不一，高分化的平滑肌肉瘤细胞的形态与平滑肌瘤颇为相似，但前者可找到核分裂象；低分化的平滑肌肉瘤细胞体积小，呈圆形，细胞质极少，核仁和核膜都不甚清楚，核染色质呈细颗粒状，均匀分布；稍分化的平滑肌肉瘤细胞两端有突起的细胞质，瘤细胞间不见纤维。

【治疗】如果没有转移迹象，采用卵巢、子宫切除术有效。具体操作方法参见外科手术部分相关内容。恶性肿瘤在手术后3～6个月进行腹部和胸部透视检查，看是否有转移。

阴　道　炎

阴道炎是指母犬、猫阴道和阴道前庭黏膜的炎症。本病可分为原发性和继发性两种，多发生于经产母犬、猫。

【病因】

1. 原发因素　原发性阴道炎主要因交配、分娩、难产助产及阴道检查时受损伤和感染所致。病原微生物有细菌（葡萄球菌、链球菌、大肠杆菌）、霉菌、支原体、衣原体、疱疹病毒以及滴虫等。

2. 继发因素　继发性阴道炎主要由邻近组织器官的炎症蔓延所致，如继发于子宫炎、膀胱炎等。

【症状】病犬、猫烦躁不安，经常舔阴门，伴有尿频和少尿症状。阴道内有黏液或脓汁排出，从阴门流出的分泌物，散发出一种吸引公犬的气味，在非发情期可接受公犬、猫交配，因此，常被误认为发情。阴道黏膜呈现充血、潮红、肿胀，并有分泌物附着于阴道黏膜表面。

【诊断】

1. 症状诊断　根据阴道黏膜潮红、肿胀，阴道有炎性分泌物流出，阴道镜检查阴道时，可发现黏膜有小的结节、脓疱或肥大的淋巴滤泡等症状做出初步诊断。

2. 实验室诊断

（1）X射线检查。空气或阳性造影剂进行造影、X射线摄片检查有助于诊断，并可区别子宫颈、子宫体和子宫角的炎症。

（2）阴道分泌物检查。查到滴虫，可确定为滴虫性阴道炎；若查到真菌且真菌培养阳性，可确定为真菌性阴道炎。

【治疗】

1. 治疗原则　抗菌消炎，保护阴道黏膜。

2. 治疗措施　局部用药先用0.1%高锰酸钾溶液或0.1%雷佛奴耳溶液、生理盐水冲洗阴道，再用青霉素软膏或磺胺软膏、碘甘油涂布于黏膜上。有溃疡时可涂布2%硫酸铜软膏或塞入抗生素栓剂、洗必泰栓剂。继发于其他疾病的阴道炎，在治疗阴道炎的同时，积极治疗原发病。对顽固性和慢性感染的阴道炎，应进行细菌培养和药敏试验后，选择最佳药物治疗。

注意用药勿过频，因易引起化学性外阴炎和黏膜溃疡。

处方 1

药物：青霉素（头孢氨苄），犬 80 万～160 万 IU，猫 40 万～80 万 IU。

用法：肌内或静脉注射，每日 1～2 次。

说明：用于细菌性阴道炎。

处方 2

药物：甲硝唑，犬 0.1～0.2g，猫 0.05～0.1g。

用法：内服，每日 3 次。

说明：用于滴虫性阴道炎。

处方 3

药物：制霉菌素片或栓剂 10 万～20 万 U。

用法：每晚放入阴道 1 次，10 次为 1 个疗程。

说明：用于真菌性阴道炎。

处方 4

药物：酮康唑片或栓剂。

用法：放于阴道内，每晚 1 次，每次 1 片。

说明：用于真菌性阴道炎，可与处方 3 交替应用。

假　孕

假孕又称伪妊娠，是指犬、猫排卵后，在未受孕的情况下出现腹部膨大、乳房增大，并可挤出乳汁以及其他类似妊娠的症候群。犬发病多于猫。

【病因】

1. 内分泌紊乱　如黄体功能持续，所分泌的孕酮作用时间延长等。

2. 交配不当　母犬发情排卵后交配期不当，不受孕或根本未曾交配，其卵巢上均能形成功能性黄体（或称性周期黄体）。

3. 继发因素　母犬、猫生殖器官疾病（如子宫炎、子宫蓄脓等），母犬、猫长期拴系或缺乏运动等更易诱发此病。

由于上述种种原因，导致母犬、猫形成功能性黄体，此黄体分泌孕酮，使母犬、猫产生一系列类似妊娠的表现（如乳腺发育、腹围增大等）。

【症状】犬多发生于发情后 2～3 个月期间，猫则发生于发情配种而未受孕后的 1～1.5 个月期间。

临床表现与正常妊娠非常相似，患犬、猫性情温和、被毛光亮，早期有呕吐、腹泻、食欲增加等妊娠反应。随后在发情或配种后 50d，腹部脂肪蓄积，腹部增大，乳房增大，并可挤出乳汁。接近分娩时期（约 55d）也会出现筑窝行为，食欲不振或废绝，母性本能增强，并愿为其他母犬、猫所产的仔犬、猫哺乳。有的病例吸吮自己的乳汁。

若为内分泌紊乱所致假孕的患犬、猫，一般在出现上述分娩前症状 1～2 周后，其症状即可消失。若为子宫蓄脓则会排出多量脓性分泌物，污染产床和房舍，如处理不及时、不恰当，可转为慢性炎症过程。

【诊断】

1. 症状诊断　根据发情配种情况和临床特征，腹部触诊可感知子宫角增大变长，但无胎儿即可做出诊断。

2. 实验室诊断　必要时可进行 X 射线或 B 超检查，有助于确诊。

【治疗】

1. 治疗原则　纠正内分泌紊乱，治疗原发病。

2. 治疗措施　详见处方。

处 方 1

药物：甲睾酮，每千克体重1～2mg。

用法：肌内注射。每日1～2次，连用2～3d。

说明：以抑制黄体孕酮的分泌，纠正内分泌紊乱。

处 方 2

药物：前列腺素1～2mg。

用法：肌内注射。每日1～2次，连用2～3d。

说明：作用同处方1。

有的假孕病例，特别是猫往往不治自愈，只需投给一些镇静剂（如溴剂等）并加强运动即可。患犬、猫乳房极度增大时可涂以碘酊、带上嘴罩防止吸吮自己的乳汁等，可促使其早日摆脱假孕现象。对于子宫蓄脓等病例，在治疗本病的同时，可参照本部分有关疾病进行治疗。

难 产

难产是指妊娠犬、猫在分娩过程中，已超过正常分娩时间而不能将胎儿娩出。

【病因】引起犬、猫难产的原因有如下几方面：

1. 胎儿异常 胎儿过大（营养过度、超期分娩等因素导致胎儿过大）、胎位不正（下位、侧位）、畸形胎、胎向异常（倒生）和胎势异常（背部前置、腹部前置、腕关节屈曲等）、气肿胎等，往往会引起难产（图4-6、图4-7）。

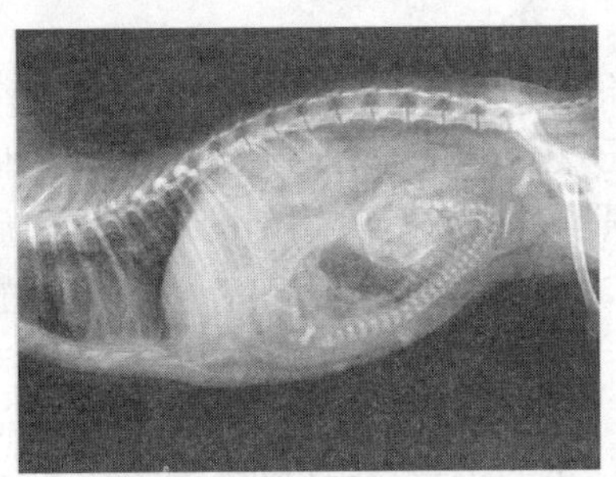

图4-6 难产1（胎位不正）

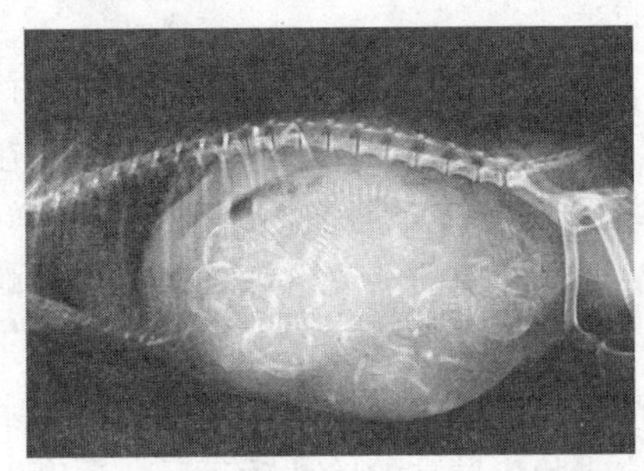

图4-7 难产2（胎位不正）

难产

2. 产道狭窄 包括子宫狭窄（如子宫先天性发育不良、子宫捻转、子宫肌纤维变性）；子宫颈狭窄（子宫颈异常、先天性发育不良、纤维组织增生或瘢痕）；阴道和阴门狭窄，骨盆腔狭窄、畸形以及阴道肿瘤等，都会影响胎儿娩出；雌激素和催产素分泌不足，子宫颈口和骨盆开张不全等因素都可导致难产。

3. 产力不足 如营养不良、年老体弱、运动不足、过度肥胖，以及激素不平衡或不足（雄激素、前列腺素或垂体后叶素分泌失调，孕酮过多）等，都可引起分娩力（阵缩与努责）微弱，造成难产。

【症状】开始努责4h后不见胎儿娩出或第1个胎儿娩出后4h不见第2个胎儿娩出，母犬、猫痛苦、鸣叫，频频努责，举尾排尿，不久便陷入衰竭，努责无力或停止，低声呻吟，精神委顿。

【诊断】母犬开始阵缩后4h未见胎儿娩出可确定为难产，但要区分其种类、程度、是否还有胎儿未娩出等，则有赖于病史调查和临床检查。

1. 病史调查 即了解或询问病例是初产还是经产，经产者以往是否发生过难产；配种日期和公犬、猫的品种及大小；本次分娩发动时间，阵缩和努责的强度及频度，是否已分娩出胎儿及只数，每只胎儿娩出的间隔时间；是否经过处理和处理情况如何等。

2. 临床检查 即先观察病例的阵缩和努责的情况，从产道流出的分泌物情况和已娩出的仔犬、猫情况。然后在畜主将母犬、猫保定好的情况下，进行腹部触诊和产道检查。可以查明子宫的大小、产道扩张程度及两处有无异常，有无胎儿，是死胎还是活胎等。

3. 常见难产的鉴别诊断

（1）阵缩和努责持续时间和强度正常，但自分娩开始发动后30min，胎儿未娩出者，若从阴道内流出绿色分泌物，表明胎盘已经分离，胎儿仍未娩出，多为产道狭窄和胎儿异常性难产。

（2）阵缩和努责次数少、持续时间短、力微弱，自分娩开始发动后3h，胎儿尚未娩出，多为原发性子宫乏力性难产。

（3）当分娩出1只或几只胎儿后，经过4h以上无继续分娩症状，但腹部触诊或产道检查产道内仍有胎儿，多为子宫收缩无力性难产。

（4）初产母犬、猫预产期超过1～2d或经产母犬、猫预产期超过1～2周者，若胎儿仍存活，多为胎儿发育过大性难产。

【治疗】

1. 治疗原则 保证母子安全，促进胎儿娩出。

2. 治疗措施 根据不同的原因采取不同的助产方法。犬、猫难产的治疗方法包括药物助产和手术助产两类。

（1）药物助产。这主要用于母体原发性阵缩和努责微弱或无力时。对于产道狭窄，胎向、胎位、胎势异常时禁用，以免引起子宫破裂。在子宫颈口完全张开以后，可使用催产素（缩宫素）或垂体后叶素，皮下或肌内注射。为了增强子宫对子宫收缩剂的敏感性和促进子宫颈口开张，可先肌内注射雌激素（如己烯雌酚、雌二醇等），再注射催产素。也可静脉注射10%葡萄糖酸钙溶液，以增强子宫的收缩力。

（2）手术助产。这包括牵引术、矫正术、截胎术等。①矫正术是指用手指或器械伸入产道，将胎向、胎位或胎势异常的胎儿矫正后，再牵引取出。为了便于操作，应先将胎儿推回子宫内，矫正时用力要轻，以免损伤子宫及产道。②牵引术是指用手指或长柄产钳伸入产道，将胎儿夹住并牵拉取出，但要注意在牵引时先将两前肢或两后肢用纱布包住，两手分别握住两腕（跗）关节，交替用力，轻轻将胎儿拉出。③截胎术是指经牵引术助产无效并已死亡的胎儿，用产科刀、锯将其分割成数块分别取出。操作时要特别小心，避免损伤产道。④剖宫产是指经牵引术助产无效（因胎儿过大、产道狭窄等）、胎儿仍活着时，切开母体腹壁和子宫，将胎儿取出。剖宫产的方法参见外科学相关内容。

以上助产方法，可根据难产的类型、产道的状态、胎儿的死活和胎向、胎位、胎势是否正常，以及母体健康状况等选择最佳方法。助产后应对分娩母犬、猫进行适当护理，如注意保温、提供营养丰富且易消化的食物，必要时进行补液、全身用抗生素以提高机体抵抗力和防止产道感染。

处方1

药物：催产素（缩宫素）或垂体后叶素5～30IU。

用法：肌内或皮下注射。

说明：适用于产力不足而其他一切正常的情况，若子宫颈口未开放不可应用，以防胎儿窒息死亡和子宫破裂。

处方 2

药物：己烯雌酚，犬 0.2～0.5mg，猫 0.05～0.1mg。催产素 5～30IU。

用法：肌内或皮下注射。

说明：适用于子宫颈口开张不全而其他一切正常的情况。应先注射己烯雌酚，30min 后检查子宫颈口，等子宫颈口充分开张后再注射催产素。

处方 3

药物：10%葡萄糖酸钙溶液 10～100mL，10%葡萄糖溶液 50～200mL，ATP 20～40mg。

用法：将葡萄糖酸钙溶液加入葡萄糖溶液中静脉滴注。

说明：适用于产力不足而其他一切正常的情况。葡萄糖酸钙溶液的注射速度一定要慢，且勿漏于血管外。

睾丸炎

睾丸炎是睾丸实质的炎症。常与睾丸鞘膜炎和附睾炎同时发生。该病有一侧性和两侧性。按炎症经过可分为急性和慢性两种；按炎症性质可分为化脓性和非化脓性。

【病因】外伤和细菌、病毒的感染是本病发生的主要原因。如结核杆菌、布鲁氏菌、铜绿假单胞菌、放线菌、链球菌和葡萄球菌等都可引起本病的发生。寄生虫也可引起发病。

【症状】

1. 睾丸局部变化 在急性经过时，睾丸红肿、体积明显增大、局部增温、疼痛。阴囊皮肤紧张、发亮。

2. 精液变化 由于炎症过程可侵及睾丸的间质和实质，炎症越严重时，对精子形成的影响也越严重。在炎症初期，公犬的射精量增加，精子有凝集趋向。以后射精量逐渐减少，精子数量也减少，并出现大量畸形精子。

3. 布鲁氏菌病或结核病所致睾丸炎的症状特征 在患布鲁氏菌病性睾丸炎时，除上述症状外，阴囊腔内积有大量渗出物。结核性睾丸炎时，可形成一个或几个脓肿，这些脓肿可向阴囊腔破溃，继而可发展成化脓性精索炎和腹膜炎。

4. 化脓性睾丸炎的症状特点 公犬精神萎靡不振，体温升高，性反射抑制。精液内有死精子和脓液。脓肿局部有波动感，穿刺时可排出脓汁。

5. 慢性睾丸炎的症状特点 患犬症状常呈亚临床型，检查时可见精液质量逐渐恶化和睾丸硬度变化。精液质量变化的主要标志是精子凝集、畸形和精液中有白细胞。由于精细管胚上皮消失，并伴有结缔组织增生，可使睾丸硬固，表面隆凸不平，导致局灶性或弥漫性的睾丸纤维变性。在慢性睾丸鞘膜炎时，睾丸和阴囊壁发生粘连。

【诊断】

1. 症状诊断 根据睾丸红、肿、热、痛的临床症状可初步诊断本病。

2. 实验室诊断 无菌采集精液，显微镜检查，可见精子活力下降、死精，精液内混有白细胞、脓细胞。眼观检查，发现精液有凝集趋向。

【治疗】

1. 治疗原则 抗菌消炎，恢复睾丸机能。

2. 治疗措施 由于本病可能是某种传染病（布鲁氏菌病、结核杆菌病等）的临床症状表现之一，所以，必须按照兽医法规进行专门检查，只有在各种传染病的检查结果都是阴性时，才能采取治疗措施。

急性睾丸炎和附睾炎的初期，经治愈后 2～3 个月，才能完全恢复精子形成。一侧性慢性睾丸炎和附睾炎，可用抗生素疗法之后再将其进行手术摘除，以保留健康侧的睾丸和附睾。这样可延长公犬的使用年限。两侧性或继发性睾丸炎和附睾炎，目前尚无良好治疗方法，可进行手术摘除。

处方1

药物：头孢唑林，犬0.5～1g，猫0.2～0.5g。

用法：肌内或静脉注射。

说明：抗菌消炎，适用于病原微生物引起的炎症。可根据药敏试验结果选用其他抗生素。

处方2

药物：鱼肝油，犬5～10mL，猫1～2mL；维生素E，犬5～10mg，猫2～5mg。

用法：内服，每天2次。

说明：增进代谢，促进睾丸机能恢复。

前列腺炎

前列腺炎是指公犬、猫前列腺的炎症，一般呈化脓性炎症，形成前列腺肿大。多发于老龄犬、猫。

【病因】主要继发于泌尿道感染，在公犬精液中曾分离出链球菌、葡萄球菌、铜绿假单胞菌、大肠杆菌、变形杆菌和放线菌等。全身感染的布鲁氏菌病和结核病也可导致本病。另外，前列腺增生、过量服用雌激素也是前列腺炎的继发因素。

【症状】按病程分为急性和慢性两种。按炎症性质可分为卡他性和化脓性前列腺炎。

1. 排尿及尿液变化 患病动物频频排尿，但每次排尿量少甚至呈滴状排出，有的排尿失禁。尿液混浊，混有血液或脓汁。

2. 行为变化 病犬、猫行走缓慢，出现异常步态和姿势。站立时，两后肢伸至腹下，尾根拱起，似排便样。

3. 前列腺变化 病的初期，前列腺分叶轮廓明显，随后因其中积聚渗出物，体积不断增大，被膜紧张，分叶和轮廓不明显或消失。当有脓肿时，有波动感。表现为疼痛反射，即通过直肠触摸患侧前列腺时，可发现睾丸被拉向阴囊内腹股沟管部。当两侧发炎时，则有两侧睾丸拉紧的现象。

4. 精液变化 前列腺炎初期的典型症候是射精量增加、精液稀薄和pH增加到8～8.5。检查精液时，可见精子的活力和浓度下降、精子凝集、有白细胞等。在精液中可分离出各种微生物。随着化脓性前列腺炎的发展，精液品质不断恶化，患犬射出的精液呈黄色、褐色或灰绿色，精液呈黏液样，混有白色絮状物，并具有腐败气味。

5. 全身症状 当前列腺发生化脓性炎症时，患犬精神沉郁、厌食、呕吐，体温升高至40℃以上，性反射抑制等。

【诊断】

1. 症状诊断 可根据前列腺肿大、敏感，精液有异味、变色等临床症状做出初步诊断。

2. 实验室诊断

（1）精液检查。无菌采集精液，光镜下检查时，除发现精子数减少外，还可发现有大量不活动的精子。精子的中部和尾部畸形，可分检出白细胞、细菌和较大的变性上皮细胞。

（2）血、尿常规检查。血液检查可见白细胞增多，在尿液中发现有白细胞和细菌。

【治疗】

1. 治疗原则 抗菌消炎，恢复前列腺机能。

2. 治疗措施 怀疑为某种传染病，如结核病和布鲁氏菌病时，应按照兽医法规进行专门检查。传染病检查是阳性的公犬迅速淘汰。非传染性前列腺炎应采用下列方法治疗，一般在早期治疗效果良好。慢性前列腺炎可采用前列腺微波以及热疗加抗生素离子透入治疗，疗效较好。在用药物治疗的同时，应注意对症治疗和改善病犬的饲养管理。患犬在治愈2～3个月后才能恢复配种功能。

处方 1

药物：红霉素，每千克体重 10～20mg；5%葡萄糖溶液，犬 100～250mL，猫 50～100mL。

用法：先调整葡萄糖溶液的 pH 至 8 左右，再将红霉素加入，慢慢静脉滴注。

说明：红霉素可在前列腺内达到较高的浓度，对革兰氏阳性菌引起的感染效果较好。但由于红霉素引起胃肠反应较重，注射速度一定要慢。

处方 2

药物：2%环丙沙星注射液，每千克体重 0.1～0.2mL。

用法：肌内注射。

说明：抗菌消炎。环丙沙星等喹诺酮类药物可在前列腺内达到较高的浓度，治疗前列腺感染效果较好。但犬对喹诺酮类药物易过敏，应当注意。

处方 3

药物：头孢氨苄，犬 0.5～1g，猫 0.2～0.5g。

用法：肌内或静脉注射。每日 2 次。

说明：抗菌消炎，本方可与处方 1 或处方 2 交替应用。最好应根据药敏试验结果选择药物。

处方 4

药物：青霉素 40 万～80 万 IU，链霉素 50 万～100 万 U。

用法：肌内注射，早晚各 1 次，连用 5～7d 为一疗程。

说明：抗菌消炎。链霉素不可与青霉素混于同一注射器中注射，以免降低链霉素的作用。

处方 5

药物：0.25%普鲁卡因 20mL，青霉素 80 万 IU。

用法：前列腺周围封闭。

说明：消炎止痛，改善前列腺血液循环和物质代谢，有利于炎症恢复。

嵌顿包茎

嵌顿包茎是指由于某些致病因素使阴茎不能回复到包皮囊内的病理现象。

【病因】

1. 龟头或阴茎肿大 由于阴茎前部（阴茎头和部分阴茎体）遭受机械的、物理的或化学的损伤，而发生急性炎性水肿、阴茎头肿瘤和包皮龟头炎等疾病，使其体积增大，同时造成阴茎缩肌的张力降低，使阴茎不能正常回缩至阴茎囊内。

2. 阴茎麻痹 公犬腰荐部神经传导径路损伤时，造成阴茎麻痹，导致嵌顿包茎。

此外，包皮口皮肤内翻、包皮囊外翻等因素均可引起本病。

【症状】阴茎头部露出包皮囊外面，嵌闭部肿胀，呈弥漫性充血、水肿，初期潮红，后期发绀，触压敏感。可出现擦伤、溃疡和坏死灶。以后肿胀部炎症由急性转为慢性，结缔组织增生，此时肿胀较硬，无热无痛。嵌闭继续发展，可使阴茎完全丧失感觉。

如果是由包皮口的肿瘤引起的嵌顿包茎，可伴有排尿困难、不安等症状。如果是麻痹性嵌顿包茎，其垂下部分无明显的损伤，无红、肿、热、痛表现，局部温度正常或稍低，阴茎可以整复至包皮囊内后又立即露出，阴茎感觉迟钝，会阴部皮肤、股后部表面和阴囊丧失知觉，肛门和尾巴松弛，甚至后肢运动失调。

【治疗】

1. 治疗原则 抗菌消炎，恢复阴茎机能。

2. 治疗措施 本病以局部消炎为主。

按下述处方中方法治疗后，将阴茎整复至包皮囊内，若患部炎性水肿显著时，可用针局部扎刺，等水肿减轻后，再将脱出的阴茎整复至包皮囊内。为预防阴茎的再脱出，可将包皮口暂时缝合数针，每日向包皮囊腔内注入抗生素乳剂，连用 3～5d，即可拆除缝线。

有溃疡时可用1%龙胆紫溶液涂擦。赘生的病理性肉芽可用硝酸银棒或10%硝酸银溶液腐蚀。对瘢痕性狭窄或肿瘤引起的嵌顿包茎，应在进行瘢痕或肿瘤切除后，再将脱出阴茎整复至包皮囊腔内。对麻痹性嵌顿包茎和进行性湿性坏疽、大面积的瘢痕或溃疡等患犬不宜种用。必要时可进行阴茎截断术。

加强对患犬的饲养管理，注意患犬的排尿情况。当暂时性排尿困难而膀胱充盈时，应采取人工导尿或膀胱穿刺放（抽）出尿液。为防止患犬舔咬患部，应装置侧杆或颈圈保定。

处　方

药物：0.1%高锰酸钾溶液，红霉素软膏。

用法：先用高锰酸钾溶液清洗，再涂红霉素软膏。

说明：有消炎收敛作用。适用于新发生的和由炎性水肿引起的嵌顿包茎。

不　孕　症

不孕症是指母犬、猫因生殖系统功能异常，在性成熟后不能正常怀孕，或分娩后经 2～3 个性周期仍不发情，或虽发情但经几次配种后仍不能受孕的一种疾病。

【病因】母犬、猫不孕症按病因可分先天遗传性和后天获得性两种。

1. 先天性不孕 主要是由于生殖器官发育不良或缺陷所致。如两性畸形、生殖道畸形、卵巢发育或机能不全、子宫发育不全或缺陷、输卵管阻塞等。

2. 后天获得性不孕 大致包括如下几方面：

（1）生殖器官或全身性疾病。生殖器官疾病如卵巢炎、卵巢囊肿、持久黄体、子宫内膜炎、子宫蓄脓综合征等，全身性疾病如布鲁氏菌病、弓形虫病、钩端螺旋体病、结核病、李氏杆菌病等，都可导致母犬、猫的不孕。

（2）营养不良。由于饲料量不足、品种单纯、品质不良或缺乏某种与繁殖机能密切相关的营养物质，如蛋白质、维生素 A、维生素 E、B 族维生素和矿物质钙、磷等，致使整个机体机能和新陈代谢发生障碍，生殖系统发生机能性和病理性变化，造成不孕。

（3）营养过剩。由于母犬、猫饲喂量过多，又缺乏运动，过于肥胖，致使卵巢内脂肪沉积，卵泡上皮发生脂肪变性，繁殖机能遭受破坏，造成不孕。

（4）环境因素。母犬、猫的生殖机能与气温、日照、湿度以及其他外界应激因素都有密切关系。如饲养环境突然改变，使母犬、猫不能适应当地外界环境不良应激因素的刺激，也可引起母犬、猫的不孕。

(5) 技术因素。错过适当的配种时机，人工授精技术不熟练，精液处理不当等，都可造成母犬、猫不孕。

【症状】本病的共同特征是性机能紊乱和障碍，如不发情或持续发情、屡配不孕或不能配种等。其他症状则因致病原因不同而有差异。如先天性不孕病例，除性机能紊乱外，主要表现为生殖器官的解剖构造异常，如阴门及阴道细小而无法交配，子宫角细小或无分叉，卵巢发育不良或无卵巢及两性畸形等。后天获得性生殖器官疾病引起的不孕病例，则有生殖器官疾病的症状，如子宫内膜炎、阴道炎、子宫蓄脓等病例均有炎性分泌物自阴道溢出。而其他疾病引起的不孕症，除表现性机能紊乱、不孕或流产外，主要表现为原发病的固有症状，如布鲁氏菌病、弓形虫病、钩端螺旋体病等。营养不良性不孕除性周期紊乱外，伴有消瘦、被毛粗乱等症状。

【诊断】

1. 临床诊断 临床检查包括全身检查和生殖系统检查两部分，重点是生殖系统的检查。通过全身检查，可以了解不孕犬、猫的全身状况，以及是否患有其他疾病。生殖系统的检查包括外生殖器官的检查、阴道检查和子宫、卵巢及输卵管检查，如观察阴门的大小、形状、有无肿胀和分泌物、分泌物的性质和数量等；检查阴道黏膜颜色，有无炎性分泌物，有无损伤、水泡和结节，以及子宫颈的状态；通过腹壁触诊，可感知子宫的位置、大小、质地和内容物的状态等。

2. 实验室诊断 血清中雌性激素、促卵泡激素等生殖激素低于正常水平。

【治疗】犬、猫不孕症的治疗，应根据病因采取相应的治疗措施。对疾病性不孕病例，则根据不同的疾病，采取不同的治疗措施，如子宫炎症可进行子宫冲洗、注入抗生素等，详见有关疾病的治疗。对营养性不孕病例，应改善饲养管理，给予全价营养的饲料，特别注意补给足够的蛋白质、维生素和微量元素，要有足够的运动。对环境性不孕病例，应除去外界环境不良应激因素的刺激。对技术性不孕病例，应掌握配种时机，采用重复交配或多次交配，以增加受精机会。人工授精时，严格遵守采精、保存、输精等操作规程。由生殖器官畸形等原因所致不孕症动物应淘汰。

处方 1

药物：孕马促性腺激素，25～200IU。

用法：肌内注射。

说明：适用于犬性激素分泌不足、卵巢发育不良所致不孕症。

处方 2

药物：环戊雌二醇，0.25～0.5mg。

用法：肌内注射，每 8h 1 次。

说明：适用于猫卵巢发育不良所致不孕症。

处方 3

药物：党参 15g，茯苓 15g，甘草 15g，枸杞子 20g，菟丝子 20g，鹿角霜 20g，熟地 20g，当归 15g，山药 20g，巴戟天 20g，仙灵脾 20g，香附 15g。

用法：煎服，每日 1 次，连用 5～7d 为一疗程。

说明：补肾益阳、补脾养血。

处方 4

药物：当归 15g，川芎 10g，香附 10g，益母草 30g，丹参 15g，泽兰 15g，茯苓 15g，赤芍 15g，熟地 20g，甘草 10g。

用法：煎服，每日 1 次，连用 5～7d 为一疗程。

说明：养血、活血。

不育症

公犬、猫由于多种原因引起暂时性或永久性的性机能障碍，不能实现交配对象受精和繁殖的病理状态称不育症。

【病因】 公犬、猫不育按病因可分为先天遗传性不育和后天获得性不育两类。

1. 先天遗传性不育 主要是由于生殖器官先天性发育不全或缺陷所致。如隐睾症、睾丸发育不全、附睾发育不全或缺陷、两性畸形、输精管发育不全或缺陷，都可引起公犬、猫无性欲、无精子、精液品质不良、交配困难等，从而导致不育。

2. 后天获得性不育 原因包括如下几个方面：

（1）疾病因素。如睾丸炎、附睾炎、睾丸变性和萎缩、前列腺炎以及包茎、嵌顿包茎等都可引起性欲缺乏、交配困难或精液品质不良，造成不育。此外，一些严重的全身性疾病如布鲁氏菌病、弓形虫病、钩端螺旋体病以及某些消化、内分泌、神经和心血管疾病等，都会引起公犬、猫的不育症。

（2）营养因素。由于饲养不当，如饲喂量不足、品种单一、品质不良、营养不全等，生殖系统发育所必需的营养物质（如蛋白质、维生素 E、维生素 A、钙、磷等）缺乏，导致睾丸发育不良，精液量少或品质差。或饲喂数量过多，犬、猫缺乏运动、过于肥胖等，都可引起性机能降低或障碍。

（3）环境因素。突然改变管理方法和交配环境，天气炎热、寒冷，噪声刺激，人为干扰以及长期的禁闭或关养等都会引起公犬、猫性欲降低，甚至性反射抑制。

（4）技术因素。如人工授精时，采精操作不规范，精液处理不当，可使精液品质下降；或配种时粗暴的处理、干扰等，可使交配困难，导致暂时性不育。

【诊断】

1. 病史调查 包括犬、猫的年龄、生殖器官病症和其他疾病，性欲或性反射是否正常，平时饲养管理情况，饲料种类、数量、品质等。

2. 临床检查 通过全身检查，发现有全身疾病如布鲁氏菌病、弓形虫病等。睾丸及阴茎局部检查发现有损伤、肿胀或炎性分泌物，以及睾丸小、发育不良、质地变硬等。

3. 实验室检查 采集精液样品检查，精子活力降低、无精或精液内含有病原菌。

【治疗】 对先天性不育的动物应淘汰，后天性生殖器官疾病引起的不育症，应根据不同的疾病采用不同的治疗方法，可参照相关任务有关疾病的治疗方法进行治疗。对营养不良性不育病例，主要改善饲养管理，给予富有营养（蛋白质、维生素等）的饲料。对营养过剩引起的不育症应限制饮食并注意适当的运动。对环境性不育病例，应除去外界环境不良应激因素的刺激。对技术性不育病例，采精或配种时，应遵守操作规程，操作应熟练轻柔。

处　方

药物：睾酮，20～50mg。

用法：肌内注射，连用 3～5d。

说明：适用于性激素分泌不足、性欲不强的公犬、猫。

三、案例分析

1. 病畜 金毛寻回猎犬，10 岁，雌性，体重 13 kg。

2. 主诉 该犬一直未配种，就诊前一周开始间歇性呕吐、腹泻，食欲差，喜饮水，尿也多，呼吸急促，阴部流出少量淡黄色腥臭黏液，腹围日渐增大。

3. 检查 体温 39.5℃，颌下淋巴结肿大，精神不佳，腹围增大，尤以前腹部明显，触诊腹部可感到条索状的肿胀物，有波动感；阴部流出少量淡黄色腥臭黏液。

实验室检查结果见表 4-6。

表 4-6 血液常规检验

检验项目	结果	单位	参考范围	检验项目	结果	单位	参考范围
白细胞数目	↑ 35.26	$\times10^9$个/L	6.00～17.00	红细胞数目	6.32	$\times10^{12}$个/L	5.1～8.50
中性粒细胞百分比	74.3	%	52.0～81.0	血红蛋白浓度	148	g/L	110～190
淋巴细胞百分比	15.0	%	12.0～33.0	血细胞比容	44.7	%	36.0～56.0
单核细胞百分比	↓ 1.1	%	2.0～13.0	平均红细胞体积	70.8	fL	62.0～78.0
嗜酸性粒细胞百分比	9.3	%	0.5～10.0	平均红细胞血红蛋白含量	23.4	pg	21.0～28.0
嗜碱性粒细胞百分比	0.3	%	0.0～1.3	平均红细胞血红蛋白浓度	331	g/L	300～380
中性粒细胞数目	↑ 26.20	$\times10^9$个/L	3.62～11.32	红细胞分布宽度变异系数	13.7	%	11.5～15.9
淋巴细胞数目	↑ 5.26	$\times10^9$个/L	0.83～4.69	红细胞分布宽度标准差	40.6	fL	35.2～45.3
单核细胞数目	0.39	$\times10^9$个/L	0.14～1.97	血小板数目	166	$\times10^9$个/L	117～460
嗜酸性粒细胞数目	↑ 3.28	$\times10^9$个/L	0.04～1.56	平均血小板体积	10.5	fL	7.3～11.2
嗜碱性粒细胞数目	↑ 0.13	$\times10^9$个/L	0.00～0.12	血小板分布宽度	15.5		12.0～17.5
				血小板比容	0.147	%	0.090～0.500

X 射线检查见图 4-8。

4. 诊断 根据该犬腹围逐渐增大，且出现饮水多、尿量多现象，结合 X 射线检查，综合分析初步判定为子宫蓄脓，对此犬进行手术治疗。

5. 治疗 实施子宫摘除术。

（1）术前准备。

①贝多灵（主要成分是林可霉素和大观霉素）0.8mL 皮下注射。

②复合维生素 B 2mL×1 支，维生素 K_3 1mL×1 支，混合后皮下注射。

③5%糖盐水 70mL，维生素 C 2mL×1 支，肌苷 2mL×1 支，止血敏 2mL×1 支，静脉注射。

④注射用水 5mL，氨苄西林 0.5g×2 支，肌内注射。

（2）麻醉。先皮下注射阿托品 0.5mL，10min 后皮下注射舒泰 50 0.8mL 做全身麻醉，再准备 0.2mL 在手术过程中做追加麻醉。

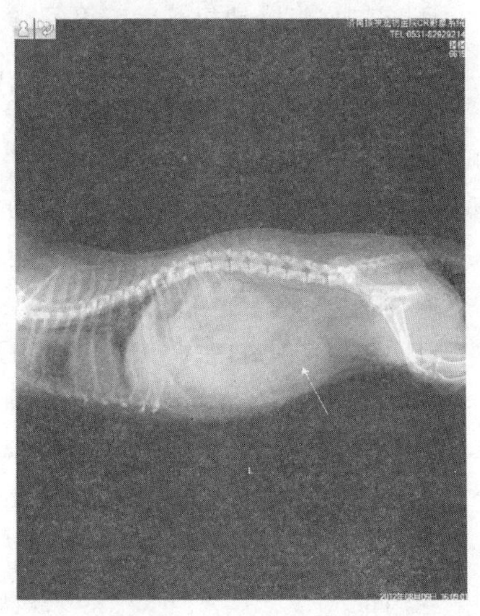

图 4-8 子宫蓄脓

(3) 术后护理。术后病犬皮下或肌内注射头孢拉定，每天 2 次，每次 0.5g。连续输液 4d，输液可用以下药物：

①复合维生素 B 2mL×1 支，维生素 K_3 1mL×1 支，混合后皮下注射。

②5%糖盐水 70 mL，维生素 C 2mL×1 支，肌苷 2mL×1 支，止血敏 2mL×1 支，混合后静脉注射。

③5%糖盐水 50 mL，氨苄西林 0.5g×2 支，混合后静脉注射。

④甲硝唑葡萄糖液 80 mL，静脉注射。

(4) 转归。此病例在手术后第 9 天痊愈。详细情况如下：术后第 1 天，病犬阴部有少量血样分泌物流出，体温 39.4℃，精神差，不吃不喝；术后第 2 天，病犬阴部不流血样分泌物，体温 39.1℃，精神好转，有点食欲；术后第 3 天，体温 38.9℃，精神较好，进食一些流质食物；术后第 4 天，病犬体温 38.5℃，精神良好，食欲佳，排便、排尿、体温、呼吸、心跳皆正常，遂出院。电话回访于手术后第 9 天基本痊愈。

四、拓展知识

(一) 不孕症针灸疗法

本症是指母犬因先天性因素和后天性因素，在性成熟后发情交配不受孕的状况。针灸对后天性不孕有一定作用。

【针灸要点】

1. 体针

主穴：子宫、中极。

配穴：肾俞、俞门、关元、七海、三阴交、太冲、丰隆。

方法：在发情结束后取穴针刺，得气后，对肾虚型患犬用补法，对肝郁型和痰湿型患犬用泻法。连续针刺 10 次为 1 个疗程。

2. 电针

主穴：三阴交、中极、子宫、关元。

配穴：血海、地机、后三里。

方法：取 2～3 个主穴位、1～2 个配穴位，通电刺激。

(二) 子宫脱出针灸疗法

本病多是由于分娩时产道损伤等引起的阵缩过强，或助产时粗暴牵拉胎儿等因素，使子宫部分或全部反转脱出阴道内或阴门外的结果。针灸对轻度和中度子宫脱出的治疗效果很好。

【针灸要点】

1. 体针

主穴：子宫、百会、关元、三阴交。

配穴：子海、后三里、太冲。

方法：虚证用补法，实证用泻法。每日 1 次，10 次为 1 个疗程。

2. 电针

取穴：同体针。

方法：选 2～3 对穴位，用断续波或疏密波，中度刺激，每次通电 15min，隔日 1 次，10 次为 1 个疗程。

3. 水针

取穴：子宫、关元、三阴交。

方法：选2～3穴，用红花、当归注射液每次2mL，穴位注射，隔日1次，5次为1个疗程。

（三）习惯性流产针灸疗法

自然流产连续发生3次以上称为习惯性流产，每次流产往往发生在同一妊娠时间。

【针灸要点】

主穴：百会。

配穴：后三里、外关、行间、三阴交、血海。

方法：取2寸（1寸≈0.033m）针向前横刺百会穴，捻转得气后，于针尾加艾卷点燃加温，并向上斜刺再加温，配穴用3寸针直刺，施提插手法，每日1次，10次为1个疗程。

（四）胎位不正针灸疗法

犬正常分娩的胎儿胎位是口吻部和两前肢朝外伏卧位产出，但有35%～45%的胎儿是以尾部朝外娩出而不发生难产。侧头位和背头位多发生难产。针灸可增强子宫收缩功能，有助于使子宫内胎位不正的胎儿恢复正常体位。

【针灸要点】

取穴：至阴（双）、三阴交（双）。

方法：针刺后捻转数分钟，双手同步大幅度捻转三阴交，使针感向上散放持续5～10min，诱发子宫收缩功能增强，促进胎儿转动。

五、技能训练

阴道及子宫冲洗

阴道冲洗主要为了排出炎性分泌物，用于阴道炎的治疗。子宫冲洗用于治疗子宫内膜炎和子宫蓄脓，排出子宫内的分泌物及脓液，促进黏膜修复，尽快恢复生殖功能。

1. 准备 根据动物种类准备无菌的各型开腟器、颈管钳、颈管扩张棒、子宫冲洗管、洗涤器及橡胶管等。

冲洗药液可选用温生理盐水、5%～10%葡萄糖溶液、0.1%雷佛奴耳溶液及0.1%～0.5%高锰酸钾溶液等，还可用抗生素及磺胺类制剂。

2. 方法 先充分洗净外阴部，而后插入开腟器开张阴道，即可用洗涤器冲洗阴道。如要冲洗子宫，先用颈管钳钳住子宫外口左侧下壁，拉向阴唇附近。然后依次使用由细到粗的颈管扩张棒，插入颈管使之扩张，再插入子宫冲洗管，通过直肠检查确认冲洗管已插入子宫角内之后，用手固定好颈管钳与冲洗管。最后将洗涤器的胶管连接在冲洗管上，将药液注入子宫内，边注入边排除（另一侧子宫角也同样冲洗），直至排出液透明为止。

3. 注意事项

（1）操作过程要认真，防止粗暴操作，特别是在冲洗管插入子宫内时，必须谨慎缓慢，以免造成子宫壁穿孔。

（2）不要使用强刺激性及腐蚀性的药液冲洗。药液量不宜过大，一般500～1 000mL即可。冲洗完后，应尽量排净子宫内残留的洗涤液。

项目五 神经系统疾病

PART 5

任务一　脑部疾病诊治

一、任务目标

知识目标

1. 掌握大脑解剖生理知识。
2. 掌握脑部疾病病因与疾病发生的相关知识。
3. 掌握脑部疾病的病理生理知识。
4. 掌握脑部疾病治疗所用药物的药理学知识。
5. 掌握脑部疾病防治原则。
6. 了解脑部疾病针灸治疗知识。

能力目标

1. 会使用常用诊断器械。
2. 具备症状鉴别诊断能力。
3. 具备综合分析并做出初诊的能力。
4. 能准确开出治疗处方。
5. 会冷水疗法。

二、相关知识

脑　积　水

脑积水又称水脑病，是指脑室和蛛网膜下腔积聚大量脑脊液，压迫脑实质，导致意识、知觉和运动机能障碍的一种慢性脑病。

【病因】本病按病因可分为先天性和后天性两大类。

1. 先天性脑积水　多发生在小型犬种和短头型犬种，如吉娃娃犬、小型贵宾犬、北京犬等。主要与脑导水管畸形、枕骨大孔发育不良、蛛网膜颗粒异常、小脑发育不全等有关。胚胎期间受到母体内传染性因素侵害，以及中毒、营养不良，尤其是维生素 A 和钙、磷缺乏等病理因素的影响，也可引起本病的发生。

2. 后天性脑积水　由于脑膜脑炎、脑肿瘤、蛛网膜下出血等导致脑脊液流动受阻而引起。维生素 A 缺乏，可影响蛛网膜绒毛对脑脊液的重吸收，也可导致本病的发生。脑脊液生成过多，仅见于脉络膜乳头状瘤。

【症状】脑积水多为慢性经过，其临床症状与颅内压升高的程度及脑组织受压的部位、程度有关。主要表现为：

1. 意识障碍 精神沉郁、嗜睡、呆立、痴呆、癫痫发作等。

2. 感觉迟钝 皮肤敏感性降低，对轻微刺激无反应；听觉障碍，微弱的声音不引起任何反应，但有较强的音响时，往往引起高度惊恐和战栗；视力减退；姿势反应迟钝，改变站立姿势后不能恢复正常站立姿势。

3. 运动障碍 无目的地行走或做圆圈运动，眼球震颤、眼斜视，肌肉僵直、间歇性痉挛，后躯麻痹。

4. 全身症状 食欲减退，体温正常或偏低，心动徐缓、节律不齐。先天性脑积水除出现上述症状外，还表现颅顶呈半球形、骨缝和囟门开放等症状。

【诊断】

1. 症状诊断 根据病史以及意识障碍、运动障碍和颅部突出等临床症状可初步诊断。

2. 实验室诊断

(1) X射线检查。先天性脑积水，做头颅X射线检查，可见开放的骨缝和囟门，头盖骨皮质薄，颅穹隆呈毛玻璃样外观。后天性脑积水，X射线检查无明显异常。

(2) 其他检查。脑电图（EEG）、B型超声检查、电子计算机断层扫描（CT）和核磁共振成像技术（MRI）对本病的诊断也有一定的参考价值。

【治疗】

1. 治疗原则 抑制脑脊液的过度分泌，促进吸收，改善流通，排除积液。

2. 治疗措施 目前尚无特效疗法。应加强护理、限制饮水并适当运动，降低颅内压，促进脑脊液吸收，以缓和病情。可试用皮质激素、利尿剂等药物。皮质激素可促进脑脊液的吸收，减少脑脊液的产生；但对于先天性脑积水，长期使用皮质激素的疗效较差。利尿剂也可促进脑脊液的吸收、减少脑脊液的产生，但长期应用可引起全身电解质平衡失调。另外，对于怀疑感染的病例，应给予抗生素治疗。

处方 1

药物：地塞米松，每千克体重0.25mg。

用法：内服，每日2次，连用3～5周，症状稳定后用量减半。

说明：皮质激素可促进脑脊液的吸收，减少脑脊液的产生。用药量应逐渐减少，慢慢停药，防止反跳现象。

处方 2

药物：氢氯噻嗪，犬20～100mg，猫10～20mg。

用法：内服，每日1～2次。

说明：利尿，减轻颅内压。长期用药时应注意补钾，防止低血钾。

处方 3

药物：20%甘露醇溶液，犬20～50mL，猫10～20mL。

用法：静脉注射。

说明：脱水，减轻颅内压。也可用25%山梨醇、20%葡萄糖等高渗剂。

脑膜脑炎

脑膜脑炎是指脑膜和脑实质的炎症。临床上以伴有一般脑症状、灶性脑症状和脑膜刺激症状为特征。可分为化脓性和非化脓性两类。

【病因】

1. 原发性脑膜脑炎 原发性脑膜脑炎一般由感染因素（狂犬病、犬瘟热、大肠杆菌病）和中毒因素（铅、砷、有机磷、食盐、磺胺类药物中毒）引起，多为非化脓性脑炎。粒细胞性脑膜脑炎（炎症性网质细胞增多症）为犬的一种特发性疾病，多发生在1～8岁的雌性观赏犬，如巴哥犬、马尔济斯犬等。

2. 继发性脑膜脑炎 多见于邻近部位感染（如脊髓炎、副鼻窦炎、中耳炎等）的蔓延；以及化脓性疾病（大面积创伤感染、子宫蓄脓）引起的脓毒败血症，也可由其他部位感染后化脓菌随血液循环转移至脑部而引起。

【症状】神经症状可分为一般脑症状、灶性脑症状和脑膜刺激症状。

1. 一般脑症状 病犬、猫先兴奋后抑制或交替出现。病初，呈现高度兴奋、感觉过敏、反射机能亢进，瞳孔缩小、视觉紊乱，呼吸急促、脉搏增数，烦躁不安、惊恐。有的意识障碍、不识主人，捕捉时咬人，无目的地奔走，冲撞障碍物。后期以沉郁为主，头下垂，眼半闭，反应迟钝，肌肉无力，甚至嗜睡。

2. 灶性脑症状 取决于炎症灶在脑组织中的部位。大脑受损时，表现行为和性情的改变，步态不稳，转圈，甚至口吐白沫，吞咽障碍，听觉减退，视觉丧失，癫痫样痉挛；脑干受损时，表现精神沉郁，头偏斜，共济失调，四肢无力，眼球震颤、斜视；炎症侵害小脑时，表现共济失调，肌肉颤抖，眼球震颤，姿势异常。炎症波及呼吸中枢时，表现呼吸困难。另外，还可出现颈部肌肉痉挛或麻痹，角弓反张，倒地时四肢做有节奏运动。某一组肌肉或某一器官麻痹，如面神经麻痹引起口唇歪斜，半侧躯体麻痹时呈现偏瘫等。

3. 脑膜刺激症状 是以脑膜炎为主的脑膜脑炎，常伴发前数段脊髓膜炎症，脊神经受到刺激，颈、背部敏感。轻微刺激或触摸该处，则有强烈的疼痛反应，肌肉强直性痉挛。

单纯性脑炎，体温升高不常见；但化脓性脑膜脑炎时体温常升高，有的达41℃。

【诊断】

1. 症状诊断 根据兴奋、抑制、痉挛、麻痹、意识障碍等症状可做出初步诊断。

2. 实验室诊断 无菌采集脑脊液进行检验，若为细菌性脑膜脑炎，脑脊液中蛋白质含量和白细胞数显著增加。粒细胞性脑膜脑炎时，脑脊液中蛋白质含量、白细胞数增加，并见大量的单核细胞，巴哥犬还可见嗜酸性粒细胞增多。化脓性脑膜脑炎时，脑脊液中除中性粒细胞增多外，还可见到病原微生物。

另外，脑脊液血清学试验有助于确定特定的病原；CT能够较好地确定脑部器质性病变的部位和本质。

【治疗】

1. 治疗原则 加强护理，降低颅内压，抗菌消炎，对症治疗。

2. 治疗措施 首先，将患病动物置于黑暗、安静的环境中，尽可能减少刺激。给予易于消化、营养丰富的流质或半流质食物。降低颅内压、防止脑水肿，可静脉注射20%葡萄糖溶液、20%甘露醇溶液或25%山梨醇溶液。消炎，选用易通过血脑屏障的抗菌药物，如磺胺嘧啶、青霉素、氨苄西林等。对病毒性感染，没有直接有效的药物。对免疫反应引起的脑膜脑炎，皮质类固醇类药物有较好的疗效。粒细胞性脑膜脑炎可使用皮质类固醇类药物和放疗药物合并治疗。狂躁不安，可使用镇静剂，如苯巴比妥或氯丙嗪等。当心脏衰弱时，可用樟脑、安钠咖等强心。怀疑传染性脑膜脑炎时应隔离。

处方 1

药物：20%甘露醇注射液，犬 10～50mL，猫 5～20mL；10%葡萄糖注射液，犬 20～40mL，猫 10～20mL；10%磺胺嘧啶钠注射液，犬 5～10mL，猫 2～4mL。

用法：将磺胺嘧啶钠加入葡萄糖溶液与甘露醇中，1 次静脉注射，每日 1 次。

说明：磺胺嘧啶易透过血脑屏障，是脑炎首选药物，但用药时应注意碱化尿液，减少在肾沉积，减轻对肾损害。甘露醇可脱水，减轻颅内压。

处方 2

药物：盐酸氯丙嗪，每千克体重 1.1～6.6mg。

用法：1 次肌内注射。

说明：用于兴奋型病例，也可用 25%硫酸镁静脉注射。

处方 3

药物：20%安钠咖注射液，犬 1～4mL，猫 0.5～1mL。

用法：肌内注射。

说明：强心。心脏功能衰竭时使用。

处方 4

药物：地塞米松，犬 1～5mg，猫 0.5～2mg。

用法：肌内或静脉注射。

说明：用于免疫反应引起的脑膜脑炎和粒细胞性脑膜脑炎。

日射病和热射病

日射病是指在炎热季节，动物头部受到日光直射，引起脑膜充血和脑实质急性病变，导致中枢神经系统机能严重障碍的现象。热射病是指在潮湿闷热环境中，动物体内积热过多引起严重中枢神经系统机能紊乱的现象。临床上统称为中暑。本病以体温显著升高、呼吸和循环障碍、神经症状为特征。犬汗腺不发达，对热耐受性差，特别是大型、短头品种犬较易发生本病。

【病因】夏季长时间暴露于阳光下，由于日光直晒头部，致使脑膜充血、出血，导致日射病。或者由于环境温度过高、散热障碍（多在通风不良的高温环境中，如密闭的汽车内长途运输、在水泥地面上的铁皮小屋等），体温急剧升高导致热射病。另外，伴有热性疾病、手术中长时间的气管插管、过度肥胖、心血管系统、泌尿系统疾病的动物更易引发本病。

【症状】

1. 体温极高 体温急剧升高，可达 42℃以上。

2. 神经症状 突然发病，病初精神抑郁、站立不稳、运动失调，随后兴奋不安、神志紊乱、癫狂冲撞，最后卧地不起、陷于昏迷。有的突然倒地，肌肉痉挛、抽搐死亡。

3. 心衰症状 随着病情的急剧恶化，出现心力衰竭，表现为心跳加快、脉搏细弱、静脉淤血、末梢静脉怒张、黏膜发绀。

4. 肺水肿的症状 由于伴发肺充血和肺水肿，患病犬、猫呼吸急促、浅表，张口伸舌，口、鼻喷出白沫或血沫。听诊肺部有湿啰音。

5. 剖检变化 剖检可见脑及脑膜血管均出现淤血和出血点；脑脊液增多，脑组织水肿；肺充血和肺水肿；胸膜、心包膜和肠系膜有淤血斑及浆液性炎症。

【诊断】根据病史，结合临床症状和剖检变化可确诊。

【治疗】

1. 治疗原则 加强护理，迅速降温，减轻心肺负荷，镇静安神，纠正水盐代谢和酸碱平衡紊乱。

2. 治疗措施 立即将患病犬、猫移到阴凉、通风处，保持安静，多给清凉饮水。可用冷水冲洗身体，用酒精擦拭体表，用冰块或冰袋冷敷头部，还可用冷盐水灌肠，促进散热。药物降温可使用氯丙嗪。体温接近正常时，应停止降温，以防体温过低，发生虚脱。

对心力衰竭者，可适当使用安钠咖、洋地黄制剂。伴有肺水肿者，可静脉注射地塞米松、高渗葡萄糖溶液等，亦可适量泻血。如有酸中毒时，可静脉注射5%碳酸氢钠溶液以调整酸碱平衡。

针灸治疗：血针疗法以耳尖、尾尖为主穴，山根、胸堂、涌泉、滴水为配穴；白针疗法以水沟、大椎为主穴，天门、指间、趾间为配穴。病情缓和后，可用西瓜水或用绿豆、滑石、甘草等水煎灌服调理。

处方 1

药物：盐酸氯丙嗪，每千克体重1～2mg。

用法：1次肌内注射。

说明：镇静，降温。

处方 2

药物：25%山梨醇溶液，犬20～50mL，猫10～20mL。

用法：静脉注射。

说明：脱水，降低颅内压、减轻肺水肿。

处方 3

药物：5%碳酸氢钠溶液，犬10～20mL，猫5～10mL。

用法：静脉注射。

说明：纠正酸中毒。

处方 4

药物：10%安钠咖溶液，犬2～5mL，猫1～2mL。

用法：静脉注射。

说明：强心，兴奋呼吸中枢。

癫　痫

癫痫是由于大脑某些神经元异常放电引起的暂时性的脑机能障碍。临床上以骤然发生、突然停止、反复发作、短时意识丧失、强直性与阵发性肌肉痉挛为主要特征。癫痫分为原发性和继发性两种。犬发病率比猫高，且多为继发性。

【病因】

1. 原发因素 与遗传有关。由于大脑组织代谢异常，皮层或皮层下中枢受到刺激，导致兴奋与抑制失调而发病。犬的原发性癫痫一般认为是由于中枢神经系统代谢性机能异常导致的家族性疾病，具有遗传性。

2. 继发因素 继发性癫痫通常与下列疾病有关：

（1）脑器质性病变。见于脑膜脑炎、脑积水、脑血管疾病、脑内肿瘤、脑震荡或挫伤等。

（2）传染病和寄生虫病。如犬瘟热、狂犬病、弓形虫病、猫传染性腹膜炎等。

（3）代谢失调。见于低血糖（患胰岛β细胞瘤犬和功能性低血糖猎犬）、低血钙、肝功能低下、氮质血症、维生素缺乏等。

（4）中毒。如一氧化碳、铅、汞、有机磷农药中毒等。

（5）此外，肠道寄生虫（绦虫、钩虫、蛔虫）、外周神经损伤、过敏反应等能反射性地引起癫痫发作；高度兴奋、恐惧和强烈的刺激，也能促使癫痫的发作。

【症状】癫痫发作有3个特点，即突然性、暂时性和反复性。按临床症状，癫痫发作主要可分为既有意识丧失又有痉挛发生的大发作和仅有短时间晕厥、不伴有痉挛的小发作两种类型。

1. 大发作 这是癫痫最常见的一种类型。大发作可分为3个阶段，即先兆期、发作期和发作后期。①先兆期犬、猫表现不安、烦躁、点头或摇头、吠叫、躲藏于暗处等。仅持续数秒钟或数分钟，一般不被人所注意。②发作期犬、猫意识丧失，突然倒地，角弓反张，先肌肉强直性痉挛，继之出现阵发性痉挛，四肢呈游泳样运动，常见咀嚼运动。此时，瞳孔散大，流涎，大、小便失禁，牙关紧闭，呼吸暂停，口吐白沫。一般持续数分钟或数秒钟。③发作后期犬、猫知觉恢复，但表现不同程度的视觉障碍、共济失调、意识模糊、疲劳等。此期持续数秒钟或数天。癫痫发作的间隔时间长短不一，有的每天发作多次，有的数天、数月或更长时间发作一次。在间隔期一般无异常表现。

2. 小发作 犬、猫表现突然倒地、意识丧失、瞳孔散大、粪尿失禁。

【诊断】

1. 症状诊断 根据晕厥的症状和间歇性痉挛的临床表现做出诊断。

2. 鉴别诊断 应注意与脑肿瘤、脑外伤、脑积水等疾病相区别。对脑肿瘤，通过X射线检查、CT和核磁共振可发现脑内的肿瘤。脑外伤有头部损伤的病史。脑积水通过X射线检查较易确诊。但要做出明确的病因学诊断，仍需进行全面系统的临床检查。原发性癫痫患病动物的中枢神经系统和其他器官无明显病理学变化。

【治疗】癫痫发作时，应尽可能使患病犬、猫安静，避免外界刺激，防止机械性损伤。

对于原发性癫痫，为了减少发作次数和缩短发作持续时间，给予镇静药物。如治疗效果不理想，可适当增加剂量，或另加一种抗癫痫药。要避免突然停药或突然调换药物。对于继发性癫痫，在对症治疗的同时，应积极治疗原发病。

针灸治疗：白针疗法以水沟、天门为主穴，大椎、翳风、心俞、百会、内关等为配穴，水针疗法用维生素B_1或维生素B_{12}注射于百会、大椎、心俞、身柱等穴。

处方1

药物：扑米酮，犬每天每千克体重20～40mg。

用法：分2次皮下注射。

说明：镇静、抗癫痫，猫对本品敏感，慎用。

处方2

药物：安定，犬2.55～10mg，猫2～5mg。

用法：内服或肌内注射，每日2次。

说明：镇静作用。

处方3

药物：苯巴比妥，每千克体重2～6mg。

用法：内服或肌内注射。

说明：镇静作用，如治疗效果明显，1周后应减少用量。

处方4

药物：黄连6g，天麻20g，远志10g，白明矾1g，胆南星6g，半夏6g，钩藤9g，竹茹10g，茯苓10g，生牡蛎30g，陈皮9g，全蝎6g，枳实9g，甘草3g。

用法：水煎取汁灌服，每天1剂，连用3～7d。

说明：镇静安神。

三、案例分析

1. 病畜 金毛寻回猎犬，3岁，雄性。

2. 主诉 2013年8月12日，随主人外出旅游，在自家车后备箱内2h后，发现精神抑郁，站立不稳，神志紊乱，躺卧不起，昏迷。

3. 临床检查 体温42℃，心跳加快，脉搏细弱，听诊肺部有湿啰音。

4. 诊断 中暑。

5. 治疗 ①冷水冲洗身体，冷盐水灌肠。②葡萄糖氯化钠注射液100mL，10%安钠咖溶液5mL，25%山梨醇溶液30mL，静脉注射。

2h后，患犬意识清醒，4h后基本恢复正常。

四、拓展知识

（一）中暑针灸疗法

中暑是由于高温天气，犬不能及时补充水、盐或因失水和失盐致使血容量减少影响散热而发生的急性疾病。轻、中度病犬针灸治疗效果好，严重病犬要配合抗休克治疗。

【针灸要点】

主穴：印堂、人中、十宣。

配穴：曲泽、曲池、合谷、太冲。

方法：用三棱针点刺印堂穴，使之出血，用强刺激泻法在内关深刺1cm。对昏迷犬用三棱针刺人中穴和曲泽穴；对高热犬外加曲池穴、合谷穴，用提插、捻转泻法，并用十宣穴放血；对抽搐犬外加合谷穴、太冲穴，用泻法；对虚脱犬外加百会穴，用平补平泻法。

（二）晕车症针灸疗法

带犬乘车、船、飞机等交通工具时，由于受到颠簸、摇摆刺激而引起自主神经紊乱，并产生一系列症状。

【针灸要点】

主穴：内关、太阳。

配穴：风池、肝俞、阳陵泉、前三里、中脘、脾俞。

方法：实证用泻法，虚证用补法，留针15min。

（三）癫痫针灸疗法

本病是犬的一过性脑内神经元局限性或弥漫性突然异常放电，引起脑功能短暂失常的先天性或遗传性疾病，常见于长耳西班牙犬、德国牧羊犬、圣伯纳犬。针灸能抑制脑内异常放电，消除神经功能紊乱。

【针灸要点】

1. 体针

主穴：大椎、腰俞（尾骨尖直上）、长强。

配穴：太冲、太溪、三阴交。

方法：用2寸毫针向上30°角斜刺大椎穴，有针感时立即出针，不得反复提插。针刺腰俞穴时，毫针要向上15°角横刺，进针2cm，做小幅度提插，留针30min，隔日针刺1次，5次为1个疗程。在尾骨尖与肛门中间取穴，取三棱针刺入，沿尾骨向上直刺2cm，不捻针，留针30min，隔日1次，5次为1个疗程。

2. 电针

取穴：后三里、风池。

方法：用中等强度脉冲电流通电5～10min。

3. 水针

取穴：大椎、内关、后三里、风池。

方法：选2～3个穴位，用维生素B_1 100mg，每穴位内注射0.5mL。

五、技能训练

冷 水 疗 法

1. 适应证 多用于治疗局部急性炎症，如蹄叶炎、腱炎、乳腺炎、手术后出血、软组织挫伤、血肿和关节扭伤及日射病、热射病。

2. 操作方法

（1）冷水浇注。这是指将0～15℃的冷水行全身或局部浇注。

（2）直肠内冷水灌注。这是指将0～15℃的冷水注入动物直肠内，从而降低过高体温，起到解热作用。

（3）局部冷水疗法。这是指将深井水或冰水浸湿毛巾或棉布等物品，置于患病部位降低局部温度。

任务二 脊髓疾病诊治

一、任务目标

知识目标

1. 掌握脊髓解剖生理知识。
2. 掌握脊髓疾病病因与疾病发生的相关知识。
3. 掌握脊髓疾病的病理生理知识。
4. 掌握脊髓疾病治疗所用药物的药理学知识。
5. 掌握脊髓疾病防治原则。
6. 了解脊髓疾病针灸治疗知识。

能力目标

1. 会使用常用诊断器械。
2. 具备症状鉴别诊断能力。
3. 具备综合分析并做出初诊的能力。
4. 能准确开出治疗处方。
5. 会骨髓穿刺。

二、相关知识

脊 髓 炎

脊髓炎为脊髓实质的炎症。临床上以感觉、运动机能和组织营养障碍为特征。脊髓炎和脊髓膜炎虽然是不同的疾病，但两者往往同时发生。本病多发生于犬，而猫发病率低。

脊髓炎按炎性渗出物的性质，可分为浆液性、浆液纤维素性及化脓性炎症；按炎症范围，可以分为局限性、弥漫性、横贯性、散布性脊髓炎。

【病因】本病病因与脑膜脑炎大致相似。

1. 感染因素 犬瘟热、狂犬病、伪狂犬病、破伤风、弓形虫病、全身性霉菌病等疾病过程中，病原沿血液或淋巴循环到达脊髓膜或脊髓实质引起炎症。

2. 中毒因素 细菌毒素或其他毒物随着血液循环到达脊髓，引起炎症。

3. 机械损伤 椎骨骨折、脊髓震荡、脊髓挫伤及出血等。

4. 继发因素 受寒、感冒、中暑、过劳、佝偻病、骨软症等是本病的诱因。

【症状】

1. 急性脊髓炎 病初，表现发热、精神沉郁、不愿活动、容易疲劳、四肢疼痛等症状。随着病情发展，出现脊髓机能障碍，表现出一系列症状。

(1) 运动障碍。脊背僵硬，肌肉抽搐和痉挛，步态强拘，容易跌倒。后躯麻痹，走路摇摆或瘫痪。横断性脊髓炎，初期不全麻痹，数日后陷入全麻痹。颈部脊髓炎引起前、后肢麻痹。

(2) 感觉和反射障碍。主要表现为感觉过敏或消失。感觉过敏时，轻微刺激引起强烈反应，触压背部，病犬、猫会反抗或尖叫。感觉减弱时，轻刺激无反应，较重的刺激有轻微反应。

(3) 相应器官机能障碍。如尿闭、大、小便失禁、尾部麻痹、阳痿等。

2. 不同性质的脊髓炎 它们有各自的特点，主要表现为：

(1) 局限性脊髓炎一般只呈现患病脊髓节段所支配区域的皮肤感觉减退和局部肌肉营养不良性萎缩，对感觉刺激的反应消失。

(2) 横贯性脊髓炎由于传导途径被阻断，发生感觉、运动和反射机能障碍。初期不全麻痹，数日后陷入完全麻痹。横贯性脊髓炎若发生在颈部，前、后肢出现麻痹；若发生在胸部，后肢麻痹；若发生在腰部，坐骨神经、膀胱和直肠括约肌麻痹，形成截瘫，不能站立，拖着两后腿行走；若发生在荐部，尾部麻痹和大、小便失禁。

(3) 弥漫性脊髓炎由于炎症沿着脊髓长轴蔓延，运动和感觉障碍由躯体的后方向前方波及或由前方向后方波及。如果炎症蔓延至延髓，可发生吞咽困难、心律不齐、呼吸障碍，甚至突然窒息死亡。

(4) 散在性脊髓炎在脊髓各部发生若干散在病灶，临床上表现各种各样的运动和感觉障碍。

【诊断】

1. 症状诊断 根据突然发生的麻痹症状，结合病因分析，可初步诊断本病。

2. 实验室诊断 脑脊髓液检查，有细菌感染的脊髓液混浊，白细胞和蛋白质明显增加；病毒感染时淋巴细胞增加。

3. 鉴别诊断 在临床上易与脑膜脑炎、臀部风湿病、肾炎、脊髓压迫、血红蛋白性疾病、寄生虫等原因引起的麻痹混淆，需要慎重鉴别。

【治疗】

1. 治疗原则 消除病因、消散炎症、恢复脊髓功能。

2. 治疗措施 由犬瘟热等并发的脊髓炎难以治愈。由细菌感染所致的脊髓炎可用易于进入脊髓液的抗生素治疗。同时注意护理，使犬保持安静。炎症稳定后，给予复合维生素 B 和三磷酸腺苷二钠。为防止肌肉萎缩，对麻痹的犬施以按摩、电针疗法，必要时可皮下注射硝酸士的宁。为促进神经细胞的分化和再生，促进神经损伤后的功能恢复，可肌内注射神经生长因子。此外，对原发病要采取相应的治疗措施。

处方 1

药物：磺胺嘧啶钠，每千克体重 25mg。

用法：静脉注射。

说明：消炎，磺胺嘧啶钠易透过血脑屏障，在脑脊液中达到较高浓度，对细菌性脊髓炎有效。但必须碱化尿液，减轻对肾损害。

处方 2

药物：泼尼松，每千克体重 0.5～1mg。

用法：口服，每日 2 次。

说明：消炎，抗过敏。

处方 3

药物：维生素 B_1，犬 10～25mg，猫 5～10mg。

用法：内服或肌内注射。

说明：营养神经，维持神经兴奋性。

处方 4

药物：硝酸士的宁，犬 0.5～0.8mg，猫 0.1～0.3mg。

用法：皮下或肌内注射。

说明：兴奋脊髓，改善肌无力状态。但要严格掌握用量，防止中毒。

脊 髓 挫 伤

脊髓挫伤是由打击、压迫、骨折、外伤等引起的脊髓组织的明显损害。如损害不明显，称为脊髓震荡。

【病因】

1. 原发因素 常见于受到外力打击、汽车或自行车等冲撞、跌倒、高处坠落、踢伤；或由于锐利物体刺入等造成椎骨骨折、脱位等脊髓的创伤性损害。

2. 继发因素 动物患骨软症、佝偻病及骨质疏松症时，因骨质的质地疏松、韧带松弛，脊髓极易受损，而引起脊髓挫伤。

【症状】动物表现疼痛不安、呻吟等。由外伤引起者，脊柱局限性隆起、变形、肿胀，触压疼痛，有时听到骨摩擦音。根据脊髓损伤的部位、范围和程度不同，所表现的症状也不同。

1. 脊髓全横径损伤 损伤节段后方出现中枢性瘫痪，表现为截瘫，后躯两侧对称性感觉障碍，粪尿失禁，植物性神经机能障碍。

2. 脊髓半横径损伤 病侧深感觉障碍和运动麻痹，而对侧浅感觉障碍；脊髓灰质腹角损伤后，损伤部位支配区域的反射消失，运动麻痹和肌肉逐渐萎缩。

3. 第 1～5 节段颈髓全横径损伤 动物呼吸停止，逐渐死亡；半横径损伤时，四肢轻瘫或瘫痪，肌肉无力，反射正常或亢进，痛觉减退或丧失，粪尿失禁或便秘、尿闭。

4. 第 6 节段颈髓至第 2 节段胸髓损伤 呼吸不中断，呈现以膈肌运动为主的呼吸动作。共济失调，四肢轻瘫或瘫痪，前肢肌肉张力和反射减退或消失，肌肉萎缩；后肢肌肉张力和反射正常或亢进，损伤后侧感觉减退或消失，排粪、排尿障碍。

5. 第 3 节段胸髓至第 3 节段腰髓损伤 尾、肛门、后肢肌肉张力和反射减退或消失，尿失禁，便秘，粪便蓄积在直肠内，后肢轻瘫或瘫痪，共济失调，膝与腱反射消失。

6. 第1～3节段荐髓损伤 后肢趾关节着地，尾感觉消失，粪尿失禁。

7. 尾部脊髓损伤 尾感觉消失，尾麻痹。

【诊断】

1. 症状诊断 根据病史调查，结合脊髓疼痛、肿胀、变性、麻痹和感觉消失等临床症状与神经机能检查结果等，可做出初步诊断。

2. 实验室诊断

(1) X射线检查。发现椎管损伤、脊髓变形等病变（图5-1、图5-2）。

(2) 脊髓液检查。脊髓液中混有血液。

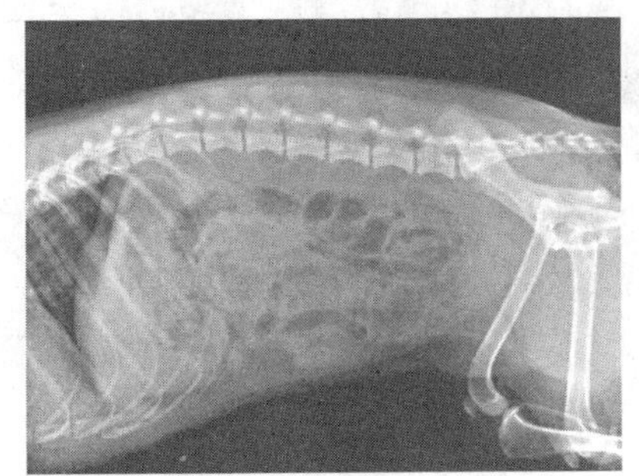

图5-1 正常脊髓X射线片

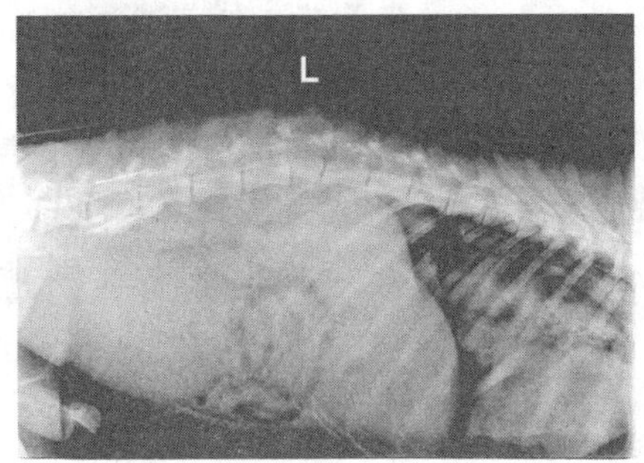

图5-2 脊髓挫伤

【治疗】 首先，限制动物运动，使动物保持安静，减少对脊髓的刺激。必要时，将动物整个用绷带固定在木板上或用夹板予以固定。对疼痛不安的动物，给予镇静剂和止痛剂。对发生休克的动物及时抢救。对排尿、排粪障碍者，实施膀胱内插入导尿管及温水灌肠，以排除积尿和积粪。同时，要经常变动动物的躺卧姿势，防止发生褥疮。对麻痹的部位施行按摩，涂擦正红花油等刺激剂，以促进功能恢复。损伤初期进行冷敷，而后应用热敷以防止脊髓水肿。继发感染时用氨苄西林或其他抗菌药消炎。脊髓震荡和轻度脊髓损伤，可以治愈，但横断性脊髓损伤和椎骨骨折、脱位，治愈较困难。

针灸治疗：白针疗法以百会为主穴，大椎、翳风、身柱、尾根等为配穴；水针疗法用维生素B_1、维生素B_{12}、当归注射液等注射于百会、大椎、身柱等穴。

处方1

药物：20%甘露醇溶液，犬20～50mL，猫10～20mL。

用法：静脉注射，每日1次。

说明：脱水作用，用于损伤初期，防止脊髓水肿。

处方2

药物：维生素B_1，犬10～25mg，猫5～10mg。

用法：口服，每日2次。

说明：营养神经，促进神经机能恢复。

处方3

药物：氨苄西林，犬0.5～1g，猫0.2～0.5g。

用法：静脉注射，每日1次。

说明：有继发感染时应用。

处方4

药物：维生素B_1注射液1mL，硝酸士的宁0.5mL。

用法：百会穴注射。

说明：营养和兴奋神经，对腰脊髓损伤有效。

处方5

药物：地塞米松，犬1～5mg，猫0.5～1mg。

用法：口服，每日2次。

说明：消炎，促进神经机能恢复。

三、案例分析

脊髓损伤

1. 病畜　泰迪犬，3岁，雄性。

2. 主诉　晚间由床上摔下后不能站立，经西医治疗3d后疼痛消失。左侧前、后肢均不可站立。

3. 初步检查　左侧前、后肢僵直，不可屈伸，肌肉略见萎缩，左后肢无深部痛觉，左前肢有微弱痛觉，X射线检查骨骼未见异常。

4. 辩证　由于外伤所致，屈伸不利，不能站立为主要症状。故经络不通，神经传导受阻。首选督脉主穴大椎、百会穴；颈部选风池穴、伏兔穴；屈伸不利和肌肉萎缩，由于肾主骨、肝主筋、脾主肌肉，故选肾经、肝经、脾经穴位；考虑操作方便，由经脉辩证另选取相表里的后肢太阳膀胱经上肾俞、膀胱俞等穴，少阳胆经上环跳、趾间等穴及阳明胃经大胯、足三里等穴。

此外，可用水针（维生素 B_1、维生素 B_{12}）刺激百会及足三里。

5. 针灸治疗

（1）白针。选大椎、百会穴毫针留针，每5min行针一次。

（2）电针。伏兔，肾俞、膀胱俞对称相连，足三里与趾间上下相连。

（3）水针。大椎、百会、足三里。

隔天1次，针灸3次后可自行站立，针灸7次后可行走自如。

四、拓展知识

截瘫针灸疗法

本病多为脊髓损伤后，受伤平面以下的双侧肢体感觉、运动、反射等消失和膀胱、肛门括约肌功能丧失的一种病症，是犬因剧烈跳跃活动、上下楼梯负重不当、牵拉以及过度扭转等外伤性脊髓损伤或横断性脊髓炎引起的后躯麻痹性疾病。

【针灸要点】

1. 体针

主穴：命门、阳关、尾根、尾节、尾尖、六缝。

配穴：用泻法强刺激，得气后留针20min，每5min扭动1次针柄，以加强刺激，留针20min，每日1次，5次为一个疗程。取穴缝、十宣、尾尖、耳尖穴，用三棱针各放血5mL。

2. 水针

取穴：环跳、后三里、二眼（均为双侧）。

方法：对病程比较长、大小便失禁、后躯麻痹的犬，用1%普鲁卡因2mL或维生素 B_1 100mg、维生素 B_{12} 100μg穴位注射或压痛肌束注入。

3. 电针

取穴：命门、阳关、尾根、尾节、尾尖、六缝。

方法：对发病时间短（1～3d 内）的犬效果较为明显，取穴后先用密波治疗 5min，然后改为疏密波，电量由中到强，逐渐增加刺激的阈值，每次 20min。配合红外线灯治疗，距患部 3cm 高度均匀照射，一个覆盖面照 20～40min，照完 1 个部位要从腰部沿腰椎棘突向后按摩至趾尖，然后再用双手扣到一起揉截尾部。如果用红外线理疗，时间可相应缩短至 10min 左右。

五、技能训练

骨 髓 穿 刺

骨髓穿刺是指用穿刺针穿入骨髓腔并取出骨髓液的一种穿刺方法。骨髓穿刺是采取骨髓液的一种常见诊断技术。

1. 应用 适用于寄生虫学检查以及细菌学检查（骨髓液的细菌培养对败血症较血液培养可获得更高的阳性率）、细胞学检查（在形态学上帮助诊断贫血的原因，鉴别诊断白血病）。还可用于有关骨髓的骨髓细胞学、生物化学的研究。

2. 准备 骨髓穿刺针或带芯的普通针头、注射器。

3. 部位 所有动物一般在胸骨。犬在胸廓底线正中，两侧肋窝与第 8 肋骨连接处。

4. 操作方法

（1）左手确定术部，常规消毒局部皮肤，铺无菌创巾，用 2%利多卡因做局部皮肤、皮下及骨膜麻醉。

（2）将骨髓穿刺针固定器固定在适当长度，用左手拇指和食指固定穿刺部位，右手持针垂直刺入骨面，当针尖接触骨面后，则再将穿刺针左右旋转，缓缓钻刺骨质，犬约 0.5cm，当针尖阻力变小，且穿刺针已固定在骨内时，表示已进入骨髓腔。若穿刺针未固定，应再钻入少许至固定为止。这时可拔出针芯，接上干燥的 10mL 或 20mL 注射器，用适当力度徐徐抽吸，即可抽出骨髓液，可见少量红色骨髓液进入注射器中。骨髓液吸取量以 0.1～0.2mL 为宜。若做骨髓液细菌培养，需在留取骨髓液计数和涂片制标本后，再抽吸 1～2mL。将抽取的骨髓液滴于载玻片上，速做有核细胞计数及涂片数张，备做形态学及细菌学染色检查。如未能抽取骨髓液，可能是针腔被皮肤或皮下组织块堵塞，此时应重新插上针芯，稍加旋转或再钻入少许或退出少许，拔出针芯，如见针芯带有血迹时，再行抽吸即可取得骨髓液。

（3）抽吸完毕，将针芯重新插入，左手取无菌纱布置于针孔处，右手将穿刺针拔出，随即将纱布盖于针孔上，并按压 1～2min，再用胶布加压固定。

项目六 PART 6 中毒性疾病

任务一 农药、毒鼠药中毒诊治

一、任务目标

知识目标

1. 掌握农药、毒鼠药中毒知识。
2. 掌握农药、毒鼠药中毒病因与疾病发生的相关知识。
3. 掌握农药、毒鼠药中毒治疗所用药物的药理学知识。
4. 掌握农药、毒鼠药中毒防治原则。
5. 掌握农药、毒鼠药中毒的一般治疗措施。

能力目标

1. 会毒物检验。
2. 具备症状鉴别诊断能力。
3. 具备综合分析并做出初诊的能力。
4. 能准确开出治疗处方。
5. 会导胃与洗胃。

二、相关知识

有机磷杀虫药中毒

有机磷杀虫药目前仍广泛应用于农业，可防治果树、农作物害虫，在兽医临床上也可用作体内外驱虫药。有机磷农药按毒性分为：①剧毒类，如对硫磷（1605）、内吸磷（1059）、甲拌磷（3911）、硫特普等；②强毒类，如敌敌畏、甲基1059等；③低毒类，如敌百虫、乐果、马拉硫磷（4049）等。由于有机磷农药种类繁多、毒性不一，在临床上常会因使用不当引起宠物中毒。宠物有机磷中毒具有发病快、病情重、病程短、死亡率高的特点。犬、猫对有机磷杀虫药比其他动物敏感，更易发生中毒。

【病因】有机磷杀虫药为毒性较强的接触性或内吸性农药，具有高度的脂溶性，可经犬、猫消化道、呼吸道皮肤进入体内，随血液、淋巴系统分配到全身各组织器官，有的如敌敌畏、对硫磷等还可透过血脑屏障对中枢神经系统产生严重的损害，引起中毒，临床上以消化道吸收中毒多见。

（1）误食撒布有机磷杀虫药的食物，饮用被有机磷农药污染的饮水。

（2）误用配药用具做犬、猫食盆或饮水盆。

（3）用敌百虫来驱除犬、猫体内外寄生虫，如果用量过大或舔食体表的药物，或将犬、猫留放在喷有药液的房间等均可发生中毒。

【症状】有机磷杀虫药中毒，大多取急性经过，动物吸入、吃入或皮肤污染后数小时内突然发病，中毒主要表现胆碱能神经过度兴奋，相应组织器官生理功能改变，出现毒蕈碱样症状、烟碱样症状和中枢神经系统症状。

1. 毒蕈碱样症状（又称M样症状）　主要表现为唾液分泌增多，胃肠运动过度而导致剧烈的腹痛、痉挛、呕吐、腹泻，瞳孔缩小，支气管收缩、腺体分泌物增多引起呼吸困难。由于此作用颇似毒蕈碱样作用，故称“毒蕈碱样症状”。

2. 烟碱样症状（又称N样症状）　当支配骨骼肌的运动神经末梢交感神经的节前纤维等胆碱能神经兴奋时，主要表现为肌肉震颤、躯体及四肢僵硬、肌肉活动过度，很快转为骨骼肌无力麻痹。乙酰胆碱的作用与烟碱的作用相似，故称“烟碱样症状”。

3. 中枢神经系统症状　凡能通过血脑屏障的有机磷农药均能抑制脑内的胆碱酯酶，导致脑内乙酰胆碱含量增高。临床表现神经质、兴奋不安、运动失调、惊恐，逐渐发展成惊厥或癫痫等。中毒症状多在毒物进入机体后几小时内出现，中毒轻重受毒物进入机体量多少和途径影响。急性严重中毒，表现呼吸困难、呼吸衰竭，最后死于呼吸麻痹。

【诊断】根据接触有机磷杀虫药的病史、临床症状、胃内容物毒物检验和血液胆碱酯酶活性降低即可诊断。

1. 病史调查　发生中毒时，应对当地使用的有机磷杀虫剂的种类进行仔细分析，同时要注意观察中毒动物的饲料和饮水、中毒动物呼吸道分泌物、胃内容物及皮肤有无有机磷杀虫剂的特殊气味。

2. 临床症状　注意流涎、瞳孔缩小、肌肉震颤、呼吸迫促、肠蠕动音增强等示病症状。

3. 实验室检查　取可疑饲料、饮水、胃内容物进行毒物检验。测定血液胆碱酯酶活性不仅对诊断有机磷中毒有意义，而且对中毒程度的判定、观察疗效、推断预后也是一项重要指标。

4. 治疗性诊断　静脉或肌内注射硫酸阿托品注射液，如10min不表现阿托品过量现象（如口干、心跳加快、瞳孔散大）的可判定为有机磷中毒。

5. 鉴别诊断　氨基甲酸酯类农药中毒与有机磷农药中毒的中毒机理、临床症状相似，但毒物检验结果不同，注射生理拮抗剂对氨基甲酸酯类农药中毒有效，但用胆碱酯酶复活剂无效。

【治疗】

（1）避免犬、猫继续接触有机磷杀虫药。

（2）口服中毒未超过2h，用催吐疗法（用阿扑吗啡或硫酸铜催吐，犬还可用碘酊）。也可口服液状石蜡，减少毒物在肠道吸收，尽快排出体外。口服活性炭，吸附胃肠内毒物，然后随粪便排出。

（3）皮肤接触中毒的，可用清洁水冲洗。

（4）药物治疗。可用解磷定或氯磷定或双复磷阿托品联合疗法。硫酸阿托品，犬、猫每千克体重0.2～1.5mg（根据中毒程度确定剂量），皮下或静脉注射，每3～6h一次。解磷定或氯磷定每千克体重 20～50mg，配成 10%溶液，肌内或静脉注射，或双复磷每千克体重 15～20mg，肌内或静脉注射。必要时应重复给药。

（5）对症治疗。中毒严重休克时，采取人工呼吸、吸氧等措施。呕吐、腹泻严重时进行静脉输液治疗。

有机氟制剂中毒

有机氟制剂主要有氟乙酰胺、氟乙酸钠、N-甲基-N-萘基氟乙酸盐等剧毒农药，通常用于杀灭农林蚜虫、螨虫和灭鼠。由于有机氟对人、动物有剧毒，我国已于 1992 年明文规定不允许再生产使用有机氟化物，特别不许使用氟乙酰胺作为杀鼠药。

【病因】宠物有机氟中毒最常见的原因是犬、猫吃了毒饵或中毒死亡的老鼠或其他动物，以及误食了被有机氟化物（尤其是氟乙酰胺）污染的食物、饮水等。有机氟经过消化道、呼吸道擦伤皮肤吸收进入机体，由血液运送到全身并蓄积于特定组织，中断三羧酸循环，导致体内柠檬酸蓄积、ATP 生成不足，严重影响细胞呼吸，这种作用可发生于所有组织细胞，但对脑、心脏危害最为严重。动物中犬、猫对其最敏感，犬、猫吃入有机氟每千克体重 0.05～0.2mg，便可致死。

【症状】有机氟进入机体，30min 后就中毒发病，毒物主要毒害犬、猫中枢神经系统和猫心脏。急性中毒表现精神沉郁，呕吐，频排粪尿，犬出现粪尿失禁。严重中毒主要表现为兴奋、狂暴、号叫、狂奔、跳跃爬墙，不久倒地打滚、抽搐、角弓反张、呼吸加快。猫心搏快而弱。安静片刻后又重复发作，发作数次后，强直而死亡。病程只有十几分钟至 1h 左右。尸体剖检可见脑膜充血、出血，心肌变性松软，心包及心内膜有出血点。肝、肾肿大、淤血，有卡他性或出血性胃肠炎。

实验室检验：血液中柠檬酸含量增多，经口食入毒物时，食物胃内容物中能检出有机氟毒物。

【诊断】根据病史、临床症状、实验室检验、尸体剖检等，做出中毒诊断。目前检验氟乙酸盐的方法有气-液色谱法、氟离子选择电极法，取可疑食饵、呕吐物、胃内容物、肝、肾等做毒物分析。测定血液中的柠檬酸及氟含量有助于诊断。

【治疗】

（1）脱离毒物现场，更换可疑食物或饮水。

（2）一般措施。首先催吐，也可用 1∶5 000高锰酸钾溶液洗胃，然后口服鸡蛋清，保护胃黏膜，最后用口服硫酸钠导泻，犬每只 10～25g，猫每只 5～10g，配成 5%～10%溶液。

（3）应用特效解毒药。肌内注射解氟灵（乙酰胺），每天每千克体重用 0.1～0.3g，分2～4 次注射，首次用量达到每日用量的 1/2，连用 3～5d。此外，可用乙二醇乙酸酯（醋精）100mL，加入 500mL 水中，让犬、猫自饮或灌服；或用 95%酒精 10～20mL，加水适量，口服，每日 1 次；也可用 5%酒精、5%醋酸混合溶液，犬、猫每千克体重 2mL，口服。

（4）对症治疗。镇静用氯丙嗪，犬、猫每千克体重 1.1～6.6mg。解除呼吸抑制可用尼可刹米，犬每次 0.12～0.5g，猫每千克体重 7.8～31.2mg，皮下或肌内注射，必要时 2h 后重复 1 次。解除痉挛可静脉输入葡萄糖酸钙溶液。控制脑水肿，可静脉输注甘露醇溶液等。

可应用维生素 C、地塞米松等缓解病情。

灭鼠灵中毒

灭鼠灵又称为华法林，白色结晶，无臭无味，性质稳定，难溶于水。一般以 0.025%～0.05%制成毒饵。动物中毒时以全身各个部位自发性大出血，创伤、手术或针扎后出血不止为特征。

【病因】 犬、猫中毒的原因有：犬、猫采食了用灭鼠灵毒死的老鼠，发生二次性中毒；犬、猫误食了灭鼠灵；用华法林等抗凝血药物防治血栓性疾病时，用药量过大或用药时间过长，或者在用华法林时，同时应用了保泰松、阿司匹林、广谱抗生素、氯丙嗪等能增强其毒性的药物。

灭鼠灵在肠中缓慢完全地被吸收，灭鼠灵中所含的 4-羟基香豆素的主要结构与维生素 K 很相似，当进入机体后与维生素 K 竞争生物酶，主要干扰肝凝血因子的合成，降低血液的凝固性，使凝血时间延长，引起动物广泛性出血。

【症状】 急性中毒时，常无任何症状下突然死亡。尸体剖检多见脑内、心包内、胸腹腔内有出血。亚急性中毒，从吃入毒物到引起动物死亡，一般需经 2～4d 时间。中毒初期精神不振，厌食，稍后不愿活动，出现跛行，厌站喜卧，呼吸困难，眼结膜苍白，眼结膜、齿龈、唇黏膜等有出血。心搏快而失调。继续发展，表现共济失调、贫血、血肿、血便、眼前房出血、血尿、吐血、衄血等，最后痉挛、昏迷而死亡。病理剖检可见组织器官广泛性出血。

【诊断】 根据接触灭鼠灵病史，广泛性出血的临床症状，可初步诊断。确诊需进行实验室检验。实验室检验主要采取血液、呕吐物、胃内容物为检验材料，可见凝血因子减少，凝血时间延长。

【治疗】 首先应加强护理，避免动物外伤。

(1) 使用特效解毒药物。维生素 K 是治疗抗凝血杀鼠药中毒的特效解毒药物，尤其是维生素 K_1，犬每千克体重 5mg，猫每千克体重 5～25mg，加入葡萄糖或生理盐水中，缓慢静脉注射，也可肌内或皮下注射，每 12h 一次，连用 2 或 3 次。然后改为口服维生素 K，每天每千克体重 5mg，连用 10～20d。

(2) 如果出血过多，应进行输血治疗，每千克体重 10～20mL，开始输血时，速度稍快些，输 1/2 后，速度应缓慢。另外，再配合一些支持疗法。

(3) 已中毒的犬、猫，不能行手术或放血，对出至皮下或胸腹腔的血液，如果不危及生命，可让其慢慢吸收。

(4) 病愈恢复期，应加强饲养管理，饲喂营养丰富的食物，最好是犬、猫商品性食品。

敌鼠中毒

敌鼠又名野鼠净，是一种抗凝血毒鼠药。其钠盐为无臭无味的淡黄色粉末，加热至 207～208℃时颜色由黄色变为红色，至 325℃时则炭化为黑色，可溶于水。市售品为 1%敌鼠粉剂及敌鼠钠盐。

【病因】 犬、猫中毒的原因多为误食毒饵或中毒死亡动物的尸体等。敌鼠被误食后，主要干扰肝对维生素 K 的利用，致使凝血时间延长，降低血液的凝固性。敌鼠还可直接损伤毛细血管壁，发生无菌性炎症变化，导致血管壁通透性、脆性增加，引起血管破裂出血。

【症状】中毒初期表现恶心、呕吐、食欲减退、精神不振。进而发生鼻出血、齿龈出血，皮肤发生紫斑，鼻液、粪、尿中有血，且见关节炎、跛行而使动物多卧少站。后期呼吸高度困难、黏膜发绀，终因窒息而死亡。

【诊断】根据误食敌鼠的病史以及急性出血的临床症状可做出诊断。确诊要进行实验室检查。主要采取可疑食物、呕吐物、胃内容物为检验材料，也可取尿或血液为检验材料进行检验，如能检测出血液凝固性降低则可确诊。

【治疗】立即催吐、洗胃，使用盐类制剂；肌内注射维生素 K_1，严重者可采取输血疗法。

磷化锌中毒

磷化锌不溶于水、醇，微溶于油、碱，易溶于酸。在干燥条件下稳定，置于空气中分解释放出有蒜臭味的磷化氢气体，其效力逐渐下降。商品磷化锌含磷 14%～18%，锌 70%～80%。按 2%～5%的比例与食物配成毒饵使用。磷化锌属剧毒类农药，由于散发难闻的磷化氢气味易为鼠类接受，易于诱食。啮齿类动物不具备呕吐功能，而且在食入毒药后常死于鼠洞外。磷化锌价格低廉、效果确实，因此自 20 世纪 30 年代起一直作为一种比较理想的灭鼠药，目前仍广泛应用。

【病因】动物磷化锌中毒，多是因误食毒饵或被磷化锌污染的食物所致。另外犬、猫中毒多因食入磷化锌中毒的鼠而发生。

【症状】犬食入中毒量的磷化锌后，常在 15min 至 4h 之内出现中毒症状。大剂量时可在短时间内造成动物死亡。中毒动物早期出现厌食、昏睡，随后出现剧烈的呕吐（呕吐物在暗处可发出磷光，呕吐物或呼出气体有蒜臭味），腹痛不安、腹泻，排出物中带有暗红色的血液、黏液，严重者发生脱水、虚脱。随着中毒的加剧，动物表现共济失调、卧地不起、呼吸困难。

【诊断】根据接触磷化锌杀鼠药的病史，结合临床症状（呕吐、腹泻、呼吸困难）、剖检变化（肺充血、水肿以及胸膜渗出）以及胃肠内容物磷化氢特有的蒜臭气味进行诊断。必要时对胃内容物或呕吐物进行毒物检测。

【治疗】磷化锌中毒没有特效解毒药，一般是针对酸中毒和胃肠、肝损害进行对症治疗。中毒早期可用 5%碳酸氢钠溶液洗胃，以阻止磷化锌转化为磷化氢；也可使用 0.2%～0.5%硫酸铜溶液 20～100mL，以诱发呕吐，排出胃内毒物，因为硫酸铜能与磷化锌形成不溶性的磷化铜，降低磷化锌的毒性。洗胃彻底后，再服硫酸钠 15g（不宜用硫酸镁）进行导泻。为防止酸中毒，可用葡萄糖酸钙或乳酸钠溶液静脉注射。发生痉挛时给予镇静解痉药物等，进行对症治疗。

安妥中毒

安妥（α-萘硫脲）为一种灰白色粉末，无臭无味，常用作毒鼠药。市售品为蓝色粉末，使用时一般以 1%～3%的浓度与肉等食物混合做成毒饵。

【病因】犬、猫常因误食毒饵或误食中毒死亡的老鼠后引起中毒。

【症状】动物误食后几分钟至数小时出现呕吐、口吐白沫、腹泻等中毒症状。随后表现出呼吸困难，鼻孔流出泡沫状血色黏液，心率加快，胸部听诊有水泡音、湿啰音；叩诊肺部有浊音；由于缺氧表现黏膜发绀，张口呼吸，最后常因窒息而死亡。

【诊断】根据接触过安妥的病史及突然暴发肺水肿、胸腔积液等症状，可初步诊断为安妥中毒。要确诊可取胃内容物或呕吐物进行毒物分析。

【治疗】安妥中毒无特效解毒药，中毒后进行一般治疗。病初可给予阿扑吗啡进行催吐，给予10%硅溶液可阻止气管中泡沫的形成。给予含巯基的药物，可竞争含巯基的酶，以防肺水肿的发展。还可给予渗透性利尿剂，如50%的葡萄糖溶液、甘露醇溶液，以解除肺水肿。同时必须采取强心、保肝措施。

三、案例分析

1. 病犬 泰迪犬，5岁，雌性。

2. 主诉 早上随主人外出早练，该犬独自玩耍，随主人回家1h后出现呕吐、腹痛、气喘现象。怀疑吃了家属院内近期投放的灭鼠药，遂来院急诊。

3. 临床检查 体温39℃，脉搏160次/min，呼吸60次/min。黏膜发绀，张口呼吸。胸部听诊有水泡音、湿啰音。

4. 诊断 中毒。

5. 治疗 ①催吐，人工按摩胃部；②0.5%硫酸铜溶液100mL，洗胃；③吸氧；④糖盐水200mL，静脉注射。

经过2h治疗后，该犬病情稳定。

四、拓展知识

宠物中毒性疾病的一般治疗措施

宠物中毒性疾病，发病急、死亡快，在临床上很难快速做出准确诊断。而且目前对多数毒物尚无特效的解毒药物，因此，临床上多采取一般治疗措施，这对于缓解中毒症状、维持生命、使动物康复，具有极其重要的意义。

中毒性疾病的治疗原则：首先要阻止有毒物质继续进入体内；再尽快排出已经进入体内的毒物；之后用解毒药物来拮抗或消除已经吸收的毒物；根据机体器官的具体状态，采取综合性的治疗措施。

（一）排除毒物

1. 防止有毒物质继续进入体内 迅速将患病动物移至远离毒物污染的环境，如皮肤或黏膜接触了毒物，要立即用大量的清水或生理盐水冲洗干净。

2. 排出体内毒物

（1）催吐。对由口食入毒物，如入口尚不超过2h，毒物未被吸收或吸收不多时，为排出已进入胃肠道的毒物，可通过催吐的方法将毒物排出体外，具体方法是：

①对于清醒的动物，可用刺激咽喉后壁的方法催吐，即用投药板或镊子从口角处伸入、刺激咽喉。

②家庭抢救时，可用10g左右的食盐撒入口内，也有催吐的效果。

③灌服3%过氧化氢溶液5～10mL。

④注射阿扑吗啡。静脉注射，每千克体重0.04mg；皮下、肌内注射，每千克体重

0.08mg。

⑤口服酒石酸锑钾0.1～0.5g。

⑥口服1%硫酸铜溶液，犬20～100mL，猫5～20mL。

⑦口服吐根末0.5～1.0g。

必须注意，当毒物食入已久、已被吸收时，催吐治疗无效。此外，误食强酸、强碱、腐蚀性毒物时，不宜催吐，以防损伤食道口腔黏膜或使胃破裂。

（2）洗胃。由口食入毒物不久、尚未吸收时，可采取洗胃措施。洗胃液的选择与毒物的种类有关。

①在尚未确定毒物种类之前，可选择清水、生理盐水或0.5%活性炭混悬液进行洗胃。

②有毒植物的生物碱、砷化物、氰化物或无机磷，可用0.1%～0.2%高锰酸钾溶液洗胃。因其可使毒物氧化而失去毒性。但若为有机磷农药中毒时，则不能用高锰酸钾溶液洗胃，因为这些农药氧化后毒性增强。

③2%碳酸氢钠溶液可使多种生物碱沉淀，并能结合某些重金属（如汞、铅等）。但有机磷农药，特别是敌百虫在碱性条件下可转变成毒性更强的敌敌畏，故不能使用碳酸氢钠洗胃。

④0.2%～0.5%硫酸铜溶液可用于无机磷中毒洗胃，硫酸铜与磷反应后生成不溶性的磷化铜，从而不被吸收。

⑤如摄入毒物不超过4h，可用绿豆汤反复洗胃。

（3）缓泻。若摄入毒物不超过6h，可进行导泻，加速肠道内容物排出体外，以减少肠道对毒物的吸收。泻剂以刺激性小、不溶解毒物、不促进毒物吸收者为佳。一般选择盐类泻剂，因其能增加渗透压，阻止毒物吸收，排毒效果较好。油类泻剂有溶解脂肪、促进吸收的作用，故很少使用，只在食盐、升汞中毒时选用。如已经发生严重腹泻或脱水，则要慎重导泻。

（4）灌肠。促进肠道内有毒物质排除，选用灌肠法。液体选用温热普通水或肥皂水，也可选用0.1%高锰酸钾溶液等灌肠。

（5）利尿。毒物被吸收后多经泌尿系统排出，因此可选用利尿药或脱水药，通过增加排尿量促进溶解在尿中毒物随尿排出。此外，人为改变尿液pH时，可促进某些毒物排出。当中毒动物发生少尿或无尿，甚至肾衰竭时，可进行腹膜透析，从而使体内代谢产物或某些毒物通过透析液排出体外。

3. 清除皮肤黏膜上的毒物 对皮肤黏膜上的毒物，应及时用冷水洗涤（为了防止血管扩张而加速对毒物吸收，不宜用热水），洗涤越早越彻底越好。

对于不宜用水洗涤的毒物，可酌情使用酒精或油类物质擦洗。但用上述物质擦洗时，易使毒物溶解于酒精或油质中，也能促进其吸收，所以，在使用该种措施时，应迅速擦洗，并且边擦洗边用干毛巾擦净。对已知毒物，最好选用具有中和或拮抗作用的药物来清洗体表或黏膜上的有毒物质。但注意选用洗涤药物时，不能使被清洗的毒物增加毒性，如敌百虫中毒时，严禁用弱碱性溶液清洗。

（二）解毒药物

1. 常用的一般解毒药物

（1）吸附剂。除氰化物外，任何经口食入消化道的毒物，都可使用吸附剂解毒。使用吸附剂后配合泻下、洗胃、催吐，效果会更好。常用吸附剂有：药用炭、木炭末等，剂量为每千克体重 1～3g，一般配成 2%～5%混悬液灌服，剂量可根据情况酌情加减。

（2）保护剂。常用黏浆剂（黏滑性保护剂），不受剂量限制，对经口进入消化道内的毒物一般均可使用。在应用黏浆剂时，首先用催吐剂或泻剂，以免使过多的毒物沉积于胃肠壁上不易清除，造成不良后果。黏浆剂一般可多次使用，但不宜同其他药物混合使用。常用保护剂有蛋清、牛乳、米汤、面粉糊等。

（3）凝固剂。只能应用于铅、铜、汞、石炭酸等易被凝固剂所凝固的毒物。常用凝固剂有蛋白水、花生油、菜油、猪油等。应用油类凝固剂时，应注意除上述毒物外，有的毒物易溶于油中而被吸收，有加重中毒危险。因此，在应用凝固剂后，再灌服盐类泻剂将更为安全。

（4）中和剂。当毒物为已知酸性或碱性毒物时，使用中和剂是重要的解毒措施。常用的弱酸性解毒剂有：食醋、酸乳、0.25%～0.5%稀盐酸、1.5%～3%稀醋酸等；弱碱性解毒剂有：氧化镁、石灰水上清液、小苏打水、肥皂水等。在用于灌肠或洗胃时，浓度可加大几倍，以增强效果。

（5）氧化剂。氧化剂常用于能被氧化的毒物，如生物碱、氰化物、无机磷、巴比妥类药物、砷化物等。有的毒物如有机磷应用氧化剂后其毒性增强，故禁止使用。氧化剂常用于洗胃或口服，以及深部灌肠。常用的氧化剂有：0.1%高锰酸钾、3%过氧化氢溶液等。前者有刺激性、腐蚀性，应用时注意药液的浓度；后者易产生气体，不宜用于腐蚀性毒物中毒。

（6）沉淀剂。沉淀剂能与毒物反应，生成不溶性复合物，以减少毒性或延缓吸收而达到解毒目的。常用的沉淀剂有：鞣酸、浓茶、稀碘酒、蛋白水等。沉淀剂主要用于生物碱类以及砷、汞等重金属中毒。

（7）拮抗剂。利用药物与药物间、药物与毒物间，甚至毒物与毒物间的相互拮抗作用来达到解毒目的。常见的拮抗剂有：①阿托品、莨菪碱类拮抗毛果芸香碱、新斯的明、槟榔及其制剂等，阿托品还对有机磷、西维因、吗啡类药物、毒蕈碱等有一定的拮抗解毒作用；②水合氯醛、巴比妥类药物拮抗士的宁、贝美格等；③氯丙嗪、安乃近拮抗盐酸苯海拉明等（对抗肌肉震颤等）；④阿片、吗啡、哌替啶及其他阿片类药物等拮抗盐酸烯丙吗啡、麻黄碱、戊四氮、尼可刹米、安钠咖、二甲弗林、山梗茶碱等；⑤巴比妥类药物、水合氯醛拮抗麻黄碱、苯丙胺、戊四氮、尼可刹米、山梗茶碱、安钠咖、贝美格等。

2. 特效解毒药 针对某一种或某一类毒物中毒表现出特殊拮抗作用和解毒功能的药物称为特效解毒药。常用的有以下几种：

（1）铅、汞、锑、锰、镍、铜、锌及一些放射性元素中毒可应用依地酸钙二钠来治疗。因其能与多种金属结合成稳定的络合物，随尿排出体外。

（2）砷及汞中毒应用二巯丙醇、二巯丁二钠、二巯基丙磺酸钠、青霉胺等治疗。上述物质均具有巯基,能夺取组织中与酶相结合的金属,并与其结合成不易分解的巯基盐,随尿排出体外。

（3）氰化物中毒应用亚硝酸钠-硫代硫酸钠疗法。3%亚硝酸钠注射后，能使血红蛋白迅速变成高铁血红蛋白，后者可与氰离子迅速结合成氰化高铁血红蛋白，从而阻止氰离子对细胞色素 C 氧化酶发生毒性作用。但在体内氰化高铁血红蛋白不稳定，可再分解出氰离子，再次对机体产生危害。故必须按时注射硫代硫酸钠，使之与未解离的氰离子及已经离解的氰离子相结合，生成毒性极低的硫氰酸盐而随尿排出。

（4）有机磷中毒可用胆碱酯酶复活剂（解磷定、氯磷定及双复磷等）解毒。有机磷农药与体内胆碱酯酶相结合，使其失去水解乙酰胆碱的能力，使乙酰胆碱大量堆积在胆碱能神经末梢，表现出胆碱能神经过度兴奋的中毒症状。应用解磷定可与磷酰化胆碱酯酶中的磷酰基结合，将胆碱酯酶游离出来、恢复其活性而解除有机磷农药的毒性。

（5）亚硝酸盐中毒可用低浓度美蓝（亚甲蓝）或维生素C等还原剂使血液中的高铁血红蛋白还原成血红蛋白，以恢复血红蛋白的携氧功能而达到解毒的效果。

（6）有机氟农药中毒可用乙酰胺解毒。氟乙酰胺在体内乙酰胺酶的作用下，分解出氟乙酸，从而破坏三羧酸循环的正常进行。应用乙酰胺能提供大量的乙酰基，与氟乙酰胺争夺乙酰胺酶，使氟乙酰胺不能分解出氟乙酸即被排出体外，而达到解毒的目的。

（三）对症治疗

对症治疗又称支持疗法，在中毒病治疗中具有非常重要的意义。它为缓解中毒症状、抢救中毒动物生命赢得了时间。当前仍有许多毒物中毒后无特效解毒药，多通过对症治疗，增强机体的代谢调节功能，降低毒性作用，从而获得康复。如中枢神经过度兴奋给予镇静药，过度抑制给予兴奋药，以及强心、利尿、止痛、兴奋呼吸中枢降温等措施。补充体液、调节酸碱平衡等也是中毒病中不可忽视的重要措施。

1. 制止惊厥与痉挛 可静脉注射巴比妥类药物，但呼吸困难者禁用。巴比妥结合肌肉松弛剂（氯丙嗪）更为有效而安全。

2. 抢救休克 休克见于多种中毒病，可采取补充血容量、纠正酸中毒、给予血管扩张剂（如酚苄明、异丙肾上腺素等）的办法。

3. 缓解兴奋与疼痛 可给予镇静剂。

4. 缓解呼吸困难 主要针对某些使呼吸中枢麻痹的毒物（如麻醉药、镇静药、鸦片等）。中毒性肺水肿引起的呼吸困难，首先应使呼吸道畅通，清除分泌物，必要时应用气管切开术，插入气管导管。呼吸困难时吸入氧气效果甚佳，但应在纯氧中加入5%二氧化碳。也可使用呼吸兴奋剂，如尼可刹米或山梗茶碱等。

5. 维持电解质平衡，防止脱水 常用于腹泻、呕吐或饮食废绝之后，应进行静脉补液。

6. 维护心脏功能 应用强心剂。

五、技能训练

导胃与洗胃

用一定量的溶液灌洗胃，清除胃内容物的方法即洗胃法。临床上主要用于治疗急性胃扩张、动物饲料或药物中毒，清除胃内容物及刺激物，避免毒物的吸收。

1. 准备 动物可站立保定或在手术台上侧卧保定。导入胃管，洗胃用36～39℃温水，根据需要也可用2%～3%碳酸氢钠溶液或石灰水溶液、1%～2%盐水、0.1%高锰酸钾溶液等。此外还应准备吸引器。

2. 方法 先用导胃管测量从口、鼻到胃的长度，并做好标记。导胃时，将动物保定好并固定好头部，把胃管插入食管内，胃管到胸腔入口及贲门处时阻力较大，应缓慢插入，以免损伤食管黏膜。必要时灌入少量温水，待贲门弛缓后，再向前推送入胃。胃管前端经贲门到达胃内后，阻力突然消失，此时可有酸臭气体或食糜排出。如不能顺利排出胃内容物时，接上漏斗，每次灌入温水或其他药液1 000～2 000mL，利用虹吸原理，高举漏斗，不待药液流尽，随即放低头部和漏斗，或用洗耳球反复抽吸，以洗出胃内容物。如此反复多次，逐渐排出胃内大部分内容物，直至病情好转为止。治疗胃炎时，在导出胃内容物后，要灌入防腐消毒药。冲洗完后，缓慢抽出胃管，解除保定（图 6-1、图 6-2、图 6-3）。

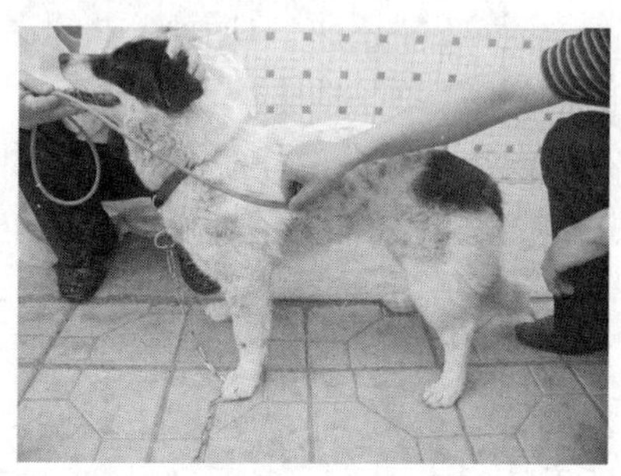

图 6-1　测量从口、鼻到胃的长度

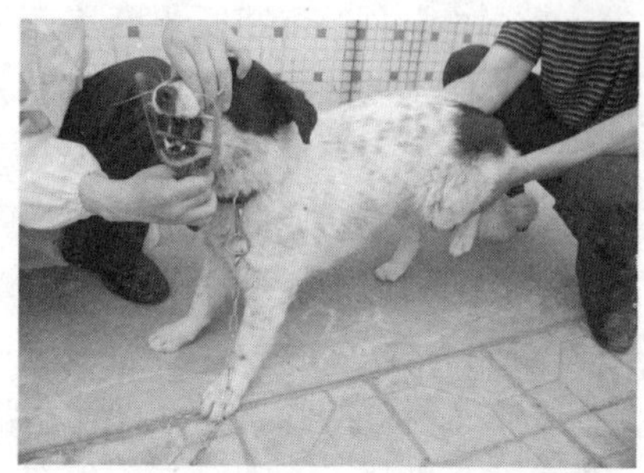

图 6-2　打开口腔

3. 注意事项

（1）操作中动物易骚动，要注意人畜安全。

（2）不同种类的动物，应选择适宜的胃管。

（3）当中毒物质不明时，应抽出胃内容物送检。洗胃溶液可选用温开水或等渗盐水。

（4）洗胃过程中，应随时观察脉搏、呼吸的变化，并做好详细记录。

（5）每次灌入量与吸出量要基本相符。

图 6-3　导　胃

任务二　其他毒物中毒诊治

一、任务目标

知识目标

1. 掌握其他毒物中毒知识。
2. 掌握其他毒物中毒病因与疾病发生的相关知识。
3. 掌握其他毒物中毒治疗所用药物的药理学知识。
4. 掌握其他毒物中毒防治原则。
5. 了解犬洋葱中毒机理。

能力目标

1. 会检验常见毒物。
2. 具备症状鉴别诊断能力。
3. 具备综合分析并做出初诊的能力。
4. 能准确开出治疗处方。
5. 会进行眼结膜囊内液氯化物的检查。

二、相关知识

变质食物中毒

变质食物中毒指犬、猫采食腐败变质或不新鲜的鱼、肉、乳、蛋类食物而引起的中毒。

【病因】在温暖季节，所有食物，尤其是肉类、乳及其制品、蛋、鱼等富含营养和水分食品，极易腐败变质。在夏季即使放在冰箱里的食物，时间长了也会变质，变质食物不再适合人类食用，常用来饲喂犬、猫。由于变质食物含有大量沙门氏菌、葡萄球菌、肉毒梭菌、痢疾杆菌、变形杆菌、链球菌等病菌，这些病菌随食物进入犬、猫体内并大量繁殖，引起急性感染。而食物中的链球菌、葡萄球菌、沙门氏菌及其他杆菌等，在温暖条件下，能大量繁殖产生肠毒素，肠毒素刺激、腐蚀胃肠上皮，引起损伤坏死，导致胃肠分泌物增多，甚至出血。中毒犬、猫呕吐，腹泻。发病后10～72h，肠管蠕动变弱，甚至停滞，出现腹胀。在变质食物中繁殖的革兰氏阴性菌，死后溶解，释放出大量脂多糖性内毒素，内毒素进入胃肠道，能引起胃肠炎，吸收后毒害心血管系统，产生弥散性血管内凝血，使血容量减少，引起休克。内毒素通常和肠毒素一起，引起犬、猫中毒。

【症状】由于食入细菌的种类及数量不同，其症状各异。临床上主要表现为体温升高、呕吐、腹泻、腹痛、虚脱等症状。犬、猫采食变质食物后，一般0.1～3h就发生呕吐，如采食量少，呕吐完变质食物后便康复。严重中毒者，出现腹泻，便中带血，腹壁紧张，触压疼痛。随后肠蠕动变弱，肠内积气，肚腹胀大，更有利于革兰氏阴性菌生长繁殖，释放内毒素，使病情进一步恶化，甚至发生内毒素中毒性休克。

肉毒梭菌引起的中毒，出现特有的神经症状，如运动麻痹、昏迷，表现运动不灵活、躺卧、不能站立、后肢或前肢不全麻痹。有的流涎或口吐白沫，浸湿颈下部被毛，瞳孔散大，眼球突出；有的无任何临床症状而突然死亡，或死前呈阵挛性抽搐。

葡萄球菌引起的中毒，先呕吐、腹痛，随后腹泻、虚脱，死亡率较低。如为致死性毒素中毒，在5～15min后或4h内可发病。病犬表现不安、抽搐、呼吸困难、惊厥，最后导致死亡。剖检可见胃肠炎、肝、肾、心肌混浊等。

变质的鱼因为有变形杆菌的污染，引起蛋白质分解，产生组胺。组胺中毒潜伏期不超过2h，犬、猫突然呕吐，下痢，呼吸困难，鼻涕多，瞳孔散大，共济失调，可能昏迷，后躯麻痹，体弱，血尿，粪便呈黑色。

【诊断】根据病史临床症状，可做出初步诊断，确诊必须对食物进行化验。

【治疗】变质食物中毒尚无特效药物治疗，一般治疗如下：

1. 一般解毒措施 发病初期可静脉注射催吐剂阿扑吗啡，其用量为每千克体重0.04mg。必要时进行洗胃、灌肠。

2. 止泻 腹泻初期，不要止泻，在肠内容物基本排完后，再用止泻药物。如硫酸阿托品，皮下或肌内注射。氢溴酸东莨菪碱，皮下注射。

3. 抗菌消炎 为了防止肠道内细菌继续生长繁殖，产生毒素，应口服广谱抗生素，如庆大霉素等。

4. 维持水、电解质酸碱平衡 静脉输液，补充水分、电解质，调节酸碱平衡。

5. 防止休克 应用皮质类固醇，如静脉或肌内注射地塞米松，或应用泼尼松或泼尼松龙。

【预防】禁止用腐败变质食物饲喂犬、猫，不要让犬、猫采食过量鱼及肉食品。

铅中毒

铅中毒是动物直接或间接食入含铅物，引起以流涎、腹痛、兴奋不安、贫血为主要症状的一种疾病。铅为蓄积性毒物，小剂量持续地进入体内逐渐蓄积而呈现毒害作用。

铅中毒多发于幼年犬、猫，犬比猫多发。美国波士顿一家动物医院统计，6 月龄以下的犬，4%有铅中毒。联合国世界卫生组织规定血液铅含量不超过 10μg/dL 为正常，超过 10μg/dL，将对犬、猫和儿童造成危害。

【病因】在人类和动物生活环境中，铅和含铅物质普遍存在。汽油中加有含铅防爆剂四乙基铅，汽车排出的尾气中就含有铅，散布于空气、土壤。其他含铅物有油漆、颜料、漆布、铅玩具、玻璃油泥、铅锤、焊锡、油毡、电池、滑润油、子弹，以及铅厂烟灰及污物等。铅和含铅物经消化道、呼吸道、皮肤进入动物机体，引起中毒。犬、猫铅中毒量为10～20mg/kg。铅和含铅物经口进入胃肠道，在食物中缺钙、锌、铁蛋白时，或在酸性环境下，更利于铅的吸收，一般成年犬可吸收食入铅的 10%，而幼年犬吸收率高达 90%，所以，幼年犬、猫易发生中毒。肠道吸收的铅由红细胞携带进入组织，如肝、肾、中枢神经系统、骨髓，还能通过胎盘进入乳中。铅从机体自然排出很慢，从尿中排泄量也很小，但治疗药物形成螯合物后，排泄加快。

铅损害造血系统并引起贫血。循环铅大部分载附于细胞膜上，过量的铅摄入后，对红细胞膜有直接损害作用，使红细胞脆性增加，寿命缩短，导致成熟的红细胞溶血。另外铅与蛋白质上的巯基结合影响血红蛋白合成酶，也影响珠蛋白、血红蛋白的合成，引起贫血。

铅对中枢神经系统的损伤主要表现为中毒性脑病、外周神经炎。铅损害血脑屏障，引起毛细血管内皮的损伤，减少血液供应，使大脑皮层发生坏死性病变水肿。外周神经因阶段性脱髓鞘而妨碍神经传导肌肉活动，导致运动失调。

铅对机体各组织器官均有一定的毒性作用，主要损害造血系统、神经系统和泌尿系统。

【症状】犬、猫铅中毒分急性、慢性两种，以慢性中毒多见。急性中毒表现厌食、流涎、贫血、腹痛、呕吐、腹泻。神经症状表现神经过敏，呈现癫痫样惊厥、狂叫、咬牙、乱跑、运动失调、发抖、痉挛及麻痹，进一步出现耳聋、眼瞎、痴呆。慢性铅中毒表现贫血，多动，好斗易激怒，反复发生呼吸道、泌尿系统感染等。

实验室检验：血铅水平超过 30μg/dL，肝（湿重）高达每千克体重 5mg（正常为每千克体重 3.5mg）。血液红细胞数减少，出现贫血性有核红细胞、低色素性小红细胞、嗜碱性彩点红细胞等。

【诊断】根据有接触铅或含铅物病史，临床症状，血液、尿液含铅量检测，以及用依地酸钙钠治疗有效，治疗 24h 后尿中排铅增多等可进行诊断。铅中毒时，治疗 24h 后尿中排铅量可达治疗前的 6 倍。

【治疗】立即断绝毒源；清除胃肠道的铅，防止进一步吸收；从血液、机体组织中尽快排出铅；解毒对症治疗；积极治疗铅中毒的神经症状。

1. 排除毒物 如果发现较早，可采用催吐、洗胃、导泻等措施，以促进毒物从机体清除。

2. 早用依地酸钙钠 解毒应尽早应用依地酸钙钠，每天每千克体重100mg，分4等份，加入5%葡萄糖或生理盐水静脉滴注，或配成20%溶液肌内注射（为防止疼痛，每次可加1%盐酸普鲁卡因1mL），连用2～5d。如果仍有神经症状或血铅水平仍高于10μg/dL，间隔1～2d，再连续治疗2～5d。用依地酸钙钠治疗的同时，也可配合应用青霉胺，其效果会更好；用量为每天每千克体重100mg，分4次口服，连用1～2周。如果出现呕吐、不安、厌食时，可空腹口服或服药前0.5h口服茶苯海明，每千克体重1～1.5mg。

3. 镇静药 具有神经症状的犬、猫，需用镇静药。可口服安定，犬2.5～20mg，猫2.5～5mg；或用戊巴比妥钠，口服剂量为每千克体重15～25mg，静脉注射剂量为每千克体重2～4mg。

4. 支持疗法 包括输液、补充电解质、调节酸碱平衡等。

蛇 毒 中 毒

蛇毒中毒是犬、猫被毒蛇咬伤引起的以神经、血液循环系统严重损伤为主的全身急性中毒病。世界上生存的蛇类有3 000多种，其中毒蛇有650多种；在我国约有160种蛇，毒蛇47种。其中较常见并危害较大的毒蛇主要有：①眼镜蛇科：眼镜蛇、眼镜王蛇、银环蛇、金环蛇；②海蛇科：海蛇；③蝰蛇科：蝰蛇；④蝮蛇科：蝮蛇、五步蛇、竹叶青、龟壳花蛇等。毒蛇多分布在长江以南及东南沿海诸省；长江以北由于气候较冷，毒蛇相对较少，只有蝰蛇、蝮蛇、龟壳花蛇、菜花烙铁头等几种。

【病因】 犬、猫为了狩猎、配种、觅食、玩耍或活动，常到野外、草地、森林等处，可能被毒蛇咬伤后引起中毒。毒蛇的活动有一定规律，在长江以南地区活动期为4—11月，7—9月最活跃；不同毒蛇每天活动规律不同，以白天活动为主的有眼镜蛇、眼镜王蛇；白天和晚上都有活动的有蝮蛇、五步蛇、竹叶青，它们在闷热天气活动更盛，五步蛇还喜欢在雷雨前后出来活动。毒蛇都有毒牙和毒腺，它们咬伤犬、猫后，把毒液注入犬、猫体内，引发中毒。蛇毒进入动物体内后，有两种扩散方式：一是随血液扩散，很快散布到全身，使犬、猫很快中毒死亡；二是随淋巴扩散，散布速度缓慢，有利于排出蛇毒和急救。

蛇毒中含有多种生物活性物质，其毒性、作用各不相同。蛇毒常被分成神经毒、血液毒和神经、血液混合毒三种。

1. 神经毒 金环蛇、银环蛇等含此毒。此毒主要干扰乙酰胆碱的合成、释放及作用，引起骨骼肌麻痹，甚至全身瘫痪；引起呼吸肌麻痹，导致呼吸衰竭，使机体缺氧。

2. 血液毒（含心脏毒酶） 蝮蛇、竹叶青、龟壳花蛇、蝰蛇、五步蛇等属此类毒蛇。血液毒直接损伤心脏，使其变性坏死，引起心力衰竭。

3. 神经、血液混合毒 眼镜蛇、眼镜王蛇的蛇毒中含有此毒，但以神经毒为主，通常中毒后先发生呼吸衰竭，随后发生心脏衰竭而死。

【症状】 犬、猫被毒蛇咬伤后，局部有2个特征性的毒牙穿刺孔。

1. 神经毒中毒 咬伤局部症状轻微，只有眼镜蛇咬伤后，局部组织坏死溃烂，不易愈合。但毒素很快由血液及淋巴扩散，通常在咬伤后数小时即可出现剧烈的全身症状，临床表现为流涎或呕吐、声音嘶哑、牙关紧闭、吞咽困难、呼吸急迫、四肢无力、共济失调、全身震颤或痉挛等，严重中毒者肢体瘫痪、惊厥后昏迷、卧地不起，终因呼吸中枢麻痹、窒息而死亡。

2. 血液毒中毒 咬伤局部症状严重，主要表现为剧痛、流血不止、迅速肿胀、灼热，并不断扩延（向心性扩散）。局部淋巴结肿大有压痛。皮下出血，有时有水泡或血液，组织溃烂坏死；全身表现烦躁不安、呕吐及腹泻，黏膜、皮肤呈现广泛性出血，排尿减少或无尿，甚至血尿或蛋白尿。有溶血性黄疸贫血，呼吸急迫，心率失常，有的犬、猫休克，严重者几小时内死亡。

3. 神经、血液混合毒中毒 临床症状为两种蛇毒的综合，死亡直接原因通常是呼吸中枢呼吸肌麻痹引起窒息或心力衰竭性休克。

血清肌酸激酶活性增加，中毒越严重，活性增大得越明显。

【诊断】根据病史、咬伤局部、全身症状和肌酸激酶活性增加进行综合诊断。

【治疗】采取急救措施，防止蛇毒扩散，进行排毒、解毒，并配合对症治疗。

1. 防止蛇毒扩散 让被咬伤犬、猫安静，咬伤四肢时，立即用止血带或柔软的绳子在伤口上 2～3cm 处结扎，防止带蛇毒的血液、淋巴回流，必要时每隔一定时间放松一次。

2. 冲洗伤口扩创 结扎后，可用清水、肥皂水、过氧化氢溶液或 0.1%高锰酸钾溶液冲洗伤口，洗去残留的蛇毒污物。再用干净的或消过毒的小刀或三棱针挑破两个毒牙痕间的皮肤，也可将伤口周围组织切除，然后挤压排毒，再用 3%过氧化氢溶液或 0.1%高锰酸钾溶液冲洗伤口。在扩创的同时，也可用 0.5%普鲁卡因对伤口进行局部封闭。

3. 解毒 早期可注射多价抗蛇毒血清。同时内服、外用南通蛇药片（季德胜蛇药片）、上海蛇药或群用蛇药片等，每日 4 次。

4. 对症疗法 可应用大剂量糖皮质激素（如泼尼松、地塞米松等），以增强抗蛇毒、抗休克作用；同时要应用咖啡因或樟脑等强心药物。必要时再静脉注射复方氯化钠、葡萄糖或葡萄糖酸钙等液体。

洋葱、大葱中毒

洋葱和大葱都属百合科、葱属。犬、猫采食后易引起中毒，主要表现为排红色或红棕色尿液，犬发病较多，猫少见。动物洋葱中毒世界各国均有报道，我国于 1998 年首次报道了犬大葱中毒。

【病因】犬、猫采食了含有洋葱或大葱的食物后可引起中毒。实验性投喂一个中等大小的熟洋葱即可引起犬中毒，中毒剂量为每千克体重 15～20g。

【症状】犬、猫采食洋葱或大葱中毒 1～2d 后，最特征性表现为排红色或红棕色尿液。中毒轻者，症状不明显，有时精神欠佳，食欲差，排淡红色尿液。中毒较严重者，表现精神沉郁，食欲减退或废绝，走路蹒跚，不愿活动，喜卧，眼结膜或口腔黏膜发黄，心搏增数，喘气，虚弱，排深红色或红棕色尿液，体温正常或降低，严重中毒可导致死亡。

1. 血液检验 血液随中毒程度轻重，逐渐变的稀薄，红细胞数、血细胞比容、血红蛋白减少，白细胞数增多。红细胞内或边缘上有赫恩氏小体。

2. 生化检验 血清总蛋白、总胆红素、直接及间接胆红素、尿素氮、天门冬氨酸氨基转移酶活性均呈不同程度升高。

3. 尿液检验 尿液颜色呈红色或红棕色，密度增加，尿潜血、蛋白尿，血红蛋白检验阳性。尿沉渣中红细胞少见或没有。

【诊断】根据有采食洋葱或大葱的病史；尿液红色或红棕色，内含大量血红蛋白；红细胞内或边缘上有赫恩氏小体等建立诊断。引起血红蛋白尿有多种原因，应注意进行鉴别诊断。

【治疗】立即停止饲喂洋葱或大葱性食物；应用抗氧化剂维生素 E；采用支持疗法，进行输液，补充营养；给予适量利尿剂，促进体内血红蛋白排出；溶血引起严重贫血的犬、猫，可进行输血治疗，每千克体重 10～20mL。

三、案例分析

1. 病例 1 宠物犬，体重 3kg，健康状况良好。据犬主介绍和临床发现，犬的粪便中常有线头粗细的白色虫体排出，长 10～15mm，肛门也见有虫体爬出，初诊为线虫病（未进行分类）。用 1%阿维菌素注射液 2 滴（约 3mg 阿维菌素）滴于小块火腿肉上，令其食入。食后约 8h，病犬出现神经症状，麻痹死亡。

2. 病例 2 一养犬户养犬 3 只，犬主诉说犬的粪便中有寄生虫，自行购买“虫克星”一包（有效成分为 1%阿维菌素，5g/包）拌入犬食中，供 3 只犬自由采食。犬的体重分别为 2.0kg、2.8kg、5kg，在食后约 6h，其中体重为 2.8kg 的犬出现了神经症状，再经 1h 后心跳停止、呼吸麻痹而死亡。经解剖未见明显病变，疑为采食不均匀而发生中毒。

3. 病例 3 本地犬一只，黑色，因粪便带虫给其皮下注射 1%阿维菌素注释液约 1mL，5h 后中毒死亡。

四、拓展知识

犬洋葱中毒的机理

洋葱内的正丙基二硫化物可降低犬红细胞 G6PD 的活性，导致红细胞内还原型烟酰胺腺嘌呤二核苷酸磷酸（NADpH）和其他抗氧化物质生成不足，使红细胞抗氧化系统受损，红细胞膜流动性和红细胞变形性降低，最终导致溶血性贫血。

（一）红细胞抗氧化系统和 G6PD

在红细胞内，氧合血红蛋白不断转变为高铁血红蛋白，此过程伴有氧自由基的产生。为了对抗各种外部和内在的氧化刺激，红细胞本身具有完整的抗氧化系统，包括过氧化氢酶（CAT）、谷胱甘肽过氧化物酶（GSH-px）、超氧化物歧化酶（SOD）、还原型谷胱甘肽（GSH）以及 NADpH 等。若这些过氧化物有缺陷或氧化刺激作用过强时，血红蛋白及红细胞膜都将受到过氧化损伤。

NADpH 在红细胞抗氧化损伤中起着关键作用。红细胞代谢所产生的过氧化氢主要依靠 CAT 和 GSH-px 清除。此二者与 NADpH 之间存在着紧密联系。CAT 在清除过氧化氢的过程中与 2 分子的过氧化氢结合，形成其失活形式复合物Ⅱ，NADpH 的功能在于使复合物Ⅱ复活，从而维持 CAT 活性。NADpH 既可以与 GSH-px 结合，又可以与 CAT 结合，它是维持过氧化氢代谢两条途径的基础。此外，NADpH 又作为递氢体，维持谷胱甘肽循环及红细胞 GSH 水平。

G6PD 是磷酸戊糖代谢途径的限速酶，催化第一步限速反应，其产物 6-磷酸葡萄糖酸再受 6PGD 催化，脱氢、脱羧生成核糖磷酸和 NADpH。犬采食洋葱后，G6PD 活性降低引起 NADpH 生成不足，继而使红细胞内其他抗氧化物酶和抗氧化物质的水平也降低，导致红细胞因过氧化损伤而破裂。

（二）红细胞膜流动性和红细胞变形性

膜流动性是生物膜结构的主要特征，生物体可以通过细胞代谢和其他因素对生物膜进行调控，使其具有合适的流动性以表现正常功能。如果超出可调节的范围，生物膜功能发生异常而产生病变。生物膜是由蛋白质、脂质以及糖类等组成的超分子体系，以脂质双分子层为基本骨架，膜脂的基本组分是磷脂。

红细胞变形能力（ED）或红细胞变形性（RCD），是指红细胞在流动过程中利用自身的变形通过狭窄的血管通道的能力。影响红细胞变形能力的因素主要有：红细胞膜的结构、膜的组成成分、膜的流动性及红细胞内液的黏度等。

犬采食洋葱后，红细胞膜流动性下降和红细胞变形性降低，最终引起溶血的原因可能是：①G6PD 活性降低，使红细胞内的 NADpH 生成受阻，GSSG 还原为 GSH 速度减慢，红细胞 GSH 速度减慢，红细胞 GSH 含量减少，且 CAT 和 GSH-px 的活性也随之降低。结果不断生成的过氧化氢不能被还原为水而将血红蛋白β链 9α 位半胱氨基酸中的—SH 氧化成二硫键，导致血红蛋白变性，形成赫恩氏小体，附着在红细胞膜上，致使膜变僵硬而影响其可塑性，最终在脾内被破坏。②红细胞膜受过氧化氢攻击而发生脂质过氧化，过氧化产物 MDA 能与含氨基的膜成分发生交联，损伤红细胞结构，增加红细胞的僵硬度并降低红细胞变形性，使红细胞更容易破裂。

综上所述，犬采食洋葱后，其红细胞内 G6PD 活性的降低是最终导致溶血性贫血的关键。

五、技能训练

眼结膜囊内液氯化物的检查

【原理】氯化钠中的氯离子在酸性条件下与硝酸银中的银离子结合，生成不溶性的氯化银白色沉淀。

【试剂】酸性硝酸银试液：取硝酸银 1.75g、硝酸 25mL，蒸馏水 75mL 溶解后即得。

【操作】取水 2～3mL 放入洗净的试管中，再用小吸管取眼结膜囊内液少许，放入小试管中，然后加入酸性硝酸银试液 1～2 滴，如有氯化物存在就呈白色混浊，量多时混浊程度增大。

项目七 营养代谢病

PART 7

任务一　糖、脂肪及蛋白质代谢障碍病诊治

一、任务目标

知识目标

1. 掌握营养物质体内代谢知识。
2. 掌握代谢障碍病因与疾病发生的相关知识。
3. 掌握代谢障碍疾病的病理生理知识。
4. 掌握代谢障碍疾病治疗所用药物的药理学知识。
5. 掌握代谢障碍疾病防治原则。
6. 了解肥胖症处方粮成分组成。

能力目标

1. 会使用常用诊断设备。
2. 具备症状鉴别诊断能力。
3. 具备综合分析并做出初诊的能力。
4. 能准确开出治疗处方。
5. 会使用血液生化分析仪。

二、相关知识

犬低血糖症

低血糖症是一组由多种原因引起的血糖浓度过低所致的症候群。本病幼龄犬、猫和成年犬、猫都能发生，主要见于幼犬和母犬。长期的低血糖症，可导致大脑细胞的不可逆损伤。严重的低血糖症，可导致动物的死亡。低血糖症在临床上主要以出现神经症状为特征。

【病因】主要是血糖来源不足、消耗过多以及糖代谢紊乱等。

1. 暂时性低血糖

(1) 特发性新生犬、猫低血糖。多发生在3月龄前的玩具犬及小型品种犬，以贵妇犬、约克夏犬和吉娃娃犬发病率最高。一般多因受凉、饥饿或因仔多乳少、乳质量差、胃肠机能紊乱、肠内寄生虫（包括原虫）、肝糖原合成酶不足等而引起。

(2) 工作犬超负荷工作。多见于工作犬的猎犬（拉布拉多寻回猎犬、塞特犬），病犬有

工作前1d未增加饲喂量的病史。

(3) 母犬、猫低血糖。妊娠母犬、猫妊娠后期和哺乳期严重营养不良，胎儿数过多，初生仔大量哺乳而致病。临床多见于分娩前、后1周左右的母犬、猫。

(4) 胰岛素使用过量而引起低血糖。

2. 持久性低血糖

(1) Ⅰ型糖原累积病。因6-磷酸葡萄糖酶先天性不足或活性低，最终导致肝累积糖原而发生低血糖症。多发生于断乳前后（6～12周龄）的玩具犬及小型犬。

(2) 继发于胰岛瘤（β-细胞瘤）。犬的胰腺癌发病率高达60%，且多见于右侧胰叶。胰岛瘤是由于胰岛β-细胞产生过多的胰岛素，使血糖转入细胞增加，从而造成低血糖。多发生于成年犬、老龄犬（一般6～13岁）。各品种犬均可发生。

(3) 非胰腺性肿瘤引起的低血糖症。多由肝癌、肺癌、胃肠癌、肾上腺癌、迁移性腹膜及其他癌症性疾病引起。

(4) 肝源性低血糖。多由肝疾病所致，因肝糖原的分解和合成异常而引起低血糖。

【症状】 病犬、猫精神委顿，四肢软弱无力，甚至卧地不起，食欲减退或废绝，呈现全身性或局部性神经症状，肌肉抽搐、共济失调、失明，癫痫样发作，体温升高达41～42℃，呼吸、心跳加快，尿酮体检查呈阳性反应。幼龄犬、猫发病多出现高度沉郁甚至昏迷，并伴有面部肌肉抽搐，血糖浓度可由正常值的60～100mg/mL下降到30mg/mL。

【诊断】

1. 症状诊断 根据病史、临床症状，结合血糖测定可对低血糖症建立诊断。病因学诊断需结合发病年龄、病史、原发病特点及对补糖的治疗性诊断综合分析。

2. 实验室诊断 血糖值降低，血浆中胰岛素浓度升高（54IU/mL）；但胰岛细胞瘤以外的原因所致的低血糖症，胰岛素浓度正常或偏低。另外，葡萄糖耐量试验对本病具有较高的诊断意义。临床上应注意与癫痫、脑脓肿、铅中毒、犬瘟热等鉴别。

【防治】

1. 治疗原则 加强管理，加强营养，给予高蛋白、高糖类的食物。

2. 治疗措施 治疗措施参见处方1～5。

处方1

复方氯化钠注射液50～200mL，20%葡萄糖溶液每千克体重1.5mL，一次静脉滴注。

处方2

地塞米松，每千克体重0.25～1.0mg，静脉注射或肌内注射，每天1次。

处方3

10%葡萄糖注射液每千克体重2.4mL，复方氯化钠注射液50～200mL，一次静脉滴注。

处方4

葡萄糖粉20g，加温水溶解，一次口服。

处方5

白砂糖50g，加温水溶解，一次口服。

肥胖症

肥胖症是成年犬、猫易发的一种脂肪过多性营养疾患。简单来说，明显过多的全身性脂肪，分布或贮积于身体内，就称之为肥胖症。该病是体内脂肪组织增加、过剩的状态，主要是由于机体的总能量摄取超过消耗，剩余部分以脂肪的形式蓄积，脂肪组织的量增加。多数肥胖由过食引起，这是饲养条件好的犬、猫最常见的营养性疾病，其发病率远远高于各种营养缺乏症。按照国际标准，犬和猫一般超过正常体重10%～15%以上即被视为肥胖。

【病因】

1. 遗传 父母肥胖的犬、猫，它们的子女往往也易肥胖。

就犬而言，有几种特定品种较有可能产生肥胖症，如拉布拉多犬、长毛腊肠犬、可卡犬、喜乐蒂牧羊犬、巴吉度犬、查理士长毛猎犬及米格鲁犬等；拳师犬、德国牧羊犬则较不易发胖。就猫来说，混种猫则较纯种猫容易发胖。

2. 性别 性腺切除会增加犬、猫肥胖症的发生概率，结扎母犬超重的可能性是正常母犬的2倍，雄犬也有同样的趋势。主要因为动情素及雄性激素的减少，引起基础代谢率降低，在不增加运动量、也不减少喂食量的情况下，就极易引发肥胖症。

3. 年龄 一般来说10岁以上的犬和老年猫肥胖的概率在60%左右，且母犬、猫多于公犬、猫。

4. 活动量及生活形态改变 随着都市生活的演进，绝大部分的犬、猫都缺乏可运动的时间与空间，当运动一减少，若饲养条件不变，能量摄取就会大于能量消耗，肥胖也随之而生。

5. 食物及喂食方式 喂食高适口性食物及自由采食，都将导致能量摄取过多；另外，零食的给予也会增加过多的能量，这些都是引发肥胖的潜在原因。

6. 其他原因 如患有呼吸道疾病、肾病和心脏病的犬、猫也容易发胖。有时候，患有代谢病（如果甲状腺和肾上腺功能异常）的宠物也会发胖。

【症状】患肥胖症的犬、猫体重明显高于同类品种，体态丰满，皮下脂肪丰富，用手不易触摸到肋骨，尾根两侧及腰部脂肪隆起，腹部下垂或增宽；食欲亢进或减退，不耐热，不爱活动，行动缓慢，动作不灵活，易疲劳，易喘，贪睡，容易和主人失去亲和力。另处，患肥胖症的犬、猫容易发生关节炎、骨折、椎间盘病、膝关节前十字韧带断裂等；易患心脏病、糖尿病，影响生殖功能等，麻醉和手术时易发生问题，生命缩短；血液胆固醇和血脂升高；犬、猫过度肥胖，还会造成其寿命缩短。即使有些年轻犬、猫肥胖以后，没有出现明显症状，但在平均6岁以后，如糖尿病、心脏病、关节病变等疾病就不断出现。

【诊断】由于品种、年龄、性别和营养及管理条件的差异，对所养宠物是否超重肥胖，主人往往不容易识别。为了及时发现病状，专家们总结出一些简单而直观的判断方法：①可以用手触摸犬、猫的肋骨，如果没有分明的层次感，或根本就摸不到，便是肥胖的明显表现；②也可以站在宠物的身后，双手拇指按在其背部脊柱中线上面，其他手指放在肋骨上，双手前后滑动，若在肋骨的边缘摸出脂肪层，沟部有明显的脂肪堆积，就说明宠物已经患上了肥胖症。

【防治】

1. 防治原则 首先要加强饲养管理，纠正不合理的生活方式，采取综合性的措施方能达到减肥与保健的双重目的。防治犬、猫肥胖症应以预防为重点，防止发育期的犬、猫肥胖，是预防成年犬、猫肥胖的最有效方法。重视防止减重成功后再复发肥胖。

2. 治疗措施 治疗措施参见处方1～5。

处方1

安非他明1～3mg，一次口服。

处方2

盐酸苯甲吗啉5～25mg，一次口服。

处方3

5%巯丙酰甘氨酸50～150mg，肌内注射，每天1～2次。

处方4

西瓜皮、黄瓜皮、冬瓜皮各200g，将西瓜皮刮去蜡质外皮、冬瓜皮刮去绒毛外皮，与黄瓜皮一起在开水锅内焯一下，待冷切成条状，拌盐食用。

处方5

取淫羊藿30g、粳米50g、肉桂10g，先将淫羊藿、肉桂水煎，去药渣，留药液，再下粳米煮成粥，每天早、晚空腹服1碗。

高脂血症

高脂血症是指血液中脂类含量升高的一种代谢性疾病，临床上常以肝脂肪浸润、血脂升高及血液外观异常，血浆（清）呈乳油色为特征。犬、猫血液中的脂类主要有四类：游离脂肪酸、磷脂、胆固醇和甘油三酯。血液中的脂类，特别是胆固醇或甘油三酯及脂蛋白的浓度升高，称为高脂血症。

【病因】 高脂血症的病因分为原发性和继发性两种。

1. 原发性高脂血症 见于自发性高脂蛋白血症、自发性高乳糜微粒血症、自发性脂蛋白酯酶缺乏症和自发性高胆固醇血症。主要是摄入高脂肪食物、运动不足等引起。

2. 继发性高脂血症 多由内分泌和代谢性疾病引起，常见于糖尿病、甲状腺机能降低、肾上腺皮质机能亢进、胰腺炎、胆汁阻塞、肝机能降低、肾病综合征等。

另外，糖皮质激素和醋酸甲地孕酮也能诱导高脂血症。犬、猫采食这两种药物后，血清脂质会一过性升高，出现一过性高脂血症，这不是病症，是正常的生理变化。

【症状】 病犬、猫营养不良，精神沉郁，饮食欲减退或废绝，偶见呕吐、心跳加快、呼吸困难、虚弱无力，不愿活动，站立不稳和瘦弱；血液如奶茶状，血清呈牛乳样。

继发性高脂血症的主要临床症状与原发病的表现相同。

【诊断】

1. 症状诊断 根据临床症状和饲养状况进行诊断。

2. 实验室诊断 犬、猫饥饿12h，血浆或血清中出现肉眼可见的变化，如血清呈乳白色，即为血脂异常。血清甘油三酯大于2.2mmol/L，一般就会出现肉眼可见的变化。脂血症时血液中甘油三酯浓度升高，同时极低密度脂蛋白及胆固醇也增多。饥饿状态下成年犬血清胆固醇和甘油三酯分别超过7.8mmol/L和1.65mmol/L，成年猫分别超过5.2mmol/L和1.1mmol/L，即可诊断为高脂血症。高脂血症血清在冰箱放置过夜，如果是乳糜颗粒，在血清顶部形成一层奶油样层；如果是极低密度脂蛋白，血清仍呈乳白色。单纯胆固醇血症，血清无肉眼可见的异常变化，但仍是脂血症。高甘油三酯血症时，除甘油三酯浓度升高外，血清胆红素、总蛋白、白蛋白、钙、磷和血糖浓度出现假性升高，血清钠、钾、淀粉酶浓度出现假性降低，同时还可能发生溶血，影响多项生化指标检验值的改变。

【防治】

1. 防治原则 确定病因，根据发病原因进行治疗。继发性高脂血症主要治疗原发病。

2. 治疗措施 对原发性或自发性高脂血症，应改善饲养管理，饲喂低脂肪或无脂肪、高纤维食物，或给予减肥处方食品。同时适当配合饲喂低脂肪、高纤维食物。高乳糜微粒血症应限制形成乳糜微粒的长链脂肪酸，可以给予碳原子数在6～10的饱和脂肪酸组成的中链脂肪酸，使其不形成乳糜微粒，并且代谢良好。高极低密度脂蛋白血症要限制饲喂糖。高极密度脂蛋白血症需要限制胆固醇的摄取。

经1～2个月食物疗法不见效或血清甘油三酯仍高于5.5mmol/L，胆固醇高于20.8mmol/L时，可试用降血脂药物。常用降血脂药物有烟酸，苷糖脂片。中药血脂康对治疗混合性高脂血症较好。犬口服或静脉注射巯丙酰甘氨酸。降血脂药物副作用较多，应用时要注意。

处方1

巯丙酰甘氨酸30～50mg，口服，每天3次，连用2周。

处方2

巯丙酰甘氨酸100～200mg，肌内注射，每天1次，连用2周。

处方3

烟酸50～100mg，口服，每天3次；1～3周后增加至2～3g，每天1次。

处方

氟伐他汀20～40mg，每天1次，晚上服用。

蛋白质缺乏症

蛋白质缺乏症亦称低蛋白血症，是指由于食物中蛋白质含量过低或消化吸收功能障碍而引起的疾病。该病以血浆蛋白减少、胶体渗透压降低、全身性水肿为特征。

【病因】蛋白质是犬、猫的主要营养物质。犬、猫对蛋白质的需要，按干物质计算，一般要达到21%～23%，约占饲料总热量的20%，泌乳母犬、猫的需要量更高。蛋白质摄入不足或吸收障碍如食道狭窄、慢性腹泻等；蛋白质消耗过多如大量失血、严重烧伤、热性疾病、恶性肿瘤、恶病质、胸膜炎、腹膜炎、肾小球肾炎、肾病综合征等都会导致蛋白质缺乏症。

蛋白质合成障碍（如肝硬化、慢性肝炎等）也会导致蛋白质缺乏症。蛋白质缺乏症大多数继发于其他疾病。临床上多见的是一种或多种特定的氨基酸缺乏所致的蛋白质缺乏。

【症状】最明显的特征是生长缓慢，病犬表现消瘦、食欲不振、被毛粗乱、精神委顿、可视黏膜苍白、体质虚弱、体重减轻、发育停止、免疫功能低下、乳汁减少。严重者出现全身性水肿。病犬抵抗力下降，容易发生继发性感染。

猫精氨酸缺乏后失去对含氮化合物的代谢能力，形成高氮血症，表现为呕吐、肌肉痉挛、感觉过敏、共济失调和抽搐，重者可在几小时内死亡；含硫氨基酸（蛋氨酸、胱氨酸）缺乏，导致牛磺酸缺乏，引起视网膜局灶性糜烂，重者影响视力甚至失明。

【诊断】

1. 症状诊断 主要通过病史调查、临床症状和实验室检查做出诊断。

2. 实验室诊断 成年犬血浆总蛋白质含量为5.3～7.5g/100mL，白蛋白为3～4.8g/100mL。如果血浆总蛋白降低至5g/100mL以下，白蛋白降低至3g/100mL以下，可认为蛋白质缺乏。由于常伴发贫血，血红蛋白和红细胞均减少。

【防治】

1. 防治原则 加强饲养管理，提高食物中蛋白质含量，病情严重者用药物治疗。

2. 治疗措施 提高食物中蛋白质含量，在宠物犬、猫日粮中添加蛋类、牛乳和动物肝等食品；对一般工作犬，日粮配方中植物性蛋白质成分（豆粕类）应占12%～15%，动物性蛋白质成分（鱼粉等）应占6%～8%；猫食物中牛磺酸应占干物质的0.1%，以保证蛋白质的需要。

病情严重者，用10%葡萄糖溶液250mL，氨基酸注射液100～250mL，维生素C 0.25～0.5g，一次缓慢静脉注射。由消化吸收功能障碍引起的蛋白质缺乏，还应治疗原发病。

中药治疗可选用补中益气汤或参苓白术散。

处方1

黄芪15g，党参10g，白术9g，陈皮6g，升麻6g，当归10g，柴胡6g，炙甘草9g。水煎服，每天2次。

处方2

人参100g，茯苓100g，白术（炒）100g，山药100g，白扁豆（炒）75g。口服，一次6～9g，每天2～3次。

处方3

10%葡萄糖溶液250mL，氨基酸注射液100～250mL，维生素C 0.25～0.5g，一次缓慢静脉注射。

黄疸

黄疸就是血液中的胆红素超过正常值，皮肤、黏膜以及血液黄染的总称。黄疸是伴随各种疾病的一种症状，特别是肝实质和胆道疾病以及溶血性疾病出现的症状。

【病因】根据其原因可分如下三大类。

1. 溶血性黄疸 溶血性黄疸主要是红细胞本身的内在缺陷或红细胞受外源性因素损伤，使红细胞遭到大量破坏，释放出大量的血红蛋白，致使血浆中非酯型胆红素含量增多，超过肝细胞的处理能力则出现黄疸。另外，脾机能亢进时，使红细胞破坏增加，也可引起黄疸。黄疸在猫很少见。溶血性黄疸在患有血巴尔通体病、洋葱中毒、败血症及对乙酰氨基酚等药物中毒时常出现。

2. 肝细胞性黄疸 多因肝细胞功能障碍而发生。这是由于肝细胞本身受到损害，导致胆红素排泄障碍或出现胆红素的饱和能力障碍，或者应从胆管排出的胆红素分泌到血液中，使胆红素滞留于血液中而引起的黄疸。本病见于肿瘤、脂肪肝、弓形虫病、有机磷和对乙酰氨基酚等药物中毒；除此之外，还见于肝和胆管的各种疾病。

3. 阻塞性黄疸 由于各种原因引起肝外胆管的狭窄（如结石、肝吸虫、蛔虫、肿瘤或胆囊炎等），胆汁排出受阻，造成肝内胆管的胆汁淤积、胆管扩张、压力升高，胆汁通过破裂的小胆管而进入组织间隙和血窦，引起血内胆红素增多，出现全身性黄疸。

【症状】黄疸仅为一种症状，可由多种疾病引起。一般在可视黏膜（眼结膜、巩膜、口腔黏膜、阴道黏膜）、皮肤、部出现明显的黄疸。此外，当出现黄疸症状时，蓝眼猫（虹膜）变为绿眼猫。尿液颜色可见有橘黄色、褐黄色。临床上还可见有慢性消化不良、呕吐、食欲不振、精神沉郁及粪便稀薄、色淡、有恶臭。有的病例还可见有皮肤瘙痒、心动缓慢、体温降低等症状。新生仔猫出现核黄疸和肝功能出现障碍时，往往呈现中枢神经系统异常症状。

【诊断】根据临床症状和肝功能试验可以确诊。

【防治】

1. 防治原则 查出病因，治疗原发症，采用支持疗法。静脉注射含糖电解质溶液，以维持体液平衡及促进肝的解毒能力，并促进从循环血液中清除胆红素；给予B族维生素、维生素K和去氢胆酸等利胆药；投喂皮质类固醇；如有食欲，则饲喂脱脂低能量奶油等高营养食品；对于阻塞性黄疸，也可以通过开腹，对阻塞部位实施手术。

2. 治疗措施 治疗措施详见处方1～4。

处方 1

25%葡萄糖注射液 50～100mL，维生素 B_1 20～100mg，维生素 B_2 5～10mg，维生素 B_6 5～10mg，维生素 B_{12} 20～50mg，能量合剂 0.5～1 支，一次静脉注射。

处方 2

复方氯化钠注射液 100～300mL，25%葡萄糖溶液 10～20mL，10%维生素 C 注射液5～10mL，能量合剂 0.5～1 支，一次静脉注射。

处方 3

玉米须 15g，煎汤，口服。

处方 4

取玉米须 100g、茵陈 50g、山栀子 25g、广郁金 25g，水煎，去渣，每天 2～3 次分服。

吸收不良综合征

吸收不良综合征主要包括消化不良和吸收不良，故又称为“消化吸收不良综合征”。消化不良是指因为一些疾病使肠道内消化物质缺乏，导致对食物的消化能力降低；吸收不良是指因为肠道吸收功能障碍，导致食物中的营养物质不能被吸收。吸收不良综合征就是由于消化不良和吸收不良，导致营养异常低下的病理状态的统称。

吸收不良综合征显然不是一个单一性的疾病，凡是可导致脂肪、蛋白质、糖类、维生素、电解质、矿物质和水吸收障碍的任何一种紊乱，均可列入这一综合征的范畴。

【病因】吸收不良综合征的病因繁多，有多种分类方法，通常按病因及发病机理分为下列几类：

1. 原发性吸收不良综合征　是小肠黏膜（吸收细胞）有某种缺陷或异常，影响营养物质经黏膜上皮细胞吸收、转运。包括乳糜泻和热带口炎性乳糜泻等。

2. 继发性吸收不良综合征

(1) 消化不良。胰酶缺乏，如慢性胰腺炎、胰腺癌、胰腺纤维囊肿、胰腺结石、原发性胰腺萎缩等；胆盐缺乏，如肝实质弥漫性损害、胆道梗阻、胆汁性肝硬化、肝内胆汁淤积、回肠切除、肠内细菌过度繁殖（肠污染综合征）；肠黏膜酶缺乏，如先天性乳糖酶缺乏症。

(2) 吸收不良。小肠吸收面积不足，如小肠切除过多（短肠综合征）、胃结肠瘘、不适当的胃肠吻合术、空肠结肠瘘等；小肠黏膜病变，如小肠炎症，包括感染性、放射性、药物性（新霉素、秋水仙素等）；寄生虫病，如贾第虫病、圆线虫病等；肠壁浸润病变，如淋巴瘤、结核病、克罗恩病等；小肠运动障碍；动力过速（如甲状腺功能亢进等），影响小肠吸收时间，动力过缓（如假性小肠梗阻、系统性硬皮病），导致小肠细菌过度生长；淋巴血流障碍，如淋巴发育不良、淋巴管梗阻（外伤、肿瘤、结核等）、血液循环障碍（门脉高压症、充血性心力衰竭）。

【症状】本病的最终典型特征表现为体重减轻，消瘦。由于引起本病的病因较多，其临床表现也不尽相同。

1. 消化不良　持续性腹泻，腹泻的粪便中有酸性恶臭的脂肪便，日排便次数是正常时的2～3 倍，食欲旺盛或不稳定。

2. 吸收不良　无特征性症状。

(1) 原发性吸收不良。多呈慢性经过，食欲较好，有的食欲旺盛，但生长发育缓慢，且体重会逐渐减轻、消瘦，常出现呕吐。长期吸收不良会导致营养不良，患病犬、猫出现低蛋白血症、低钠血症和低血糖。

(2) 继发性吸收不良。临床上表现为精神沉郁，食欲旺盛，腹泻并排脂肪便，脱水，贫血，腹部胀满（腹水），逐渐消瘦。同时出现原发病的症状。

【诊断】吸收不良综合征的诊断需要根据多项检查综合判断。

1. 初步诊断 根据临床症状及犬、猫的体征做出初步诊断。

2. 粪便检查

（1）用苏丹Ⅲ液染色直接检查脂肪。取新鲜粪便涂抹于载玻片上，加3～4滴苏丹Ⅲ液（70%乙醇和等量丙酮混合，加过量溶解苏丹Ⅲ染料，用时过滤）后，在显微镜下用高倍视野观察，发现甘油三酯暗示胰分泌不足或吸收不良。

（2）粪中脂肪量的测定。让犬、猫连续3d基本上吃含8.5%～9.0%脂肪的肉食，每天按每千克体重50g给予。在3d后稳定期收集1～2d的粪便，依据24h内每千克体重排泄脂肪粪多少克来判断。正常的约为每千克体重0.25g；胰分泌不足的每千克体重大于或等于2.08g；吸收不良的每千克体重大于或等于1.1g。

（3）粪中蛋白质的检查。饲喂新鲜生肉后，粪便涂片，用复方碘甘油染色，发现有肌纤维时可以判断为消化不良。

（4）粪中胰蛋白酶活性检查。取少量粪便与15%碳酸氢钠溶液混合，然后将X射线胶片放入混合液2.5h。若X射线胶片变为透明，则说明有胰蛋白酶存在，可以排除胰分泌不足。

（5）其他检查。如细菌培养、检查寄生虫虫卵和原虫等，排除细菌性和寄生虫感染。

3. 口服脂肪吸收试验（血浆混浊度试验） 停食12～24h后，取血浆对照。口服植物油每千克体重3mL，在口服植物油后2h、3h、4h取血浆，与口服植物油前的血浆进行比较，若有血脂则血浆呈白色混浊，提示消化和吸收功能正常。

4. 肠活组织检查 可用于鉴别诊断。

【防治】

1. 防治原则 查明并消除病因、改变饮食并补充酶和维生素。

2. 治疗措施 改变饮食，饲喂高蛋白、低脂肪的食物，少食多餐。补充酶和维生素，维生素B_{12}每千克体重40～100μg、叶酸每千克体重0.5mg，口服。同时口服淀粉酶、脂肪酶、蛋白酶、纤维分解酶等。积极治疗原发病。进行对症治疗，脱水时要进行输液和纠正酸碱平衡，投服胃肠保护剂和吸收剂，减轻胃肠症状。

处 方

维生素B_{12}每千克体重40～100μg、叶酸每千克体重0.5mg，口服。

三、案例分析

1. 病犬 金毛寻回猎犬，5岁，雌性。

2. 主诉 2013年5月，该犬产仔3只。为了保证乳汁充足，经常喂给排骨、鸡蛋，该犬体重增长很快，明显肥胖，外出活动时，不像以前那么活泼，走一段路就气喘明显，遂来院就诊。

3. 临床检查 体态丰满，皮下脂肪丰富，用手不易触摸到肋骨，尾根两侧及腰部脂肪隆起，腹部下垂或增宽。

4. 生化检查 血清胆固醇和甘油三酯分别为10.8mmol/L和3.65mmol/L（正常上限7.8mmol/L和1.65mmol/L）。

5. 治疗 ①喂食犬肥胖症处方粮；②控制饮食；③多外出活动。

四、拓展知识

（一）营养代谢病诊治概述

营养代谢病是营养缺乏病和新陈代谢障碍的统称。营养缺乏病是糖类、脂肪、蛋白质、维生素、矿物质等营养物质的不足或缺乏；新陈代谢障碍包括糖类代谢障碍病、脂肪代谢障碍病、蛋白质代谢障碍病、矿物质代谢障碍病及酸碱平衡紊乱。

1. 一般病因 营养物质摄入不足或过剩，消化吸收障碍或饲料中存在干扰营养物质吸收的因素而致营养物质吸收不良，营养物质需要量增加但补充不足，参与代谢的酶缺乏以及内分泌机能异常等。

2. 发病特点 ①群体发病：同种动物或异种动物同时或相继发病，表现相同或相似的症状；②地方流行性；③发病缓慢；④多种营养物质同时缺乏：在同一种营养物质缺乏的同时，存在其他营养物质的不足。

3. 诊断 营养代谢病的诊断应依据流行病学调查、临床检查、治疗性诊断、病理学检查以及实验室检查等各方面综合确定。

4. 防治原则 防治要点在于加强饲养管理，合理调配日粮，保证全价饲养；开展营养代谢病的检测，定期对犬、猫进行抽样调查，了解各种营养物质代谢的变动，正确估价和预测犬、猫的营养需要。早期发现病犬、猫，实施综合防治措施。

（二）犬肥胖症处方粮

适宜对象：肥胖犬。

不适宜对象：怀孕期、哺乳期、生长期犬、需要增加能量摄入的慢性病。

1. 主要成分 鸡肉粉，鸡肉骨粉，鸭肉粉，鸭肉骨粉，小麦，纤维素，甜菜粕，谷朊粉，犬粮口味增强剂，鸡油，牛油，矿物元素及其络（螯）合物（硫酸铜、硫酸亚铁等），维生素（维生素A、维生素E、维生素D_3、氯化胆碱等），鱼油，车前子，防腐剂（山梨酸钾），牛磺酸、葡萄糖胺，天然叶黄素（源自万寿菊），BHA，没食子酸丙酯，L-肉碱。

2. 主要值 每100g食物含有：蛋白质34g、脂肪10g、糖类20.5g、NFE 30.8g、膳食纤维18.1g、粗纤维7.8g、Ω-6 2.34g、Ω-3 0.35g、EPA+DHA 0.14g、钙1.41g、磷1g、钠0.5g、L-肉碱33mg、代谢能（C）1 304.6kJ。

3. 协同抗氧化复合物 每100g食物含有：维生素E 90mg、维生素C 50mg、牛磺酸280mg、叶黄素0.8mg。

4. 添加剂

（1）营养性添加剂。包括维生素A 15 000IU、维生素D_3 800IU、维生素E_1（铁）33mg、维生素E_2（碘）3mg、维生素E_4（铜）4mg、维生素E_5（锰）42mg、维生素E_6（锌）140mg。

（2）技术添加剂。包括防腐剂-抗氧化剂。

（三）犬减肥Ⅱ期处方粮

适宜对象：易于发生肥胖症的犬；维持体重（肥胖症第Ⅱ阶段）；超重引起的高脂血症；结肠炎；便秘。

不适宜对象：怀孕期、哺乳期、生长期犬；需要增加能量摄入的慢性病。

1. 主要成分 鸡肉粉，鸡肉骨粉，鸭肉粉，鸭肉骨粉，大麦，小麦粉，纤维素，甜菜粕，谷朊粉，犬粮口味增强剂，鸡油，牛油，矿物元素及其络（螯）合物（硫酸铜、硫酸亚铁等），维生素（维生素 A、维生素 E、维生素 D_3、氯化胆碱等），啤酒酵母粉，鱼油，车前子，防腐剂（山梨酸钾），果寡糖，牛磺酸，BHA，没食子酸丙酯，天然叶黄素（源自万寿菊），葡萄糖胺，L-肉碱。

2. 主要值　每 100g 食物含有：蛋白质 30g、脂肪 10g、糖类 26.9g、NFE 37.5g、膳食纤维 17.3g、粗纤维 6.7g、Ω-6 2.08g、Ω-3 0.41g、EPA＋DHA 0.2g、钙 1.1g、磷 0.8g、钠 0.5g、L-肉碱 20mg、代谢能（C）1 376.5kJ。

3. 协同抗氧化复合物　每 100g 食物含有：维生素 E 60mg、维生素 C 20mg、牛磺酸 200mg、叶黄素 0.5mg。

4. 添加剂

（1）营养性添加剂。包括维生素 A 17 600IU、维生素 D_3 1 000IU、维生素 E_1（铁）34mg、维生素 E_2（碘）3mg、维生素 E_4（铜）4mg、维生素 E_5（锰）44mg、维生素 E_6（锌）147mg。

（2）技术添加剂。包括防腐剂-抗氧化剂。

（四）猫肥胖症处方粮

适宜对象：肥胖猫。

不适宜对象：怀孕期、哺乳期、生长期猫。

1. 主要成分　鸡肉粉，小麦，谷朊粉，纤维素，玉米蛋白粉，鸡油，鸡水解粉，甜菜粕，矿物质及其络（螯）合物（硫酸亚铁等），鱼油，车前子，牛磺酸，低聚壳聚糖、葡萄糖胺，天然叶黄素（源自万寿菊），维生素（维生素 A、维生素 E、维生素 D、维生素 C 等），防腐剂（山梨酸钾）。

2. 主要值　每 100g 食物含有：蛋白质 42g、脂肪 10g、糖类 19.8g、NFE 27.9g、膳食纤维 14.7g、粗纤维 6.6g、Ω-6 2.39g、Ω-3 0.38g、EPA＋DHA 0.15g、亚油酸 2.13g、花生四烯酸 0.07g、钙 1.25g、磷 1.21g、钠 0.5g、L-肉碱 20mg、代谢能（C）1 379.5kJ。

3. 协同抗氧化复合物　每 100g 食物含有：维生素 E 70mg、维生素 C 30mg、牛磺酸 310mg、叶黄素 0.75mg。

4. 添加剂

（1）营养性添加剂。包括维生素 A 24 900IU、维生素 D_3 1 000IU、维生素 E_1（铁）33mg、维生素 E_2（碘）3mg、维生素 E_4（铜）3mg、维生素 E_5（锰）42mg、维生素 E_6（锌）140mg。

（2）技术添加剂。包括防腐剂-抗氧化剂。

五、技能训练

生化分析仪使用

（一）样本的制备

样本可用血清或血浆制备。

1. 血清样本制备

（1）使用针筒采血后，将针头拿下来，尽快将血液装到红头管或血清分离管中。

（2）让管静置至少 20min，以确定血液已完整凝固。

（3）使用高速离心机（12 000～16 000r/min）离心 120s。

（4）尽快处理血清样本，如在 4h 内不能进行分析，应将样本冷藏在 2～8℃；如在 48h 内不能分析，应将样本冷冻在－18℃。

2. 血浆样本制备

（1）将采好的血液尽快装到绿头管（管壁内有抗凝剂肝素锂）中，1/2～3/4 满，将管滚动约 30s 以达混合。

（2）使用高速离心机（12 000～16 000r/min）离心 90～120s，立即将血浆样本吸出。放入样本杯中。

3. 离心机的使用

（1）离心及平衡。当离心一支试管时，需使用另外一支同样的试管并加入水作为平衡，但不必精确平衡。

（2）离心参数。选“Normal”即可，以 15 800r/min 离心 90s。

（3）在每一次离心之前应确保转子已位于转子架底部。因此每一次离心前，应用手轻按转子，确保其位于底部。否则可能造成转子破碎。

（二）生化分析仪操作流程

生化分析仪见图 7-1。

1. 主屏幕 选择 1：New Sample（新检体）；选择 2：刚测试过的检体；选择 3：检阅前 7 次测试结果；选择 4：监测功能；选择 5：设定；选择 6：启动联机的分析仪。

2. 品种选项屏幕 选择 1：Canine（犬）；选择 2：Feline（猫）；选择 3：Equine（马）；选择 4：Bovine（牛）；选择 5：Avian（鸟类）；选择 6：Controls（品管液）；选择 7：Dilution（稀释测试）；选择 8：More Species（其他品种）；Press C to go back：按 C 退回。

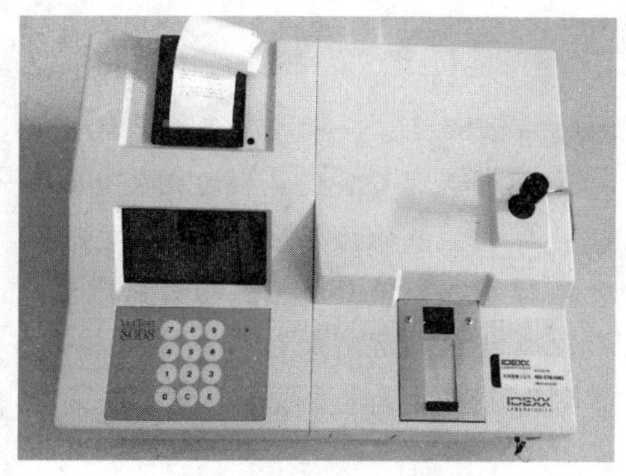

图 7-1 生化分析仪

3. 年龄选项屏幕 选择 1：Puppy＜6mo，（幼犬，小于 6 月龄）；选择 2：Adult Canine，（成年犬）；选择 3：Ger Canine＞8yr，（高龄犬，大于 8 岁）。

4. 病畜数据输入 如果只输入病畜病历号，如 2012030901，输完后按 4 次 E；如果每个数据都输入，每输入一笔数据就按 1 次 E。

5. 载入试剂片 一次一片加载欲测试的试剂片（条形码朝上，缺口在左边），推入装载杆，拉回装载杆，全部加载后不满 12 片，按 E；如果有 12 片，生化分析仪会自动扫描条形码。

6. 条形码扫描 生化分析仪自动把扫描到测试项目显示在屏幕上。

7. 分注器准备步骤 ①拿出分注器；②把新的滴管装到分注器上；③把滴管旋紧，但不用到顶端；④把分注器放回原位；⑤完成后，按 E。

8. 吸取检体步骤

（1）把滴管放入血浆/血清内，压一下分注器上方的按钮，然后马上放开，听到 1 次

“哔”声，分注器自动吸取所需要的检体量。

（2）听到2次“哔”声，才可以把滴管从检体拿出来。

（3）听到3次“哔”声，用无尘纸由上往下旋转擦拭滴管外壁所有多余的检体，然后把分注器马上放回原位。

9. 测试进行中 屏幕显示：“测试进行中，6min会完成”，按E检阅测试结果。

10. 打印结果准备 ①拿出分注器；②拔掉并丢弃滴管（此步骤相当重要，可避免管道阻塞）；③放回分注器；④检查打印纸是否足够；⑤完成后，按E。

11. 屏幕报告准备 屏幕快速显示：“请等候，结果准备中”。

12. 测试结果显示 打印完后，屏幕会更换讯息，再按任意键继续操作。

13. 系统自行退出已使用过的试剂片 屏幕显示：“请等候，试剂片正被退出”。

14. 操作完成后屏幕 选择1：显示测试结果；选择2：打印测试结果；选择3：结果的解说；选择0：监测病畜的测试结果；选择C：测试完毕；回到主屏幕。

任务二　维生素、矿物质缺乏及过多症诊治

一、任务目标

知识目标

1. 掌握维生素、矿物质体内代谢知识。
2. 掌握病因与疾病发生的相关知识。
3. 掌握疾病的病理生理知识。
4. 掌握疾病治疗所用药物的药理学知识。
5. 掌握疾病防治原则。
6. 了解益生菌功能。

能力目标

1. 会使用常用诊断仪器。
2. 具备症状鉴别诊断能力。
3. 具备综合分析并做出初诊的能力。
4. 能准确开出治疗处方。

二、相关知识

维生素A缺乏及过多症

（一）维生素A缺乏症

维生素A缺乏症是由于饲料内维生素A原或维生素A不足或缺乏，或吸收机能障碍而导致的机体维生素A缺乏所引起的一种慢性营养代谢障碍性疾病。临床上以生长迟缓、角膜角化、夜盲、皮肤丘疹以及生殖机能低下为特征。

植物中的维生素A主要以维生素A原（胡萝卜素）的形式而存在的。在各种青绿饲料

包括发酵的青绿饲料内，都含有丰富的维生素A原，这些维生素A原进入动物机体后都能转变成维生素A。而动物组织中则以肝含维生素A较多。

【病因】犬、猫维生素A缺乏症可分为原发性和继发性两种。

1. 原发性病因 多由于饲料中缺乏维生素A原或维生素A，或饲料中磷酸盐、硝酸盐过多引起。成年犬对维生素A的日需要量为每千克体重110万IU，仔犬每千克体重为220万IU，而猫对维生素A的需要量比犬更大。如饲料中维生素A原不足（如食物中缺乏青绿蔬菜、胡萝卜）或维生素A不足（如食物中缺乏肉类、鱼肝油等），就会引起维生素A缺乏症。犬、猫食物内维生素C、维生素E缺乏时，即使饲料中含有维生素A，但常在消化过程中使维生素A散失过多而导致吸收减少；饲料中磷酸盐过多时，影响维生素A在体内的贮存；饲料中硝酸盐过多时，不利于胡萝卜素转变成维生素A，都可促进本病的发生。

2. 继发性病因 肝疾患影响维生素A的利用和贮存，胃肠疾患时，可影响维生素A的吸收，这些都导致维生素A缺乏。

【症状】犬、猫维生素A缺乏症可表现为夜盲症、眼干燥症、皮肤干燥、生殖功能降低、胎儿先天性缺陷、神经系统损害等病症。

1. 夜盲症 在阴暗光线中视物不清或不能视物是维生素A缺乏症最早出现的病症。病犬、猫在傍晚或月夜中光线朦胧时，盲目行走、行动迟缓，碰撞障碍物。

2. 眼干燥症 病犬、猫角膜增厚、角化、形成云雾状，有时可出现溃疡和穿孔，造成失明。

3. 皮肤干燥 病犬、猫被毛粗乱、无光泽、皮肤干燥，有时也可见到脂溢性皮炎，生长迟缓、逐渐消瘦。

4. 生殖功能降低 公犬生殖上皮变性，精子活力下降，睾丸缩小。母犬胎盘变性，出现流产、死胎或生出衰弱胎儿等。

5. 胎儿先天性缺陷 母犬、猫严重缺乏维生素A时，所产仔犬、猫常表现为无眼球、小眼球、眼睑闭锁、腭裂、兔唇、附耳、后肢畸形、肾位异常、心瓣膜缺损、生殖器官发育不全、脑积水和全身性水肿等。

6. 神经系统损害 包括外周神经根损伤而发生的骨骼肌麻痹，颅内压增高而发生的惊厥，视神经受压而发生的视神经盘水肿而导致失明等。

幼犬、猫维生素A缺乏时，机体的抵抗力降低，容易发生肺炎、肠炎、中耳炎、泌尿生殖器官感染等疾病。

【诊断】根据特征性症状和食物情况可以初步诊断。测定血浆和肝中的维生素A水平可以确诊。在初步诊断的前提下，在调整日粮的同时，给予新鲜鱼肝油进行治疗性诊断是十分必要的。

【防治】

1. 防治原则 加强饲养管理，补充维生素A。

2. 治疗措施 加强饲养管理，多喂青绿蔬菜、胡萝卜、南瓜、黄玉米、牛乳、鸡蛋、肉类、动物肝等富含维生素A和胡萝卜素的食物，必要时在食物中加入适量的鱼肝油。补充维生素A，母犬、猫从怀孕起就提供丰富的维生素A。

处方1

维生素A每千克体重100IU，内服，连用7d，以后剂量减半，每周一次。

处方2

红番薯叶150～200g、羊肝200g，加水同煮，食肝饮汤，每天1次，连用3d。

处方 3

鲜兔肝1～2副，酱油少许，将兔肝放入水中煮至半熟加入酱油，每天1次。

处方 4

鸡肝1副、谷精草15g、夜明砂10g，隔水蒸熟，吃肝饮汁。

（二）维生素A过多症

维生素A过多症是因长期饲喂过量维生素A或含大量动物肝的食物而引起的疾病，又称维生素A中毒。临床主要表现为跛行、四肢关节肿胀和疼痛。

【病因】犬、猫大量长期食用动物肝特别是生肝，维生素A在体内蓄积，大量的维生素A抑制成骨细胞功能，使韧带或肌腱附着处的管状骨骨膜发生增生性变化。

此外，长期大量投予维生素A制剂，也可造成医源性维生素A中毒。

【症状】病犬、猫食欲减退，体重减轻，感觉过敏，全身震颤，尿失禁及便秘。由于骨质疏松，颈椎和前肢关节周围生成外生骨疣，结果使颈部发硬，前肢肘部及腕部骨骼融合，出现四肢骨肿胀、疼痛、跛行。当脊椎骨融合时，猫因颈部活动不灵活，不能正常梳理被毛而显得被毛不顺，无光泽；常似袋鼠样蹲坐；厌食，甚至不食。此外可引起齿龈炎、牙齿脱落。

【诊断】根据特征性症状和饲料情况可以做出诊断。X射线片上，看到以颈椎及前部胸椎为中心的广泛的骨质增生与椎骨融合。

【防治】严格控制食物中肝和鱼肝油的量，逐渐调整食谱，停止给予维生素A以及含维生素A的食物。

处方 1

醋酸生育酚注射液每千克体重0.08mL，肌内注射，隔天1次。

处方 2

地塞米松每千克体重0.5～1.0mg，肌内注射，每天1次，连用3～5d。

B族维生素缺乏症

B族维生素属于水溶性维生素，可从水溶性的食物中提取，除含碳、氢、氧等元素外，多数都含有氮，有的还含硫或钴。多数情况下，缺乏症无特异性，食欲下降和生长受阻是共同的缺乏症状。除维生素B_{12}外，水溶性维生素几乎不在体内贮存，主要经尿排出（包括代谢产物）。B族维生素不用担心引起中毒，因多余的维生素会排出体外，不会在体内存留。更多的是担心它的缺乏，因蔬菜和水果中含有大量的维生素，而犬、猫不会像人一样吃大量的蔬菜和水果，因此一般来说B族维生素是缺乏的，而B族维生素对于维持皮毛的健康、防止动物的腹泻、促进动物的生长都非常重要。B族维生素缺乏可导致皮炎，毛粗乱无光泽，动物的消化不良。谷物中含有一定量的B族维生素，但谷物中不含维生素A。

（一）维生素B_1缺乏症

维生素B_1缺乏症是因为犬、猫组织中缺乏维生素B_1导致糖代谢障碍，能量供应减少，特别是神经组织所需的能量减少，从而引起临床症状。临床上以出现神经症状为主。

【病因】

1. 摄入不足 新鲜蔬菜、米糠、麦麸、豆类、瘦肉、酵母中都含有较多的维生素B_1，大多数情况下，犬、猫不会发生维生素B_1缺乏，但如果长期以卤肝、卤肉为犬、猫的主食，又不补充维生素B_1或新鲜蔬菜，就可导致维生素B_1摄入不足而发生维生素B_1缺乏症。

2. 需要量增加 在妊娠、哺乳、发热、过度疲劳、甲状腺功能亢进等情况下，机体内

对维生素 B_1 的需要量增加，此时不增加维生素 B_1 的量就会导致维生素 B_1 缺乏症。

3. 维生素 B_1 被破坏 长期大量饲喂生鱼和软体动物，某些药物（氨丙林）、植物、细菌和真菌等，食物烹煮时过火或时间过长，都会破坏维生素 B_1，导致维生素 B_1 缺乏症。

4. 吸收不良 慢性腹泻、消化不良、肝胆疾病等，使维生素 B_1 吸收减少从而导致维生素 B_1 缺乏症。

【症状】幼龄犬、猫主要表现为心功能紊乱、脉搏加快、心脏扩张、心律不齐、前肢（特别是腕部）肿胀、食欲减退或废绝，几天内因心脏衰竭而发生死亡。

老龄犬、猫表现为共济失调，行走时呈现鸡跛步样等神经症状，后期出现后躯、四肢和声带麻痹，叫声嘶哑，有时惊厥倒地，角弓反张。

犬常伴发失明，但瞳孔正常；猫常表现为眼球垂直性震颤。

【诊断】

1. 症状诊断 根据饲养管理情况、病史和临床特征可初步诊断。

2. 实验室诊断 采血进行血液检查发现维生素 B_1 水平下降及丙酮酸水平增高即可确诊。

【防治】

1. 防治原则 加强管理，消除病因，给予含维生素 B_1 丰富的食物，补充维生素 B_1。

2. 治疗措施 治疗措施参见处方1～2。

处方 1

维生素 B_1 丸 20～30mg，口服，每天1次，连用1周。

处方 2

维生素 B_1 注射液 15～20mg，一次肌内注射，连用1周。

（二）维生素 B_2 缺乏症

维生素 B_2 缺乏症是由于犬、猫机体组织中缺乏维生素 B_2 而引起的一种以贫血、虚脱和口炎为特征的营养代谢性疾病。

【病因】

1. 摄入不足 维生素 B_2 含于酵母、肝、肾、肉类及牛乳中，而在谷类食物中含量较少。如长期饲喂谷物性食物，可导致犬、猫维生素 B_2 摄入不足而发生维生素 B_2 缺乏症。

2. 继发于胃肠疾病 维生素 B_2 需从小肠壁吸收后再磷酸化为黄素单核苷酸才发挥作用，如发生胃肠炎、腹泻等胃肠疾病，可影响维生素 B_2 的转化和吸收，从而出现维生素 B_2 缺乏症。

【症状】维生素 B_2 缺乏时，临床上主要表现食欲减退、生长缓慢、消瘦、消化不良、腹泻、每分钟心跳次数减少、可视黏膜苍白、痉挛和虚脱、神经过敏等。

成年犬、猫主要呈现口炎、贫血、痉挛。雄性成年犬、猫还可出现阴囊炎。

妊娠早期出现维生素 B_2 缺乏症，会导致仔犬先天性畸形。重症病例也可能死亡。

【诊断】

1. 症状诊断 根据临床表现可做出初诊。

2. 实验室诊断 尿检发现维生素 B_2 含量下降，血液检查红细胞总数减少即可确诊。

【防治】

1. 防治原则 消除病因，补充维生素 B_2。同时调整食谱，给予含维生素 B_2 丰富的食物（新鲜蔬菜、乳制品、肉、蛋、豆类等）。

2. 治疗措施 治疗措施参见处方1～3。

处方 1

维生素 B_2 片 20～30mg，口服，每天 1 次，连用 5d。

处方 2

维生素 B_2 注射液 5～10mg，肌内注射，每天 1 次，连用 5d。

处方 3

酵母片 1～4 片，口服，每天 1～3 次。

（三）烟酸缺乏症

烟酸缺乏症是犬、猫因烟酸（维生素 B_5）缺乏而引起的一种临床以口炎（黑舌病）和皮炎（癞皮病）为特征的营养代谢性疾病。

【病因】 烟酸在许多动物、植物性饲料中都有，在谷类、酵母、麦麸、肝、肾等食物中含量丰富；但在玉米中含量很少，而且含有抗烟酸作用的乙酰嘧啶，所以长期用玉米喂饲犬、猫，易发生烟酸缺乏症。成年犬日需要量为每千克体重 0.5mg，猫为每千克体重 0.25mg。当犬、猫食物中动物性产品很少时，也有可能发生烟酸缺乏症。

烟酸在体内主要以烟酰胺形式存在。烟酰胺是构成辅酶Ⅰ及辅酶Ⅱ的组成成分，这两种酶是体内许多脱氢酶的辅酶，在正常组织细胞呼吸及糖类、蛋白质、脂肪代谢中起着重要作用，并对维持皮肤和消化机能有重大意义。犬能在体内将色氨酸转变为烟酸，猫却无这种能力。因此，在猫食物中即使含有色氨酸，也可发生烟酸缺乏症。

【症状】 犬、猫烟酸缺乏时皮肤粗糙，有红斑和渗出液，并形成干燥黑痂。最主要症状是表现黑色病，食欲减退，口渴，口腔恶臭，黏膜潮红，舌黏膜上有红色至暗蓝色的色素沉积。唇、颊黏膜形成密集的脓疱，甚至发生溃疡、出血和坏死。不断有黏稠而恶臭的唾液从口腔流出。病犬、猫体温升高，步样蹒跚；有的发生痉挛或腹泻。

【诊断】

1. 症状诊断 根据典型的皮炎、腹泻和口腔溃疡及神经症状等可做出初步诊断。

2. 实验室诊断 血液检查发现烟酸含量下降及红细胞总数减少，又发现上述特征时即可确诊。

【防治】

1. 防治原则 加强饲养管理，喂给含烟酸多的食物（肉、鱼、蛋），经常给予酵母片。

2. 治疗措施 治疗措施参见处方 1～2。

处方 1

烟酸片每千克体重 0.6mg，口服，每天 3 次，连用 1 周。

处方 2

烟酸注射液每千克体重 0.25mg，肌内注射，每天 1 次，连用 1 周。

（四）维生素 B_6 缺乏症

维生素 B_6 缺乏症是由于机体组织中缺乏维生素 B_6 而引起犬、猫的一种营养代谢性疾病，以严重的小红细胞性低色素性贫血为特征。

维生素 B_6 是吡哆醇、吡哆胺和吡哆醛的总称，在体内经磷酸化后，是转氨酶、氨基脱羧酶的辅酶，与胆固醇和中枢神经系统的代谢有重要关系。维生素 B_6 缺乏可引起各种代谢障碍。

【病因】 引起维生素 B_6 缺乏的主要原因是不计算日粮中维生素 B_6 的含量，其次是不按生物学时期需要补给维生素 B_6 而造成缺乏。

维生素 B_6 虽然广泛存在于多种动物、植物类食物中，但由于在蒸煮过程中损失较多，因此当食物调制不当、厌食、胃肠消化吸收功能障碍或长期喂给高蛋白饲料又没有额外补充

维生素 B_6 时，都可引起维生素 B_6 缺乏症。

【症状】 主要以小红细胞性低色素性贫血为特征，同时还发生神经退行性变性和肝脂肪浸润。患病犬、猫可视黏膜颜色变淡，心跳、呼吸加快，动则气喘，步态不稳，共济失调，有时出现惊厥、突然倒地、角弓反张、全身僵直、口吐白沫，甚至昏迷。

幼犬胃肠功能障碍、食欲不振、发育不良、消瘦、反应过敏、有的眼睑、鼻、口唇周围、耳根后部、面部发生瘙痒性红斑样皮炎或脂溢性皮炎，有时舌、口角发炎。

【诊断】

1. 症状诊断 根据病史、临床表现及用维生素 B_6 治疗有效，可初步诊断。

2. 实验室诊断 血液检查发现血红蛋白含量降低、红细胞体积变小、血中脂肪酸含量增加即可确诊。

【防治】

1. 防治原则 消除病因，加强管理，给予含维生素 B_6 丰富的食物。同时全面搭配饲料，保证营养需要，在食物中适当添加生肉、牛乳等。

2. 治疗措施 治疗措施参见处方1～3。

处方1

吡哆醇每千克体重1～5mg，口服，每天3次，连用10d。

处方2

吡哆醇每千克体重0.005mg，肌内注射，每天1次，连用10d。

处方3

酵母片1～4片，口服，每天2次，连用10d。

（五）生物素缺乏症

生物素缺乏症是由于生物素缺乏引起机体糖、蛋白、脂肪代谢障碍的营养缺乏性疾病。

【病因】 动物肠道微生物群能合成生物素，多种食物中都含有丰富的生物素，故用一般食物饲喂动物，是不易发生生物素缺乏的。

当应用大量抗生素、磺胺类药物或抗球虫药后，抑制了肠道中微生物合成生物素或增喂犬、猫大量生鸡蛋时，由于其中含有抗生物素蛋白，能与食物或肠道中生物素牢固结合，使其丧失活力，这时动物才有可能发生生物素缺乏症。

【症状】 缺乏的早期阶段，出现鳞状性皮肤炎，脱毛。在长期饲喂生鸡蛋时，可出现食欲不振、呕吐、生长缓慢，舌头发炎和肿大，眼睛和鼻子有干性分泌物和唾液增多。严重的出现衰弱、腹泻、进行性痉挛、后躯麻痹，后期出现明显消瘦和血便。

【诊断】 依据临床症状和饲养状况进行判断。

【防治】

1. 防治原则 加强管理，除去病因，补充维生素H。

2. 治疗措施 治疗措施参见处方1～2。

处方1

生物素每千克体重0.5～1.0mg，肌内注射，每3d 1次。

处方2

复合维生素B 1～2片，口服，每天3次。

（六）叶酸缺乏症

叶酸由嘧啶核、对氨基苯甲酸及谷氨酸结合而成，是一碳基团代谢的辅酶，由于主要存在于蔬菜绿叶中，故名叶酸。当犬、猫体内叶酸缺乏或不足时，就会引起一种以贫血和白细胞减少为特征的营养代谢性疾病。

【病因】叶酸在很多饲料中都含量丰富，且犬、猫肠道中微生物群能合成足够的叶酸供其需要，因此，通常不易发生叶酸缺乏症。当犬、猫大量出血或长期吸收不良，或服用大量抗生素和磺胺类药物，抑制了肠道中微生物群合成叶酸时，才会发生叶酸缺乏症。

【症状】患病犬、猫精神不振，生长发育不良，喜卧、懒动，心跳、呼吸加快，动则张口喘气，可视黏膜苍白，逐渐消瘦。有的出现口腔炎症和溃疡。

叶酸能通过胎盘传给胎儿，因此，妊娠后期犬、猫只要不缺乏叶酸，所生幼龄犬、猫也不会发生叶酸缺乏症。

【诊断】

1. 症状诊断 叶酸缺乏症在临床上特征性症状不明显，常不易诊断，但根据饲养管理情况及长期使用抗生素的病史可初步诊断。

2. 实验室诊断 血液检查发现红细胞总数和白细胞总数同时减少的结果就可以准确地诊断。

【防治】

1. 防治原则 加强饲养管理，全面搭配饲料，避免长期使用广谱抗菌药物。

2. 治疗措施 治疗措施参见处方1～2。

处方1

叶酸20～30mg，口服，每天3次，连用1周。严重的犬、猫肌内注射叶酸，每次50～60mg，每天1次。犬出现口腔溃疡者涂擦碘甘油。

处方2

叶酸50～60mg，肌内注射，每天1次，连用1周。

（七）维生素B_{12}缺乏症

维生素B_{12}缺乏症是由于犬、猫体内维生素B_{12}合成或吸收障碍而引起贫血和肝脂肪变性为病症的一种营养代谢性疾病，临床上以巨幼红细胞性贫血和神经损害为特征。

【病因】维生素B_{12}又称钴维生素，在动物的肝、肉和禽蛋中含量较多，在动物肠道内的微生物亦能合成一部分。所以一般情况下，犬、猫较少发生维生素B_{12}缺乏。

但如果犬、猫食物中长期缺乏钴元素或肠胃有病变，对维生素B_{12}不能很好吸收；肝、肾疾病影响维生素B_{12}的贮存和利用；一些药物（主要是抗生素）包括胃肠道手术和放射疗法会影响维生素B_{12}的正常消化与吸收；有毒物质或环境污染会影响维生素B_{12}的贮存；老年犬对维生素B_{12}的吸收减少，这些都有可能引发维生素B_{12}缺乏症。

【症状】维生素B_{12}缺乏时，临床上主要表现为恶性贫血，肝功能和消化功能障碍。患病犬、猫长期食欲不振，异嗜，生长停滞，营养不良，肌肉萎缩，心跳、呼吸次数增加，可视黏膜苍白，喜卧、懒动，运动不协调，抗病能力下降，皮炎等。母犬在妊娠期发生维生素B_{12}缺乏时，其仔犬会发生致死性水头症。

【诊断】

1. 症状诊断 根据临床表现和饲养状况可初步诊断。

2. 实验室诊断 实验室测定尿中甲基丙二酸的含量，检查发现尿中甲基丙二酸显著增加即可确诊。

【防治】

1. 防治原则 除去病因，补充维生素B_{12}。在食物中加入动物肝、肉类和禽蛋。精神委顿者给以适量安钠咖。同时加强饲养管理，全面搭配饲料，满足机体对动物性食品的需要；积极治疗胃肠疾病，防止犬、猫对维生素的吸收障碍。

2. 治疗措施 治疗措施参见处方1～2。

处方1

维生素 B_{12} 50～100mg，口服，每天1次，连用10～14d。

处方2

维生素 B_{12} 注射液30～100mg，肌内注射，每天1次，连用3d。

维生素E缺乏症

维生素E缺乏症是由于犬、猫体内缺乏维生素E而引起的以肌肉萎缩和不孕为特征的一种营养代谢性疾病。维生素E又称生育酚，是所有具有α-生育酚生物活性物质的总称，可分为生育酚、三烯生育酚两类，共8种化合物，其中以α-生育酚生物活性最高。

【病因】维生素E主要存在于青绿饲料、豆科干草、谷粒特别是发芽谷粒和植物油中，是极好的天然抗氧化剂，成年犬对维生素E的需要量为每千克体重1.1万IU，生长期仔犬的需要量为每千克体重2.2万IU，在常规饲养条件下，犬很少患维生素E缺乏症。

造成犬、猫维生素E缺乏的原因有：陈旧的动物性饲料和磨碎的谷物含有的维生素E因氧化而破坏；给犬、猫长期饲喂含大量酸败脂肪和不饱和脂肪酸的鱼肉等，可使机体内的维生素E大量消耗而引起缺乏；饲料中的矿物质含量太多，也可使维生素E发生氧化而失活；长时间胃肠疾病（长期腹泻），维生素E的吸收受到影响。

【症状】幼犬、青年犬由于肌细胞耗氧增大，导致骨骼肌变性、萎缩、生长停滞；脂肪织炎，患犬逐渐消瘦，贫血，水肿，免疫力降低，慢性肝功能障碍，容易生病。

母犬的受胎率下降或出现流产、死胎、早产；公犬精母细胞变性，睾丸萎缩，输精管上皮退化，性欲减退或消失。

对于猫，维生素E缺乏是猫黄脂病的原因之一，能与日粮中不饱和脂肪酸过多一起导致“蜡样质”色素在脂肪组织内沉着，表现不愿活动、触摸疼痛等症状。

【诊断】根据临床症状及饲养状况进行初步诊断，用维生素E进行诊断性治疗，效果明显的可确诊。

【防治】

1. 防治原则 加强管理，补充食物中的维生素E；不喂酸败肉类食物，注意食物中微量元素尤其是硒及矿物质的合理搭配，可有效地防止维生素E的缺乏。

2. 治疗措施 治疗措施参见处方1～2。

处方1

维生素E 1～2片，口服，每天1次，连用1周。

处方2

乙酸生育酚每千克体重0.08mL，肌内注射，隔天1次。

维生素D缺乏症

维生素D缺乏症是幼犬由于饲料中缺乏维生素D或维生素D吸收障碍而导致的以骨营养不良为主的一种营养代谢性疾病。临床特征为消化紊乱、异嗜、跛行及骨骼变形。

【病因】犬舍阴暗，光照不足。母犬长期喂养在阴暗之处，皮肤中7-脱氢胆固醇则不能转变为维生素D_3，于是在乳汁中可能发生维生素D严重不足，从而导致幼犬维生素D缺乏；幼犬断乳后缺乏光照，而食物中又未能补充维生素D，也是引起此病发生的一个重要因素。

消化不良、吸收困难、慢性肠炎、腹泻、寄生虫大量寄生等，都可以导致维生素D的吸收障碍而引发本病。

【症状】病初出现异嗜现象，如舔食泥土、墙壁、污物或邻近动物及本身的腹部。牙齿生长缓慢或换齿时间推迟。逐渐出现关节疼痛，表现步态强拘、跛行、起立困难，关节部骨端肿胀、变形；姿势异常，呈现O形腿或X形腿。肋骨和肋软骨结合部肿胀，形成串珠状，胸骨下沉，脊椎骨弯曲，骨盆狭窄，发生鼻塞音和呼吸困难，咀嚼小心、缓慢。病犬精神不振，喜卧、懒动，逐渐消瘦。严重者卧地不能起立，以至发生褥疮、败血症等。

【诊断】

1. 症状诊断 根据发病年龄、临床表现以及饲养管理情况不难诊断。维生素D缺乏症主要发生于幼犬和青年犬，且发病缓慢，病后主要表现骨和关节的变化；询问畜主如发现饲养管理方面的缺陷更有助于诊断。

2. 实验室诊断 X射线检查骨密度降低；血钙浓度在9mg/100mL以下，血磷浓度在2.5mg/100mL以下时，即可确诊。

【防治】

1. 防治原则 动物多晒太阳，调整日粮，补充维生素D。在治疗过程中，要密切观察犬的采食和消化状态，如出现消化障碍，应酌情使用健胃剂。同时，加强饲养管理，注意圈舍卫生，保证光线充足。适当运动，多晒太阳，调整日粮组成，保证供应充足的维生素D和矿物质。

2. 治疗措施 治疗措施参见处方1～3。

处方1

维丁胶性钙0.25～0.5IU，一次皮下注射。

处方2

鱼肝油5～10mL，口服。

处方3

维生素D_3 10万～20万IU，一次皮下注射，间隔半月1次。

佝偻病

佝偻病是幼龄犬、猫软骨骨化障碍，导致发育中的骨钙化不全，骨基质钙盐沉积不足的一种慢性病。犬、猫虽不如其他动物发病率高，但也时有发生，犬发病较多。

【病因】钙、磷缺乏或者钙、磷的比例不当是导致佝偻病的重要原因。食物或乳汁中的钙、磷比例应维持在1.3∶1～0.6∶1的范围内，若达不到这个比例就会影响骨骼的发育，而发生佝偻病。

维生素D缺乏是佝偻病发生的主要原因。维生素D适量存在，可使肠液的pH降低，有利于钙的吸收，同时还能促进钙在骨组织中的沉积。当维生素D缺乏时，无论是钙的吸收或骨钙的沉积都会受到影响，继而导致佝偻病的发生。慢性肠炎可影响脂溶性维生素D的吸收，肝疾病时，肝细胞受损，线粒体中D-25羟化酶不能催化维生素D转变为25-羟维生素D（即25-羟胆固化醇）而导致骨盐沉积障碍，发生佝偻病。

【症状】患先天性佝偻病犬、猫，出生后骨质软弱，肢体有异常弯曲，出生数天仍不能站立。后天性佝偻病犬、猫患病初期往往被忽视，而至关节肢体变形后才引起人们的注意。病初动物精神不振，食欲减退，消化不良，逐渐消瘦，生长发育缓慢。进行期症状是患病动物发生异嗜，喜欢舔食墙壁和地板，喜食泥土、砖石或自己的粪便。其表现为腹泻或便秘等消化障碍，随后骨骼出现畸形。但在骨骼变形之前，动物表现为四肢关节疼痛，运动时四肢僵硬，屈伸不灵活，出现跛行或卧地不能站立。

骨骼变形的特征：

①胸部畸形。肋骨与内软骨交界处膨大成钝形，呈串珠状。由于肋骨内陷，胸部凸出，成为鸡胸，胸肌牵引肋骨使肋骨内陷，从而导致胸廓变小。

②四肢畸形。腕（跗）球关节粗大。四肢负重时管骨逐渐变形，呈现各种异常姿势，如两膝和两腕分开呈O形腿，分离方向相反者呈X形腿。盆骨部左右压偏而变狭小。

③脊柱畸形。因负重关系，而使脊柱向上凸起呈弓形弯曲。

佝偻病是一种全身性疾病，除骨骼系统外，其他系统亦受影响。患病动物骨骼肌萎缩无力、关节膨大、胃肠弛缓，若患犬血钙降低，可出现神经症状，如尖叫、痉挛和肌肉疼痛敏感，其神经症状发作是短暂的，但可间歇性频繁发作。

重症佝偻病的犬、猫骨骼异常疏松，易引起四肢、盆骨和脊柱的骨折，卧地不能起立。胸壁畸形影响肺扩张和引起肺循环障碍。因腹肌无力，胃肠弛缓常导致便秘，膀胱积尿。

恢复期神经症状消失，骨骼改变不再进行，血钙、血磷恢复正常。早期轻型佝偻病如能及时治疗，可完全恢复正常；重型佝偻病，至恢复正常后可遗留轻重不等的骨骼畸形。

【诊断】

1. 症状诊断 根据病史调查和临床症状不难建立诊断。

2. 实验室诊断 检测血钙和血磷的浓度。当犬的血钙浓度在9mg%和血磷2.5mg%以下时，即可确诊为本病。

【防治】

1. 防治原则 应重视早期治疗，治疗越早，恢复越快，并不留任何后遗症。除应用维生素D外，应特别重视合理饲养和使动物多进行运动，尤其是早、晚的运动。患佝偻病的犬、猫多晒太阳对疾病的恢复有积极作用，补充维生素D。

2. 治疗措施 治疗措施参见处方1～3。

处方1

鱼肝油5～10mL，每天1次，内服。

处方2

维生素D_3注射液每千克体重1 500～3 000IU，一次肌内注射，每半月重复1次。

处方3

维丁胶性钙0.1～0.5mL，皮下注射，每天1次。

鱼肝油5～10mL，每天1次，内服。

骨软病

骨软病是骨质进行性脱钙，未钙化的骨基质过剩，而使骨质疏松的一种慢性营养不良性疾病。临床上以骨骼变形为特征，犬、猫偶有发生。

【病因】日粮中钙、磷比例失调，特别是磷含量绝对或相对缺乏是造成本病的主要原因。

犬、猫食物中钙、磷最合适的比例：犬为1.2∶1～1.4∶1，猫为0.9∶1～1.1∶1。有的主人担心爱犬缺钙，长期大量喂食钙剂，而忽视了补磷，造成钙、磷比严重失调，容易引发本病。动物在钙、磷供应总量不足条件下，对磷的缺乏更为敏感，易发生骨软病。

维生素D缺乏时，可加重磷的缺乏。此外，锌、铜、锰等微量元素的缺乏也对骨软病的发生有促进作用。

【症状】病初犬、猫发生消化机能紊乱，喜食泥土、破布、塑料等，有的甚至因异嗜而发生胃肠阻塞。随后出现运动障碍，运步强拘，腰腿僵硬，拱背、跛行，喜卧，不愿起立。继而出现骨骼肿胀变形，四肢关节肿大，易发生骨折和肌腱附着部的撕脱。

【诊断】

1. 症状诊断 依据异嗜、跛行和骨骼肿大变形不难诊断。

2. 实验室诊断 通过饲料分析钙、磷比例失调或绝对量不足以及X射线摄影骨质疏松，即可确诊。血钙多无明显变化，而血磷明显降低。

【防治】

1. 防治原则 加强饲养管理，注意犬舍卫生，适当运动，保证充足的光照，调整不合理的日粮结构和补钙。另外，要保证钙、磷比和绝对供应量。适当补充维生素D和锌、铜、锰等微量元素，防止长期、大量、单一地补给钙剂。

2. 治疗措施 治疗措施参见处方1～2。

处方1

维丁胶性钙0.1～0.5mL，皮下注射，每天1次。

鱼肝油5～10mL，每天1次，内服。

处方2

20%磷酸二氢钠注射液，静脉注射，每天1次。

异食癖

异食癖是病犬、猫吞食或舔食食物以外的一些异物的病态，是犬、猫常发生的一种营养代谢病。

【病因】主要是营养失衡，缺乏某些矿物质、维生素等，特别是处于生长期的幼犬、猫，在食物过于单一，不能进行全价饲养时，更易发生。

犬、猫发生慢性消化不良、慢性胃肠炎、胰疾病等慢性消化障碍也容易导致此病；患寄生虫病如蛔虫、钩虫、绦虫等也可发生异食癖；异食癖也见于狂犬病等疾病过程中。

【症状】病犬、猫常吞食或舔食木片、石子、砖头、碎布、泥沙、被毛、青草、煤渣、粪便等异物。根据吞吃异物的性状、在消化道内滞留与否和滞留的部位，临床表现不尽相同。锐利的异物可能损伤口腔，可见流涎和口腔出血；有的可造成食管、胃、肠内异物梗阻或者穿孔。因动物舔食被毛而在胃内形成毛团并不少见。消化道内有异物时，犬、猫往往有厌食或者绝食、呕吐等症状。

【诊断】

1. 症状诊断 根据临床症状易于诊断。

2. 实验室诊断 消化道内异物可通过腹部、食管触诊或X射线检查发现。

【防治】

1. 防治原则 投服缓泻剂或深部灌肠，排除消化道内异物。

2. 治疗措施 由胃肠疾病引起者，应治疗原发病；肠道寄生虫引起者，用盐酸左旋咪唑，每千克体重10mg，口服；或伊维菌素，每千克体重0.2mg，肌内注射，1周后重复用药1次。

加强饲养管理，调整食物营养结构，适量补充微量元素和多种维生素，定期驱虫。及时制止其异嗜行为，改善饲养方法和生活环境，以纠正异嗜恶习。有顽固异食癖的，不可作种用。

处 方

B族维生素10～20mL，肌内注射，每天1次，连用3～4d。

痛 风

本病又称尿酸素质、尿酸盐沉积症和结晶症，是由于体内嘌呤核苷酸代谢障碍，尿酸盐形成过多或排泄减少，在体内形成结晶并蓄积一种代谢病疾病。临床上以关节肿胀、变形，肾功能不全和尿石症为特征。各种动物均可发生。

【病因】 动物性饲料过多是引起本病的主要原因。

给动物饲喂了大量的动物内脏、肉屑、鱼粉、大豆等富含核酸蛋白质的食物；肾损伤可诱发本病。在禽类尿酸占尿氮的80%，其中大部分通过肾小管分泌而排泄。当肾小管机能不全时可使尿酸盐分泌减少，产生高尿酸血症，以致尿酸结晶在实质脏器浆膜表面沉着，称为内脏痛风肾中毒型；日粮中维生素A缺乏时，输尿管上皮角化、脱落，堵塞输尿管，使尿酸排泄减少引起痛风；内服大量磺胺类药物损害肾及某些传染病、寄生虫病、中毒病等均可继发本病。

遗传因素与本病的发生有一定的关系。

【症状】 多取慢性经过。患病犬、猫精神沉郁，食欲减退，消瘦，被毛蓬乱，行动迟缓，周期性体温升高，心搏加快，气喘，血液中尿酸盐升高。

1. 关节型痛风 运动障碍，跛行，不能站立。关节肿大，病初肿胀软而痛，以后逐渐形成疼痛不明显的硬结节性肿胀。结节小如蓖麻籽，大似鸡蛋，分布于关节周围。病久者，结节软化破溃，流出白色干酪样物，局部形成溃疡。

2. 内脏型痛风 表现为营养障碍，下痢，消瘦，增重缓慢。

【诊断】

1. 症状诊断 根据饲喂食物性食物过多，关节肿大，关节腔或胸腹腔内有尿酸盐沉积，可做出诊断。

2. 实验室诊断 关节内容物检验，呈紫尿酸铵阳性反应，显微镜检查可见细针状或放射状尿酸钠晶粒。或将粪便烤干，研成粉末，置于瓷皿中，加10%硝酸溶液2～3滴，待蒸发干涸，呈橙红色，滴加氨水后，生成紫尿酸铵而呈紫红色。

【防治】

1. 防治原则 目前尚无有效治疗方法，采取对症治疗，补充维生素A，消炎止痛。

2. 治疗措施 关节型痛风，可手术摘除通风石。

（1）急性期。吡罗昔康20mg，每12h 1次，3～4d症状可缓解；缓解后改为每天20mg，症状消失后停药。或保泰松首次剂量200mg，以后100mg/次，6h 1次，直至症状缓解。上述药物无效者，可用泼尼松，每千克体重2mg，口服。

（2）慢性期。用排尿酸药，丙磺舒0.5g，口服，每天2次；或苯溴马隆，第1天25～100mg，以后维持量50mg，隔天1次。用抑止尿酸合成药，别嘌呤醇100mg，口服，每天2～4次，维持量100mg/d。

平时饲喂富含维生素A和低蛋白食物。

处方1

维生素A每千克体重400万IU，口服，每天1次。

保泰松每千克体重2～4mg，口服，每天3次。

处方2

吲哚美辛每千克体重0.5～1mg，口服，每天3次。

维生素A每千克体重400万IU，口服，每天1次。

硒缺乏及过多症

硒是维持动物机体正常生理功能的必需微量元素。现已知硒是谷胱甘肽过氧化物酶的组成成分，对于保护细胞膜的正常结构起着重要作用。

此外，硒还参与辅酶A和辅酶Q的合成，催化细胞色素C的还原过程，促进丙酮酸脱羧，在物质代谢中发挥着重要作用。

犬、猫有时发生硒缺乏症，而发生硒过多症少见，猫比犬更能耐受，主要是因补硒过量造成。

【病因】

1. 原发性因素 见于食物中缺硒。土壤中缺硒直接导致植物性食物中缺硒，间接地又使动物性食品中硒含量不足。维生素E的缺乏能加重硒的缺乏，因为二者有互补、协调作用，在一定条件下维生素E可代替硒。由于食物中硒或维生素E缺乏而引起的营养性肌营养不良，又称为白肌病。

2. 继发性因素 硒的拮抗元素是硒缺乏症的继发因素。食物中铜、锌、砷、镉及硫酸盐含量过高，可使硒的吸收和利用率下降，即使硒供给量充足，也能发生硒缺乏症。

此外，应激反应是硒缺乏症的诱发因素，如犬、猫突然改变生活环境、长途运输、过度奔跑、咬斗等可能促使硒缺乏症的发生。

【症状】硒缺乏时，主要发生骨骼肌、心肌、胃肠平滑肌等各种肌组织的变性。动物表现不爱运动、跛行，甚至不能站立；有时出现心率快，脉搏无力，心性水肿等；有的出现消化功能紊乱，生长停滞；有的表现为生殖功能下降等。有的病例在剧烈运动、受到惊吓、过度兴奋、互相追逐中突然发生心力衰竭而猝死。

硒过多动物发生情绪压抑、神经质、食欲不振、呕吐、衰弱、运动失调、呼吸困难、脱毛以及肺水肿后，数小时到数天内死亡。

【诊断】依据基本症候群，结合特征性病理变化，参考病史及地区土壤硒含量情况等做出诊断。应注意与维生素E缺乏症及某些伴有消化障碍的传染病相鉴别。

【防治】

1. 防治原则 补硒是治疗硒缺乏症的基本措施。在缺硒地区，要注意对食物硒含量的测定。当硒含量较低时，要注意补硒。幼犬用每千克干食物含0.01mg硒和1mg维生素E的食物饲喂；或每千克干食物添加0.5mg硒（亚硒酸盐），可防止本病发生。

2. 治疗措施 治疗措施参见处方1～2。

处方1

维生素E 1.5mg。口服，每天1次。

处方2

1%亚硒酸钠0.5～1mL。肌内注射，每间隔2～3d再注射1～2次。

锌缺乏及过多症

锌缺乏症是由于机体组织内锌含量减少而引起的一种代谢性疾病，犬、猫主要以生长发育受阻和足垫增厚为临床特征。

犬、猫有时发生锌缺乏症，而锌过多症少见。锌过多症主要原因是吃了含锌的物体（金属、硬币、玩具）或氧化锌软膏。

（一）锌缺乏症

【病因】 锌缺乏症主要是饲料中锌含量不足。一般蛋白质食物中锌含量较多，海产品是锌的主要来源，乳类和蛋类次之，蔬菜及水果中含锌较少。锌的吸收与铁相似，受肠道黏膜细胞中锌含量的影响。过食植物性蛋白质食物的犬、猫，对锌的需要量增多，每100g干食物中需添加锌量到10mg（正常为3mg）。食物中高钙能减少犬对锌的吸收。所以，长期以植物性食物喂养的犬、猫或长期在食物中添加高钙饲养的犬都可能发生锌缺乏症。

【症状】 生长发育缓慢是锌缺乏症的主要症状。幼年犬、猫，长期厌食，腹泻，消化紊乱，个体小。

皮肤角化不全和脱毛是缺锌特征性变化。表现在脸、四肢和身上有痂皮和鳞片损伤。犬还发生趾垫增厚龟裂。成年犬、猫，被毛粗糙，眼、耳、口、下颌、肢端、阴囊、包皮和阴门周围出现痂皮和鳞片，睾丸萎缩，身体局部色素沉积过多，鼻镜黑色素减少。

【诊断】

1. 症状诊断 根据特征性临床表现如皮肤角化不全、生长缓慢和病史可建立诊断。

2. 实验室诊断 检测血清中锌含量，犬血清锌含量为13.62～14.67μmol/L。

【防治】

1. 防治原则 补锌是治疗锌缺乏症的基本措施。锌缺乏时，应调整日粮中含锌量，在食物中多添加肉类及海产品，对以植物性饲料为主食的犬、猫应适当添加硫酸锌，并防止过量添加钙制剂。也可口服、注射或皮肤涂擦锌剂。

2. 治疗措施 治疗措施参见处方1～2。

处方1

葡萄糖酸锌口服液5～10mL。口服，每天1～2次。

处方2

硫酸锌每千克体重10mg，每天2次。口服，连用2周。

（二）锌过多症

【病因】 主要是犬、猫意外食入含锌物质：螺丝帽、螺钉、镀锌用具、笼子、电池；1983年后制造的硬币；吞食了含锌的软膏。锌盐能直接刺激胃肠黏膜，引起胃肠黏膜损伤；锌能拮抗铜、铁吸收，影响造血功能，动物出现贫血、出血等。

【症状】 中毒早期出现沉郁、呕吐、腹泻、贫血。后期出现黄疸、血红蛋白尿、血尿、轻度或中度贫血。食物中锌含量过多时，虽对动物毒性不大，但可影响动物对铜和铁的吸收与利用。实验证明：每100g干食物中，锌含量超过30mg时，才会影响动物对食物中铁和铜的吸收。

【诊断】

1. 症状诊断 根据特征性临床表现如呕吐、腹泻、贫血、黄疸、血红蛋白尿、血尿等得到初步诊断。

2. 实验室诊断 实验室检查血液中出现有核红细胞，并嗜碱性着色；肝转氨酶活性升高；血清中锌的浓度升高（>0.7μg/mL），消化道中积聚有游离的锌成分；放射学诊断可发现胃肠内完整金属块。

【防治】除去胃肠道内含锌物质；监测并治疗贫血、血小板减少及弥散性血管内凝血。

处　方

青霉胺，可常使用的螯合剂，每天每千克体重35mg，分4次口服，连用7～14d。

碘缺乏及过多症

碘缺乏症是由于食物中长期缺乏碘元素而引起的甲状腺机能紊乱性疾病，临床上以骨骼发育不全和甲状腺肿为特征，多发生于犬。而碘过多症主要见于使用碘剂过量、滥用海草灰或其他碘添加剂，发生较少。

【病因】

1. 原发性碘缺乏 主要起因是从食物中摄取碘的量不足。食物中碘与土壤和水中碘的含量密切相关，所以长期饲喂从缺碘地区产出的食物就易患此病。宠物的碘缺乏症与人的碘缺乏症有一定的相关性。

2. 继发性碘缺乏 某些化学物质或致甲状腺肿物质可影响碘的吸收，干扰碘与酪蛋白结合。十字花科植物及其子实副产品如芜青、甘蓝、油菜、油菜籽饼、亚麻籽饼以及黄豆、豌豆、扁豆、花生等，及含有阻止或降低甲状腺聚碘作用的硫氰酸盐、过氯酸盐、硝酸盐等均属此类物质，常可引发碘缺乏。

【症状】甲状腺肿大是碘缺乏症的示病症状，在犬、猫于喉后方及第3、4气管环内侧可触及肿大的甲状腺，通常比正常大2倍。肿大明显时，可见颈腹侧隆起，吞咽困难，叫声异常，还伴有颈部血管受压的症状。

由于甲状腺活力严重下降，可使正在生长发育的犬、猫发生呆小症，骨骼发育不全，四肢骨弯曲变形，站立困难，严重者腕关节下塌触地行走。使成年犬、猫出现黏液水肿，临床上呈现被毛短而稀疏，皮肤硬厚脱屑，精神迟钝、呆板、嗜睡，钙代谢也发生异常。成年母犬、猫不易妊娠或胎儿被吸收。

碘剂给予量过大时可引起碘中毒，出现呼吸和脉搏增快、厌食、消瘦和体温升高，有的出现皮疹和痉挛。

【诊断】

1. 症状诊断 一般根据病史、临床症状（甲状腺肿大，被毛粗糙而稀少等）进行诊断。幼犬碘缺乏症还应与佝偻病相区别，佝偻病也出现四肢骨弯曲变形，但甲状腺通常不肿大。

2. 实验室诊断 可通过测定基础代谢率和血清甲状腺激素的含量进一步确诊。

【防治】

1. 防治原则 补碘是最根本的治疗措施，但应严格控制用药剂量以防止碘中毒。喂饲十字花科植物及其子实副产品时，应加大补碘量，比正常补碘量增大4倍。

2. 治疗措施

（1）内服碘化钾或碘化钠。也可内服复方碘液（含碘5%、碘化钾10%），每天10～20滴，20d为1疗程，间隔2～3个月再用药1个疗程。还可喂食碘盐（20kg食盐中加碘化钾1g）。

（2）涂布碘软膏。对肿大的甲状腺部的被毛进行剪除后涂擦碘软膏，每天1次，直至消失为止。

（3）甲状腺切除手术。对长期补碘和涂布碘软膏都无效或停药后复发者，应进行手术摘除甲状腺。

（4）并发症的治疗。改善心功能用普萘洛尔10～20mg，口服，15min 1次；或利舍平0.5～1mg，肌内注射，15min 1次，直至心功能恢复正常。

处方1

碘化钾0.5g。口服，每天1次，连用10d。

处方2

复方碘液10～20滴。口服，每天1次，连用20d。

铁缺乏及过多症

铁代谢病是由于铁的缺乏或过量而引起的一种代谢性疾病，可分为铁缺乏症和铁中毒症两种。在犬、猫中，铁的缺乏症较为常见；而铁过多症多因偶食过多铁剂而引发，少见。

（一）铁缺乏症

【病因】 铁缺乏症的主要原因是铁的需要量大、供应不足，特别对仔犬、猫，因生长发育迅速，靠母乳已不能满足对铁的需求，此时若不能从补饲料中获得足够的铁，就易患铁缺乏症。

犬、猫患虱、蚤等寄生虫病，或其他失血性疾病，也可因铁耗损过多而发病。

因消化道慢性炎症，或饲料中含钴、锌、铬、铜和锰过多，也会使铁的吸收减少。铜缺乏时，也能使铁的吸收减少。

【症状】 犬、猫缺铁时的主要症状是贫血。临床表现为易疲劳，喜卧懒动，稍运动后则喘息不止，张口吐舌，可视黏膜苍白，饮、食欲下降，心跳加快。幼犬、猫生长停滞，对传染病抵抗力下降，易感染、易死亡。

【诊断】

1. 症状诊断 根据病史调查、临床症状可初诊。

2. 实验室诊断 血液检查发现血红蛋白含量降低及血清铁含量下降即可确诊。

【防治】

1. 防治原则 主要措施是加强对仔犬、猫的饲养管理和补铁。动物食物中肉、肝、脾和骨髓中都含有较多的铁质，应在饲料中经常添加，必要时可在犬、猫食品中加入适量的硫酸亚铁以防止铁的缺乏。

2. 治疗措施 口服铁剂的首先药物是硫酸亚铁，它价廉、刺激性小、吸收率高。根据体型大小，可给犬口服0.1～0.5g，配成不超过1%的水溶液，每天1次，连用7～14d。其他口服剂有：焦磷酸铁、乳酸铁、枸橼酸铁等。

注射用铁剂主要采用右旋糖酐铁注射液，犬1～2mL/次，猫0.5～1mL/次，每天1次，连用5～10d；或右旋糖苷铁，犬2～3mL/次，猫1～2mL/次，每天1次，连用3～5d；或血多素，猫0.5～1mL/次，犬1～1.5mL/次，每天1次，连用3次。

处方1

硫酸亚铁0.5g。配成0.5%的水溶液，每天1次，连用10d。

处方2

右旋糖酐铁注射液，犬2mL，猫1mL。肌内注射，每天1次，连用7d。

处方3

鸡蛋2个，盐少许。将鸡蛋取黄去白，待水开后放入盐，将鸡蛋打散倒入锅中煮熟，每天口服2次。

（二）铁过多症（铁中毒）

【病因】犬、猫食物中含铁过量，意外食入或人为饲喂含过量铁的添加剂或铁制剂，注射含铁补血药物剂量过大，特别是毒性较大的二价铁摄入过量，则会引起铁过多症，即铁中毒，但极少见。

过量的铁进入犬、猫机体后使含铁血红蛋白变成含铁血黄素而使氧气的运输困难，机体代谢受阻，常表现厌食、体重减轻；铁在胃肠道内刺激黏膜，常引起胃肠炎。

【症状】急性铁中毒时犬、猫主要表现食欲减退或废绝，呕吐，吐出带有大量黏液的食物，严重者呕吐物中还带有血液和脱落的胃黏膜。排便次数增加，粪便呈黑色糊状或水样。体温下降，代谢性酸中毒，最终死亡。

慢性铁过多症则表现为食欲下降、生长缓慢，有的发生慢性胃肠炎。

【诊断】

1. 症状诊断 犬、猫铁中毒没有特殊的临床症状，临床上更难根据症状做出准确诊断，当发现有此病的可能时，应认真进行病史调查，并及时采血进行实验室检查。

2. 实验室诊断 实验室检查发现血液中铁含量增加，血清中含铁量大于300μg/dL，表示铁中毒，即可确诊。

【防治】立即停止饲喂可疑饲料，用硫酸钠或硫酸镁每千克体重0.5～1g，配成5%～6%溶液灌服排除消化道中的铁，以减少对胃肠黏膜的刺激，再灌服活性炭3～5g以吸附残余的铁和保护胃肠黏膜。

根据临床表现给予对症治疗：输液疗法、治疗休克、纠正脱水及酸中毒。腹泻严重者静脉输注葡萄糖生理盐水；呕吐不止者用阿托品皮下注射或用654-2肌内注射；防止继发感染使用氨苄西林。

去铁胺，每天每千克体重15mg，静脉滴注，可与体内游离的铁离子形成螯合物。治疗过程应对心率、血压进行监测，防止出现心率失常、低血压；去铁胺也可肌内注射，剂量为每千克体重40mg，每天3次。

维生素C口服，可促进铁的排出。

治疗2～3d后，应测定血清铁浓度是否恢复正常。

一般情况下犬、猫不易发生铁中毒，大多是由于配合食物时搅拌混合不均匀，导致犬、猫一次性摄入大量二价铁而发生铁中毒。因此细心配制饲料，防止搅拌不匀，是预防铁中毒的关键。

钴缺乏及过多症

钴缺乏症是由于是食物中缺乏钴，维生素B_{12}的合成因子受到阻碍，或犬、猫胃机能受到损害的营养障碍性疾病。而钴过多症主要见于使用钴过量时，发生较少。

【病因】钴缺乏症的主要原因是某地土壤含钴量低，造成粮食含钴量也低于正常；或犬、猫长期患肠道疾病时，维生素 B_{12} 的合成和吸收都受到严重影响，也易发生钴缺乏症。

【症状】钴缺乏症无特异症状，起病缓慢，食欲减退，异嗜，病犬黏膜苍白，腹泻，心动徐缓，常有缩期杂音，体温可无变化。

钴过多时病犬出现困倦、出汗、呕吐、低血压、反射亢进、肌肉抽搐甚至惊厥等。

【诊断】本病发生后首先应进行流行病学调查，分析当地状况，在低钴地区的犬、猫，凡出现厌食、营养性消瘦和可视黏膜淡染（贫血）等症状时，可怀疑钴缺乏症。然后补钴，用含钴量每天 5～35mg 的氯化钴水溶液经口灌服，每天 1 次，连服 5～7d，若厌食等症状好转、消失即可诊断。同时，应对本地区土壤、饲料和肝组织中钴含量进行分析，以求确诊。

【防治】

1. 防治原则 改善饲养，给予富含维生素 B_{12} 的饲料是防治钴缺乏症的关键。

2. 治疗措施 给犬喂微量元素添加剂。本病一旦发生，可用维生素 B_{12} 注射液，一次 100mg，每周 1 次。

铜缺乏及过多症

（一）铜缺乏症

铜缺乏症是由于犬、猫体内铜含量过低而引起的一种代谢性疾病。犬、猫确诊病例较少，主要表现为贫血、运动障碍、关节变形和被毛退色。

【病因】铜缺乏症主要是犬、猫口粮中长期缺乏铜引起。饲喂犬，猫的食物中都含有铜，而铜含量最多的是肝、肾和甲壳类等，乳类中铜含量很少。一般情况下，经常以动物肌肉和内脏饲喂的犬、猫多不会发生铜缺乏症，但如果长期以牛乳为主食的犬、猫，则容易发生铜的缺乏；同时由于铜的吸收要靠肠黏膜细胞中的载体蛋白，当食物中的锌过高，影响铜的吸收，也可造成铜的缺乏，这可能是与铜和锌之间竞争相同的载体蛋白有关。

【症状】犬、猫铜缺乏的主要表现是贫血。初期常无明显症状，随着缺铜时间延长，患病犬、猫逐渐表现喜卧、懒动，精神不振，运动减少，动则喘气，可视黏膜变淡甚至苍白；容易骨折；深色犬、猫颜色变淡、变白，尤以眼睛周围为甚，状似戴白边眼镜，故有“铜眼镜”之称。

幼年犬、猫生长发育减慢或停滞，关节变形，骨端粗大，行走时后躯摇摆，共济失调，容易摔倒。

【诊断】

1. 症状诊断 根据临床表现结合长期饲喂乳类食物或含锌高的饲料可初步诊断。

2. 实验室诊断 通过血液检查发现血浆铜蓝蛋白含量降低即可确诊。

【防治】

1. 防治原则 犬、猫铜缺乏症的主要防治措施是补铜。合理搭配饲料，多喂动物性食物，防止长期以乳类为主食饲喂犬、猫。

2. 治疗措施 用硫酸铜 0.2～0.3g 内服，间隔 4～5d 1 次；或给犬、猫饲喂全价配合饲料。也可应用甘氨酸铜，猫 10～20mg，犬 15～40mg，皮下注射，每 4～5d 1 次，可收到良好效果。

处方1

硫酸铜0.2～0.3g，内服，间隔4～5d 1次。

处方2

甘氨酸铜，猫20mg，犬40mg。皮下注射，每4～5d 1次。

（二）铜过多症

【病因】 急性铜中毒多因一次性注射或内服大剂量可溶性铜而引起。如给犬催吐时，使用大量硫酸铜溶液易引发本病。慢性铜中毒，主要是食物中长期含铜量过高。另外，有些犬可能因遗传基因缺陷，产生类似人的遗传病（肝豆状核变性，又称威尔逊氏病）样的铜中毒。

【症状】 由于铜和铁在小肠中竞争性吸收。因此，铜过多症也能引起贫血。急性铜中毒犬、猫可出现呕吐，粪及呕吐物中含绿色或蓝色黏膜，呼吸加快，脉搏频数。后期体温下降，虚脱，休克，严重者在数小时内死亡。

犬、猫慢性铜过多症时，呼吸困难，昏睡，可视黏膜苍白或黄染，肝萎缩，体重下降，腹水增多。

【诊断】 根据病史调查、临床症状及血铜含量测定确诊。

【防治】 慢性铜中毒时、每只成犬用钼酸铵50～100mg混于食物中喂饲，连用1周；或用20%硫代硫酸钠溶液，每千克体重0.2mg，肌内注射，每天1次，连用1周。

对急性铜中毒要立即停止使用铜制剂，如铜盐仍存在胃里，应及早用0.2%～0.3%黄血盐溶液洗胃。同时，配合应用盐类泻剂、重金属解毒剂（如依地酸钙钠）、补液补碱疗法、激素疗法（如可的松）等，以增强疗效。

为预防铜中毒病，应注意对日粮中含铜量进行检测，防止铜含量过高；也要防止食物单一，如长期用动物肝喂饲犬、猫，易发生慢性铜中毒。产于英格兰的贝灵顿㹴因其遗传缺陷，肝易蓄积铜而引起铜中毒，故绝对不能饲喂含铜量过高的食物。

三、案例分析

1. 病犬 金毛寻回猎犬，2岁，产仔5头，产仔后7d发现该犬突然运步蹒跚、流涎、呻吟、全身肌肉强直性痉挛、卧地不起、呼吸急促、眼球上翻、口流白沫、发热、抽搐。

2. 临床症状 体温42.8℃，呼吸数160次/min，脉搏190次/min，听诊心音增强、节律加快，肺泡呼吸音粗粝。该犬中等体型、体态肥胖，发育正常，眼结膜潮红，颈、胸、腹部及四肢肌肉强直性痉挛，四肢僵硬，侧卧、呼吸急促，眼球向上翻动，口不断张合，口角处流有白色泡沫，舌不停地外伸，舌的边缘被咬破出血，尾翘起呈角弓反张姿势，触摸时痉挛性抽搐加剧。

3. 实验室检查 结果见表7-1。

表7-1 实验室检查结果

项目	单位	治疗前	治疗后	犬参考值
尿素氮	mmol/L	2.0	2.5	1.8～10.4
肌酐	μmol/L	99.5	99.0	60～110
钠	mmol/L	122.8	116.6	138～156

（续）

项目	单位	治疗前	治疗后	犬参考值
钾	mmol/L	4.31	4.20	3.8～5.8
氯	mmol/L	111.0	102.2	104～116
钙	mmol/L	1.50	2.60	2.57～2.97
磷	mmol/L	0.98	1.40	0.81～1.87

4. 诊断 产后低血钙。

5. 治疗 ①地塞米松注射液 1mg，10%葡萄糖酸钙溶液 40mL，5%葡萄糖溶液 300mL，缓慢静脉注射。②0.2%亚硒酸钠 5.0g 一次肌内注射。

15min 后症状开始缓解，痉挛减轻，体温降至 40.6℃，呼吸数降至 90 次/min，脉搏降至 150 次/min；30min 后痉挛症状消失，体温降至 39℃，呼吸数降至 40 次/min，脉搏降至 120 次/min；当输液完毕时，犬能够站立行走；第 2 天又输注 1 次上述药品，犬已恢复正常状态。为了防止复发，口服维生素 C、钙片，每日 2 次，每次各 2 片，连用 1 周，回访未见复发。

四、拓展知识

（一）矿物质功能

矿物质代谢主要是钙和磷的代谢，钙和磷是动物骨骼主要的组成成分，占机体总灰分的 70%以上，其中存在于骨骼和牙齿中钙量达到 99%以上、磷量达到 80%～85%，而且钙、磷的比例总是保持在 2∶1 左右。其余的钙主要分布于细胞外液（血浆和组织间液）中，细胞内很少；其余的磷主要分布于细胞外液中和细胞内。骨骼和牙齿中钙、磷的作用是维持它们的硬度；体液中的钙和磷含量虽然很少，但作用却非常重要，能降低神经肌肉的兴奋性，降低毛细血管和膜的通透性，维持正常肌肉收缩，维持神经冲动的正常传导，参与正常血液凝固，激活多种酶，参与构成活细胞的结构，参与几乎所有重要有机物的合成和降解代谢，调节酸碱平衡以及在能量储存、释放和转换中起着重要的作用等。食物中的钙、磷主要是通过小肠吸收。

犬、猫的钙、磷代谢病，主要是指犬、猫体内钙、磷量的摄入与排出失去平衡以及血液中钙、磷特别是钙的浓度异常引起的疾病。

（二）益生菌功能

益生菌又称为有益微生物。研究发现，在正常动物体内存在着大量的有益微生物，数量约为 100 万亿个，其中肠道中的微生物占动物体内微生物总量的 95%以上，而组成动物体的细胞数量约为 10 万亿个，因此动物体内微生物的细胞数量一般是动物细胞数量的 10 倍，由此可见肠道内的有益微生物对动物的生理和生化功能有着重要的作用。研究表明，肠道有益微生物是肠道组织的组成部分，首先它们承担着食物消化和分解的功能；其次，由于有益微生物的生长，争夺了肠道的空间和营养，使有害细菌在肠道中无法停留，从而减少了细菌性疾病的发生；此外，有益细菌的生长可以转化和分解动物代谢过程中产生的有毒物质，刺激动物机体提高免疫功能，对防止动物老化、抵抗病毒性疾病具有重要作用。

由于我国经济的发展及我国人口和家庭的特点，小动物养殖行业正在飞速地发展，小动物作为拟人化的宠物，其繁育、生长、疾病控制等要求已完全不同于经济动物的饲养和管理。小动物更接近人的生活习惯、饮食偏好，因此常常造成小动物在优越的生活环境中享受着不科学的生活方式，太多的人类文明和科技产品剥夺了它们原有的生活方式，大量的药物，特别是抗生素，破坏了动物的肠道菌群组成，使小动物的健康进入“生病→抗生素→产生耐药菌→生病→新抗生素→产生新耐药菌→新疾病”的循环中。目前小动物医学界已认识到必须科学使用抗生素，在疾病的治疗后必须加强肠道有益菌的补充，帮助小动物恢复肠道正常的功能，这样才能巩固治疗成果。

益生菌与矿物质营养素、维生素、能量物质消化吸收的关系介绍如下：

1. 肠道益生菌与矿物质营养素吸收 肠道有益微生物中含有大量的乳酸菌和厌氧细菌，它们在生长过程中生产多种有机酸，使肠道的pH降低，使矿物质（如钙、镁、铁、锌、锰盐等）的溶解度增加，肠道中离子状态的元素数量增加，这些离子状态的元素可直接被肠道通过跨细胞膜途径吸收，也可同肠道中的有机酸形成分子态的有机分子，穿过细胞间隙被肠道吸收，这种生物机制大大提高了无机矿物营养物质的生物利用度。由于肠道有益微生物定植在肠道中，它们可以长期调节肠道的酸碱水平，适应不同的食物构成，因此使用益生菌促进矿物质的吸收是最经济和持久的办法。

2. 肠道益生菌与维生素合成 肠道微生物的生长与繁殖过程中产生多种维生素，如硫胺素、核黄素、维生素 B_6、烟酸、泛酸、叶酸、维生素 B_{12} 等。硫胺素（维生素 B_1）在动物体内与糖类和脂的代谢有着密切的关系，催化脱氢酶和转酮醇酶活性，这些酶的活性同动物的神经系统和免疫系统有着密切关系，动物的皮肤疾病很可能同硫胺素的供给不足有关。核黄素（维生素 B_2）是5′-磷酸核黄素（FMN）和黄素腺嘌呤二核苷酸（FAD）的前体，二者均为生物体代谢中许多酶的辅酶，参与上百种生物学反应。维生素 B_6 是一组含氮化合物，包括吡哆醇、吡哆醛、吡哆胺，它参与100多种酶反应，与动物体的激素调节水平、免疫水平、神经调节能力有关。烟酸是烟酸和具有烟酰胺生物活性的衍生物的通称，是辅酶NAD和NADP必需的组成，它同血糖、血脂的调节功能有关。维生素 B_{12} 是动物体中有活性的各种钴酰胺的统称，它同动物神经系统发育有关。据报道，人工合成或制造的维生素的生物利用率比天然维生素低很多，因此肠道微生物产生的维生素对健康的作用不能长期用其他方式替代。

3. 肠道益生菌与能量代谢 为动物提供能量的物质主要是糖类、蛋白质、脂肪，其消化和吸收过程全部在大肠和小肠中完成，在这一过程中肠道益生菌扮演了重要的角色。肠道益生菌可将淀粉水解成小分子的糖类，这些糖类物质可直接被肠道吸收，在动物体内产生能量。肠道益生菌可将食物中的脂肪分解成脂肪酸和小分子的有机酸（丁酸、异丁酸、丙酸、乙酸等），它们是肠道细胞的重要营养素，脂肪酸进入动物体内后可以能量形式储存，也可以生产动物生理活动所需的能量。蛋白质经过动物自身消化酶和微生物酶的共同作用，可彻底分解为可吸收的肽类物质、氨基酸，肠道益生菌还可将蛋白质代谢过程中产生的氨、胺、吲哚、苯酚、致癌亚胆酸等有害物质分解，使蛋白质发挥出更好的营养作用。

总之，小动物的营养同经济动物和人类营养有着很大的差别，营养的平衡对小动物（宠物）的健康特别重要，随着研究的深入，益生菌对调节营养平衡的作用越来越不可替代，国外营养专家最近提出了最新的营养金字塔理论（图7-2，图中面积代表不同营养物质在食物中的重要程度），他们认为所有食物都是通过肠道消化吸收的，如果肠道中没有有益微生物，再多的营养物质也无法利用，因此益生菌（微生态制剂）是营养的最关键因素。

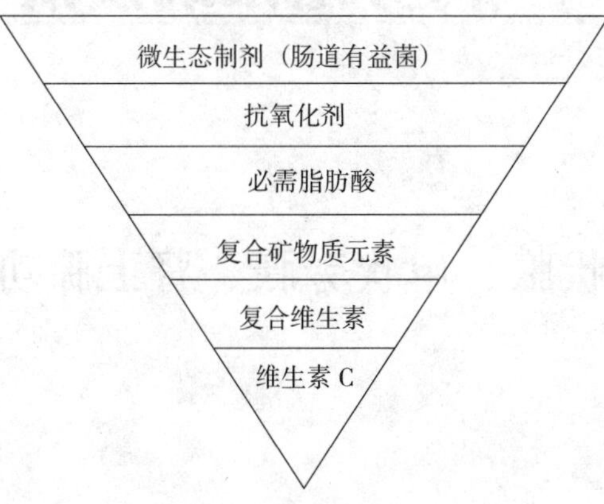

图 7-2　最佳健康基础营养金字塔

项目八 PART 8 内分泌系统疾病

任务一　甲状腺、甲状旁腺、肾上腺功能异常诊治

一、任务目标

知识目标

1. 掌握甲状腺、肾上腺激素功能。
2. 掌握病因与疾病发生的相关知识。
3. 掌握疾病的病理生理知识。
4. 掌握疾病治疗所用药物的药理学知识。
5. 掌握疾病防治原则。
6. 了解甲状腺疾病针灸治疗知识。

能力目标

1. 会使用常用诊断仪器。
2. 具备症状鉴别诊断能力。
3. 具备综合分析并做出初诊的能力。
4. 能准确开出治疗处方。

二、相关知识

甲状旁腺功能亢进症

【病因】本病是由于甲状旁腺激素及具有甲状旁腺素样物质分泌过多，导致机体钙、磷代谢紊乱的一种疾病。临床上以骨质疏松、泌尿道结石或消化道溃疡为特征。

1. 原发性甲状旁腺功能亢进　由于甲状旁腺的增生、肥大等，分泌过多的甲状旁腺激素；或甲状旁腺肿瘤出血和坏死时，大量甲状旁腺激素迅速释放所致。多见于老龄犬、猫。

2. 继发性甲状旁腺功能亢进　因长期饲喂缺乏钙、磷、维生素 D 或钙、磷比例不当的矿物质和维生素饲粮而致血钙降低，继而导致甲状旁腺激素分泌过多。该类多见于青年犬、猫。

3. 肾性甲状旁腺功能亢进　由慢性肾功能不全所致磷酸盐排泄障碍，引起血磷增加、血钙减少而刺激甲状旁腺分泌增加，引起骨质矿物质吸收，使血浆中磷酸盐进一步增加，继

而低血钙又刺激甲状旁腺代偿性增生。

4. 假性甲状旁腺功能亢进 见于骨和甲状旁腺以外的肿瘤，特别是淋巴肉瘤、恶性淋巴瘤等肿瘤细胞分泌骨吸收性物质，结果表现甲状旁腺分泌亢进样的高钙血症和低磷血症。

【症状】患病犬、猫体温大多正常，食欲时好时坏，呕吐、便秘、多饮、多尿，有时出现血尿和尿路结石，常伴有代谢性酸中毒。反应迟钝，肌肉无力，共济失调，盲目运动，心律不齐。

患假性甲状旁腺功能亢进的犬、猫症状除与原发性相同外，还有病理性骨折以及恶性肿瘤等其他综合症状。患营养性继发性甲状旁腺功能亢进的犬、猫则主要表现骨质疏松，触诊呈多发性骨病和骨折，可见跛行和步态异常。成年犬、猫颌骨明显脱钙，齿槽硬膜消失。患肾性甲状旁腺功能亢进的犬、猫除表现全身骨吸收外，尚可见肾功能不全和尿毒症所致的多饮、多尿、脱水、呕吐以及呼气有氨臭味。仔犬、猫的先天性肾功能异常，可见头部肿胀和乳齿异常。

【诊断】

1. 症状诊断 根据患病犬、猫的临床症状可做出初步诊断，确诊必须借助于实验室诊断。

2. 实验室诊断

（1）血液生化指标诊断。患病犬、猫血钙指标升高，血磷低于正常值，血清碱性磷酸酶升高，尿磷排泄量增加。患继发性甲状旁腺功能亢进的犬、猫初期血钙明显降低和血磷稍降低，以后呈高磷血症。患肾性甲状旁腺功能亢进的犬、猫，血液生化检查可见血清尿素氮和肌酸酐升高，血钙基本正常或稍高。

（2）X射线检查。患病动物骨密度降低，其中上、下颌骨的密度降低最为明显，骨质呈现虫蚀状或纤维状，齿槽骨板吸收和形成骨囊肿。患假性甲状旁腺功能亢进的犬、猫还可见肿瘤及其转移病灶。患继发性甲状旁腺功能亢进的犬、猫呈全身骨骼的X射线透过性增强，齿槽硬膜消失，多发性长骨骨折。患肾性甲状旁腺功能亢进的犬、猫骨呈脱钙像。

【防治】

1. 原发性甲状旁腺功能亢进 病症较轻的患犬、猫可用磷酸盐溶液100mL静脉滴注，以促进钙进入骨骼。同时补液防止脱水发生。对甲状旁腺肿瘤和增生的腺体进行外科切除，术后发生抽搐的可给予葡萄糖酸钙10～20mL缓慢静脉滴注。不宜手术时，可给予雌激素以阻止骨的吸收。

2. 继发性甲状旁腺功能亢进 患犬、猫可饲喂2～3个月的维生素D和钙、磷比例为2∶1的食物，等症状缓解后给予钙、磷比例为1.2∶1的食物。对食欲不振的犬、猫可静脉注射葡萄糖酸钙以改善症状，管理上要注意防止骨折的发生。

3. 肾性甲状旁腺功能亢进 患犬、猫多为慢性不可逆的病理变化，因而难以治愈。对慢性肾功能不全的犬、猫要对症治疗，适当增加饲料中的钙含量；或给予安乐死。

4. 假性甲状旁腺功能亢进 早期肿瘤，实行放射性疗法、免疫疗法以及对症治疗，或外科手术切除。

甲状腺功能亢进症

【病因】甲状腺功能亢进的具体原因目前尚不完全清楚。但大多数认为与自身免疫因素、内分泌机能紊乱和精神受到刺激等有重要关系。另外，甲状腺瘤变、甲状腺部分切除以及矿物碘的缺乏均可导致甲状腺增生、肥大与机能变化。

【症状】甲状腺功能亢进的发生不分品种和性别，但多发于中老年犬、猫。甲状腺增生物大小、数量不等，质地较硬。而甲状腺弥漫性肿大则呈两侧对称性发生，质地柔软，触之有弹性。

病犬表现为食欲增加，体重减轻，烦渴，出现多尿，消瘦，体虚无力，易兴奋；心搏动增强，脉性亢进，血压升高；眼睑水肿，眼球突出，畏光。两侧进行颈下触诊，可摸到肿大的甲状腺肿瘤。

猫甲状腺功能亢进发生缓慢，6 岁以上的患猫临床症状表现为食欲旺盛，体重下降，排粪次数和数量增加，粪便变稀，个别猫只出现呕吐；多饮多尿；行为异常，表现出神经过敏、多动症和攻击行为，烦躁不安，经常嘶叫；心肌肥大，心内杂音，红细胞增多。

【诊断】

1. 症状诊断 根据饲喂碘和硫尿嘧啶可缓解症状，可做出初步诊断。

2. 实验室诊断 主要根据一些血清学指标的变化进行判断。在通常情况下，患甲亢的动物的血清学指标主要有以下几种。

（1）血清总 T4 测定。正常值 15～55nmol/L，患病动物 T4 的增高提示甲亢。

（2）血清总 T3 测定。正常值 0.6～1.9nmol/L，若发生本病，则总 T3 值增高，增高幅度常常大于总 T4 值。

（3）反 T3（rT3）的测定。犬患甲亢后会出现明显增高。

（4）游离 T4（FT4）和游离 T3（FT3）测定。FT4 和 FT3 的测定结果能比总 T4 和总 T3 的结果更能正确地反映 T4 功能状态，甲亢患病犬的结果明显高于正常高限。

（5）抗甲状腺球蛋白抗体（TGA）和抗甲状腺微粒体抗体（MCA）测定。犬、猫患甲状腺功能亢进后，其血清中 TGA 和 MCA 检测均呈阳性。

【防治】甲状腺功能亢进的治疗主要有 3 种措施：第一种是抗甲状腺药物治疗；第二种是放射性同位素碘治疗；第三种是手术治疗。其中以抗甲状腺药物疗法最方便和安全，应用最广。

1. 抗甲状腺药物治疗 可单独进行甲亢的治疗，也可用于手术前纠正甲状腺功能亢进。药物中以硫脲类为主，其中最常用的有丙硫氧嘧啶、甲巯咪唑和甲抗平等。也可和辅助性药物配合治疗，即在抗甲状腺药物治疗的最初 1～2 个月内可联合使用 β-阻滞剂普萘洛尔，缓解心悸、心动过速、精神紧张等症状。

2. 放射性同位素碘治疗 治疗剂量对疗效和远期并发症有决定性影响。服 ^{131}I 剂量取决于甲状腺大小。甲状腺最高吸收 ^{131}I 取决于 ^{131}I 在甲状腺有效半衰期和甲状腺对电离辐射的敏感性。但后者难以估计，通常以甲状腺重量和对 ^{131}I 的最高吸收率作为决定剂量的参考。甲状腺重量的估计可根据触诊法和 X 射线检查以及甲状腺显象来进行。以触诊法加甲状腺显像估计生理而互相纠正较为可靠，但尚有一定误差。一般为每克甲状腺组织一次给予 ^{131}I 12.6～37MBq 放射量。

3. 手术治疗 早期尚未转移的甲状腺癌采用外科摘除术。已转移或难以完全摘除的甲状腺癌，不要手术摘除，可进行放射碘疗法。严重甲状腺功能亢进的患犬，在手术摘除甲状腺瘤前，可用丙硫氧嘧啶治疗，或用甲巯咪唑治疗。等心脏功能好转，然后再行手术摘除。

处方1

药物：甲巯咪唑，每次5～10mg。

用法：口服，每天2次，1～2周后每2～4周减量一次，每次减2～5mg。待症状完全消除，体征明显好转再减至最小维持量5mg/d，维持2个月。

说明：抗甲状腺药物。

处方2

药物：丙硫氧嘧啶，每千克体重10～15mg。

用法：口服，每天3次，1～2个月后症状缓解或甲状腺功能恢复正常后，逐渐减到50～100mg/d，维持2个月。

说明：抗甲状腺药物。

甲状腺功能减退症

【病因】引起甲状腺功能减退的常见原因主要有自发性甲状腺萎缩和严重的淋巴细胞性甲状腺炎。临床表现为慢性淋巴细胞性甲状腺炎、肿瘤等；其他原因也见于碘严重缺乏、甲状腺先天性缺陷及促甲状腺素或促甲状腺素释放激素缺乏等；此外，放射性碘疗、致甲状腺肿的药物、手术切除甲状腺等医源性因素，也可引起本病。

【症状】先天性患病动物表现为皮肤干燥，粗乱无光泽，脱屑，脆弱，呆小，四肢变短，体温降低。后天性患病动物表现为畏寒怕冷，喜欢待在温暖的地方，精神沉郁、嗜睡，厌食，不耐运动，易于疲劳。脑反应迟钝，体重增加，甚至呕吐或腹泻。被毛呈对称性脱落，先由颈、背、鼻梁、胸侧、腹侧、耳郭及尾部开始，尤以尾部为明显，逐渐扩散到全身，无痒感。再生延迟，皮肤色素增多，后期出现皮脂溢和瘙痒。偶有运动失调和癫痫发作等神经症状。

重症患者因黏液性水肿，面部皮肤增厚有皱褶，触诊有肥厚感但无指压痕。以眼上方、颈和肩的背侧最为明显。体躯肥胖、体重增加，四肢感觉异常，面神经或前庭神经麻痹，兴奋及攻击性增加。眼睑下垂，外貌丑陋，皮肤色素过度沉着。

母犬发情减少或不发情，流产；公犬睾丸萎缩导致性欲降低和精子活力降低。

【诊断】甲状腺机能减退没有特异性临床症状，因此，根据临床症状只能做出初步诊断。确诊必须借助于实验室诊断。

【防治】采用甲状腺素替补疗法。左甲状腺素钠，每千克体重0.02mg，内服，每天1次；三碘甲腺原氨酸每千克体重5μg，内服，每天3次。对伴有心力衰竭、心律不齐及糖尿病的，应逐渐增加剂量。一般治疗后7周内显效。

处方1

药物：左甲状腺素钠，每千克体重0.02mg。

用法：口服，每天1次。

说明：甲状腺替代药物，补充体内甲状腺素的不足。

处方2

药物：三碘甲腺原氨酸，每千克体重5μg。

用法：口服，每天3次。

说明：甲状腺替代药物，补充体内甲状腺素的不足。

肾上腺皮质机能亢进症

【病因】肾上腺皮质机能亢进症，是指肾上腺皮质激素分泌过多所引起的综合征，亦称柯兴氏综合征，该病多发于大型犬，如猎犬、警犬等，小型犬少发。

肾上腺皮质机能亢进症发生的确切原因尚不明了，但多与下列因素有关。

1. 功能性肾上腺皮质瘤引起 见于肾上腺皮质腺瘤及皮质癌，此腺体肿瘤的生长和分泌功能为自主性，不受垂体促肾上腺皮质激素（ACTH）的控制。由于分泌大量的皮质醇，反馈抑制垂体ACTH的释放，以致癌变的同侧及对侧肾上腺皮质发生萎缩性病变。此类病因占肾上腺皮质机能亢进的15%。

2. 垂体依赖性肾上腺皮质机能亢进 是最常见的发病原因，常由于下丘脑-垂体功能紊乱或垂体瘤，垂体分泌过多的促肾上腺皮质激素（ACTH），引起双侧肾上腺皮质增生而分泌过多的皮质醇，由此原因所致犬发病的约占本病80%。

3. 医源性肾上腺皮质机能亢进 由长期、大量使用皮质类固醇类激素药物引起。

【症状】肾上腺皮质机能亢进多发生于中老年犬，所有品种均可发生，但狮子犬、德国小猎犬、拳师犬和波士顿犬是最为易发品种。

本病发展缓慢，表现为多尿、尿频、血尿，继发性多饮，腹围增大，腹肌无力，腹围膨隆呈木桶状；气喘，呼吸迫促，不耐运动，嗜睡，血压升高；贪食，体重下降，尿糖升高；雄性犬睾丸萎缩、不育、性欲减退，雌性动物生殖器官肥大、发情周期停止等。

皮肤变化具有特征性，表现为双侧对称性脱毛，被毛干燥无光泽，血管显露、颈部、肋部、两侧及会阴部周围明显，头部和四肢被毛较少，修剪过的毛不易长出新毛，皮肤变薄、萎缩，腹部出现皱褶，胸背部、腹股沟部皮肤出现钙化现象，腹部可见很多粉刺，鳞屑增加，皮肤呈纤细的砂纸样。色素过度沉着。

【诊断】

1. 症状诊断 临床上根据多尿、烦渴、血清电解质不变、肚腹渐渐增大、四肢渐渐细缩、被毛脱落和皮肤色素沉着及钙沉着、血浆AKP活性升高、尿相对密度下降等特点，可做出初步诊断，但应与糖尿病、尿崩、肾衰竭、肝病、高钙血症、充血性心力衰竭等相区别。过量糖皮质激素使血压升高、血容量增加，因而增加了心脏负担、心肌肥大。充血性心力衰竭呈心脏扩大，但用强心药如洋地黄反应良好。由糖皮质激素引起的心肌肥大的同时，常伴有纤维素增生和瓣膜性疾病，使用洋地黄类药效果不佳，从听诊或（和）心电图检查可区别。

诊断中还应区分是垂体性、自发性或医源性肾上腺皮质机能亢进。垂体性原因可引起肾上腺皮质增生，激素分泌无明显的昼夜间节律变化。而自主性肾上腺皮质增生，除可使ACTH呈负反馈性分泌减少外，非增生部分肾上腺皮质萎缩。医源性肾上腺皮质机能亢进，双侧性肾上腺皮质萎缩。还可用下述实验室诊断方法进行区别。

依据以上临床症状，可做出初步诊断。但必须与肥胖症、糖尿病、肾衰竭以及其他原因引起的低钾血症相鉴别。

2. 实验室诊断

（1）血液检查。血细胞比容升高，白细胞总数升高，中性粒细胞增多，淋巴细胞减少，酸性粒细胞减少，为循环血液中粒细胞的6%。血糖升高至8.33～8.88mmol/L，平均6.16mmol/L；血清胆固醇升高到6.50～10.40mmol/L，平均7.54 mmol/L，50%病犬超过7.80 mmol/L。丙氨酸转氨酶和碱性磷酸酶活性升高。血钠浓度升高，血钾、血氯浓度降低；血浆皮质醇浓度通常升高。

（2）尿常规检查。尿相对密度在1.015以下，平均1.007。泌尿系统感染的犬，能检测到各种尿沉渣。

（3）ACTH 兴奋试验。即经 8h 内静脉注射 ACTH 10IU，正常犬注射 ACTH 后，血浆中 17-羟皮质类固醇值为 9.5～22μg%，而患病犬则高达 50～60μg%。

（4）肾上腺皮质功能试验。血浆中 17-羟皮质类固醇浓度增高，为正常值的 2～3 倍，一般可达 20μg%以上。昼夜周期性波动消失。24h 尿中 17-羟皮质类固醇测定明显增高。

【防治】

1. 药物疗法 首选药物为米托坦，每千克体重 50mg，内服，显效后每周服药 1 次。服药后有的病犬呈现一时性食欲减退、虚弱、头晕等症状，分次给药或采食时给药可缓解药物的不良反应。此外，还可选用甲吡酮、氨基苯乙哌啶酮等药物。

2. 手术疗法 对经 X 射线检查确诊为肾上腺皮质肿瘤的，可实施手术切除。手术时，将类固醇加入生理盐水中静脉注射，术后用量减半。但手术后必须进行皮质激素代替疗法，可口服醋酸氢化可的松，每天 2 次。

3. 对症治疗 饲喂高蛋白食物，用抗脂溢性洗发液清洗犬体表以减少皮屑，对干燥的皮肤和被毛用具有保湿功能的香波。

处方 1

药物：米托坦，每千克体重 50mg。

用法：口服，每天 1 次，直至临床症状减轻，症状减轻后每周服用 1 次。

说明：抑制肾上腺的分泌。

处方 2

药物：螺内酯 30mg/d。

用法：口服，每天 3 次，同时静脉输液补充钾离子。

说明：适用于原发性醛固酮增多症。

肾上腺皮质机能减退症

【病因】 肾上腺皮质机能减退是肾上腺皮质激素分泌不足或缺乏引起的疾病，又称为阿狄森病。多见于 2～5 岁的母犬，母犬的发病率是公犬的 3～4 倍。

各种原因引起的两侧性肾上腺皮质严重损伤，均可引致本病。

1. 原发性 主要由肾上腺皮质本身的疾病引起。如自身免疫疾病引起肾上腺皮质萎缩；犬瘟热、犬传染性肝炎、子宫蓄脓等引起的感染；白血病、各种肿瘤的转移所致的细胞浸润；淀粉样变性、肾上腺静脉血栓形成梗塞等血管病变和双侧次全或全切除犬、猫。另外，由于先天性缺乏 21-羟化酶、11-羟化酶、17-羟化酶，或后天性服用药物（甲吡酮）及化学抑制酶引起皮质激素合成代谢酶缺乏也可引发本病。

2. 继发性 多由于下丘脑分泌 CRH 及垂体分泌 ACTH 不足所致。一方面是由于各种肿瘤肿块、炎症、细胞浸润、创伤、血管病变等引起的下丘脑病变；及由于肿瘤、脑膜脑炎后遗症等引起的垂体病变。另一方面是由于长期大剂量使用糖皮质激素抑制下丘脑垂体所致，停药后有机能减退症候群。

【症状】 病犬、猫精神沉郁，食欲不振，恶心，呕吐，腹胀，腹痛，偶有腹泻，粪便呈糊状；体重减轻，色素沉着散见于皮肤及黏膜内，几乎见于所有病例；体质虚弱，嗜睡，肌肉无力，易于疲乏，不耐运动；血压降低，心电图呈低电压，T 波低平或倒置，P-R 间期、Q-T 时限可延长。常由于软弱导致明显疲劳症状及有慢性失水现象，明显消瘦。

【诊断】

1. 症状诊断 根据皮肤黏膜色素沉着等典型临床表现可初步诊断，测定血中 ACTH 增加，方可确诊。

2. 实验室诊断

(1) 血液生化检验。血钠降低，血钾升高，血钠与血钾比数小于30，血钙轻度升高。正细胞性贫血，酸性粒细胞和淋巴细胞的绝对值及分类数升高。血清氯化物减低，血糖降低。

(2) 心电图检查。T波低平或倒置，P-R间期与Q-T期间延长。血钙升高时，P波消失。

(3) 激素测定。尿中17-羟皮质类固醇近于0，血中皮质醇低于犬正常值（5～10 g/100mL）。

(4) 血浆ACTH测定。原发性者明显增高，继发性者明显降低，接近于0。

【防治】

1. 防治原则 纠正动物脱水、电解质失衡，补充盐皮质激素和糖皮质激素。

2. 治疗措施 急性病例在脱水休克情况下，按每小时每千克体重40～80mL的剂量静脉滴注生理盐水，静脉注射氢化可的松；低血糖时，可静脉输入5%葡萄糖生理盐水；酸中毒时，还应给予5%碳酸氢钠，解除酸中毒。此后，可根据实验室检验结果，在纠正酸中毒、电解质失衡时，给予地塞米松。

慢性病例可采取肾上腺皮质激素替代疗法。饲喂食盐量应多于正常犬、猫，糖皮质激素可选用可的松，每天按2～4mg给药，分3～4次内服；或泼尼松，按每千克体重0.5～2.0mg，每日1次，口服给药。盐皮质激素可应用醋酸去氧皮质酮，每天按1～5mg，肌内注射或皮下包埋给药。

处方1

药物：琥珀酸钠皮质醇每千克体重10mg，磷酸钠地塞米松每千克体重0.5mg，5%葡萄糖生理盐水每千克体重40mL。

用法：一次静脉滴注，每天1次。

说明：增强机体抵抗能力，补充皮质激素。

处方2

药物：可的松，2～4mg/d。

用法：口服，每天3次。

说明：适用于慢性肾上腺皮质机能减退症。

三、案例分析

1. 病犬 英国可卡犬，雄性，3.5岁，体重13.5kg。2006年7月26日开始精神差，全身无力，不耐运动，食欲减退，饮水少；有时头颈歪斜，呈昏迷状态。于2006年7月29日来院就诊，根据症状、临床检查和实验室检测结果，诊断为肾衰竭。治疗期间症状时好时坏，体重在近一月内下降至10.0kg（下降了3.5kg）。于8月28日进行会诊。

2. 临床检查 该犬皮肤弹性极差，眼球深陷，口腔黏膜毛细血管再充盈时间延长；头颈无力，站立不稳，双侧肾区和股前肌群敏感，四肢肌肉萎缩；心率40次/min，心律失常。

3. 实验室检测 根据病史、临床症状给该犬做尿液、血常规和血液生化检测。血常规、血液生化检测结果见表8-1、表8-2的8月28日结果（注：表8-2仅列出异常的检测指标）。结果显示：生化检测显示低钠高钾，钠、钾比值下降，低于正常参考值（27～40）下限；氮质血症；其他检测指标总蛋白、白蛋白、丙氨酸氨基转移酶、天门冬氨酸氨基转移酶、碱性磷酸酶、γ-谷氨酰转移酶、肌酸激酶、淀粉酶、葡萄糖、总胆红素、直接胆红素均介于参考值范围内。心电图检测显示 P 波消失，窦室传导。尿检显示尿相对密度降低（1.015）、尿蛋白+，其他无明显异常。

表 8-1 血液常规检查

项　　目	单位	7 月 29 日	8 月 18 日	8 月 24 日	8 月 28 日	8 月 31 日	犬参考值
红细胞	$\times10^{12}$个/L	7.78	7.10	7.52	7.52	5.08	5.5～8.5
血细胞比容	L/L	0.504	0.450	0.494	0.475	0.333	0.37～0.55
血红蛋白	g/L	193	173	183	178	129	120～180
白细胞	$\times10^{9}$个/L	10.9	8.5	5.7	9.5	9.5	6.0～17.0
叶状中性粒细胞	%	70	65	74	84	86	60～77
杆状中性粒细胞	%	0	0	6	1	6	0～3
单核细胞	%	4	3	1	3	4	3～10
淋巴细胞	%	14	21	17	10	3	12～30
嗜酸性粒细胞	%	12	11	2	2	1	2～10

表 8-2 血液生化检查

项目	单位	7 月 29 日	7 月 31 日	8 月 20 日	8 月 24 日	8 月 28 日	8 月 31 日	9 月 6 日	犬参考值
尿素氮	mmol/L	25.6	10.1	33.6	23.0	30.0	—	—	1.8～10.4
肌酐	μmol/L	131.4	99.5	199.5	203.2	322.0	—	—	60～110
钠	mmol/L	—	—	122.8	—	116.6	129.4	129.1	138～156
钾	mmol/L	—	—	8.31	5.60	8.20	3.52	9.01	3.8～5.8
氯	mmol/L	—	—	111.0	—	102.2	109.4	115.5	104～116
钙	mmol/L	—	—	3.00	2.87	3.00	—	—	2.57～2.97
磷	mmol/L	—	—	2.70	2.10	2.40	—	—	0.81～1.87

4. 特殊检查　X 射线检查心脏稍偏小。

5. 心电图检测　P 波消失，窦室传导，节律不齐。

6. 诊断　根据病史、一系列实验室检测结果和临床症状拟诊为阿狄森氏病（肾上腺皮质机能低下）。

7. 治疗　液体治疗使用 0.9%氯化钠溶液，该犬体重 10.0kg，中度脱水，加上维持量当天静脉补充约1 000mL，6h 输完；激素疗法选用氢化可的松，10mg/d，肌内注射；其他：复合维生素 B 2mL，恩诺沙星 50mg，肌内注射。

本病例连续 5d 按该病治疗，治疗第 2 天症状即明显改善，饮食、精神、运动能力均恢复至接近正常状态，由此确诊为阿狄森氏病（由于实验室检测条件限制，未做促肾上腺皮质激素刺激实验），之后畜主考虑到时间、精力问题，要求回家治疗，即每天早晨在家注射氢化可的松，1 周后来院复诊。据主人反映，患犬开始 3d 一切正常，第 4 天由于买不到氢化可的松药物而自行改用泼尼松替代，用药 1d 后畜主观察到该犬症状异常，遂来院治疗。生化检测显示低钠、严重高钾（见 9 月 6 日化验单）。紧急输液 10min 畜主没观察到任何异常症状，患犬安静死亡。

四、拓展知识

(一) 甲状腺肿大针灸疗法

单纯性甲状腺肿是由于碘摄入不足（也可由于碘摄入过多或代谢障碍）造成的。致甲状腺肿物质、酶缺陷等导致的甲状腺代偿性增大和肥大，一般不伴随甲状腺功能异常。

【针灸要点】

1. 体针

主穴：人迎穴。

配穴：突眼加攒竹穴、睛明穴；心率加快内关穴，高代谢症状加前三里穴、神门穴、三阴交穴。

方法：针刺入迎时穴，托起腺体或结节的中心，进针后随以提扦补泻手法，平补平泻。配穴宜轻刺、浅刺，平补平泻，不重刺、不留针，隔日 1 次。

2. 电针

主穴：阿是穴（肿大的甲状腺外侧）。

配穴：太阳穴、内关穴、神门穴。

方法：针刺后接通电针仪，施以疏密波刺激，每次刺激时间为 20～30min，每日 1 次。

3. 水针

取穴：上天柱穴。

方法：取透明质酸酶1 500IU 加地塞米松 5mg。针刺上天柱穴，逐步向前送针 2cm，稍加提扦，回抽无血时，缓慢推入药液，隔日 1 次，5 次为一个疗程。

(二) 甲状腺功能亢进针灸疗法

本病是犬由于甲状腺激素分泌过多，基础代谢亢进而引起的内分泌疾病，临床上以高代谢率综合征、神经兴奋增高、甲状腺肿大为特征。针灸对调节机体的内分泌水平和代谢具有很好的作用。

【针灸要点】

主穴：人迎穴、廉泉穴、平瘿穴（第四颈椎棘突下向侧方离开 7cm）、三阴交穴。

配穴：神门穴、内关穴、曲池穴、太冲穴。

方法：以泻法为主，留针 30min，每日 1 次，10 次为一个疗程。突眼取睛明穴、攒竹穴；四肢抖动加合谷穴、曲池穴；阴虚加太溪穴、阴陵泉穴。

任务二　其他激素分泌异常诊治

一、任务目标

知识目标

1. 掌握激素功能。
2. 掌握病因与疾病发生的相关知识。
3. 掌握疾病的病理生理知识。
4. 掌握疾病治疗所用药物的药理学知识。

5. 掌握疾病防治原则。

6. 了解糖尿病处方粮成分组成。

能力目标

1. 会使用常用诊断仪器。

2. 具备症状鉴别诊断能力。

3. 具备综合分析并做出初诊的能力。

4. 能准确开出治疗处方。

5. 会使用血糖仪。

二、相关知识

糖　尿　病

【病因】糖尿病是由于胰岛素相对或绝对缺乏，致使糖代谢发生紊乱的一种内分泌疾病，是犬最常见的内分泌疾病。临床上以多饮、多食、多尿，体重减轻和高血糖、糖尿为特征。犬、猫均可发生，但犬发病率较高，以8～9岁为多见。雌犬的发病率是雄犬的2～4倍。

糖尿病的发生受诸多因素的影响，但最直接的病因是胰岛β-细胞分泌胰岛素相对或绝对不足。

1. 胰腺损伤　是糖尿病发生的主要原因，最常见的是胰腺炎、胰腺肿瘤、胰腺萎缩或者外伤、手术损伤等，导致胰岛β-细胞受损，从而引起胰岛素分泌不足。

2. 药物性原因　有些药物与糖尿病的发生有着直接的联系。主要是一些激素类药物对糖尿病的发生起着重要作用，如糖皮质激素、孕激素等类固醇类激素能使肝糖异生作用加强，拮抗胰岛素，减少组织对葡萄糖利用从而提高血糖水平，猫尤其对孕激素敏感。另外，长期应用促肾上腺皮质激素、胰高血糖素、肾上腺皮质激素、噻嗪类利尿药等，也可诱发糖尿病。长期使用氯丙嗪等非类固醇药物亦可诱发糖尿病。

3. 营养性因素　犬、猫长期处于营养过剩状态和长期大量摄入高热量食物，致使犬、猫过于肥胖，导致可逆性胰岛素分泌减少，从而引起食源性糖尿病。

4. 应激因素　犬、猫在应激状态下，因神经和体液调节作用，可使胰高血糖素、生长激素和肾上腺皮质素分泌机能增强，胰岛素分泌减少，从而造成血糖升高，引起糖尿病。

5. 遗传因素　由遗传因素引起的糖尿病，临床上表现出明显的品种倾向性。根据近年来对犬糖尿病流行病学调查发现，凯恩㹴和小多伯曼犬具有明显的家族性糖尿病倾向，而可卡犬、拳师犬、德国牧羊犬、北京犬、柯利犬等家族性糖尿病临床上极其罕见。

【症状】糖尿病的主要临床症状是“三多一少”，即多食、多饮、多尿和体重减轻，角膜出现混浊、溃疡、白内障以及尿路感染。伴随病程的进一步恶化，病犬、猫出现呕吐和腹泻，血糖持续升高，血脂也明显升高，并伴发酮酸中毒，呼出气体有酮臭味。此时，食欲减退或废绝，精神沉郁，重度脱水，少尿或无尿，最后陷入糖尿病性昏迷。

【诊断】

1. 症状诊断 根据糖尿病典型临床症状"三多一少"，即"多食、多尿、多饮、体重下降"，可初步诊断。

2. 实验室诊断

(1) 血糖、尿糖检测。告诉主人在采血前要给犬、猫禁食或早晨空腹来采取，从前肢或后肢体表静脉采取全血，也可制备血清供检测用。正常血糖值 3.9～6.2mmol/L，患病动物血糖值高达 8.4 mmol/L 以上。尿糖呈强阳性。

(2) 葡萄糖耐量试验（OGTT）。试验前动物禁食 12～24h，按每千克体重 1.75～2.2g 的剂量，将葡萄糖配成 25%溶液口服。口服前和口服后 0.5h、1h、2h、3h 分别采血。测定血糖浓度。正常犬在投服后 0.5～1h 出现血糖值高峰，2h 后血糖值即恢复到空腹水平；患犬于口服葡萄糖 1h 后血糖值通常超过 8.3mmol/L，并持续不变。

在诊断糖尿病时应与遗传性肾性糖尿、尿崩症和肾上腺皮质功能亢进症等相鉴别。

①遗传性肾性糖尿是由先天性肾小管糖再吸收障碍而引起的，表现为尿糖、多尿、蛋白尿、多食，血糖值基本正常。

②患尿崩症犬、猫的临床突出表现是多尿和烦渴，尿相对密度降低，无尿糖。

③肾上腺皮质功能亢进症，可通过 ACTH 兴奋试验，根据血浆中 ACTH 的消长情况加以鉴别。

【防治】

1. 防治原则 降低血糖，纠正水、电解质及酸碱平衡紊乱。

2. 治疗措施

(1) 饮食疗法。对于患病动物症状处于早、中期的，可喂饲蛋白含量高、糖类低的食物，如乳制品、肉类制品等食物及专用犬、猫粮，做到定时、定量饲喂，掌握少食多餐的原则，同时供给丰富的 B 族维生素。

服用降血糖药物：当饮食疗法不能收到理想疗效时，可选用具有降低血糖作用的药物。如磺酰脲类和双胍类口服降血糖药。

(2) 胰岛素疗法。该疗法主要用于以上两种未能控制的重症患病犬、猫。目前，宠物医学临床上常用的胰岛素制剂主要有胰岛素（RI）、低精蛋白锌胰岛素（NpH）、精蛋白锌胰岛素（PZI）3 种。

(3) 综合疗法。针对由糖尿病引起的电解质代谢紊乱、酮血症和酸中毒等症状，临床治疗中除给予大剂量胰岛素控制糖尿病，还应进行静脉输液，以纠正水和电解质代谢紊乱，还可适量应用碳酸氢钠或乳酸钠纠正酸中毒，恢复酸碱平衡。并配合使用抗生素预防继发感染。

(4) 加强护理。患糖尿病动物一旦确诊后，应饲喂单糖或双糖比例小的耐消化食物，如含高纤维或低糖类性食物。治疗期间，运动宜减少，如果患犬活动量大，胰岛素剂量要适当减少。为防止脂肪肝，在食物中每天加入氯化胆碱。

处方 1

药物：氯磺丙脲，每千克体重 4mg。

用法：口服，每天 1 次。

说明：能直接刺激胰腺 β 细胞释放胰岛素。

处方 2

药物：精蛋白锌胰岛素，每千克体重 0.66～1.1IU。

用法：皮下注射，每天 1 次。

说明：直接降低血液中的葡萄糖浓度。

肢端肥大症

【病因】 肢端肥大症是因生长激素呈慢性分泌过多，导致结缔组织、骨组织和内脏过度生长而引起的临床综合征。

犬的发病原因是长期大量使用孕酮进行疾病治疗或者在犬的间情期内源性孕酮分泌过剩，从而刺激乳腺组织异位生成生长激素；以及临床上罕见的垂体腺瘤引起生长激素分泌过度。

猫的肢端肥大症临床上往往是因为垂体腺瘤导致的生长激素分泌过度所致。

【症状】 多见于老年、未进行绝育的雌性犬和中老年雄性杂种猫。临床症状主要表现为患病动物多饮、多尿，面部变宽和变平，周围形成很多皱褶，皮肤增厚、油腻，毛发增多；腹部增大，体重增加，体型改变；呼吸时发出喘鸣声，牙齿间隙变宽；有时会出现行为迟钝、厌食等症状；外生殖器萎缩。

病理剖检可见心脏、肝、肾肥大，心律失常，胸腔积液，肺水肿，猫还可见心肌炎。

血糖、尿糖升高，血清碱性磷酸酶和丙氨酸转氨酶轻微升高，血清胆固醇和蛋白质升高，在猫还有红细胞增多症。

【诊断】

1. 症状诊断 根据临床症状和有长期使用孕酮治疗以及不发情的病史可做出初步诊断。

2. 实验室诊断 实验室检查可为确诊本病提供可靠的事实依据。

(1) 血清学化验。血糖、尿糖升高，血清碱性磷酸酶和丙氨酸转氨酶轻微升高，血清胆固醇和蛋白质升高，在猫还有红细胞增多症。

(2) X射线检查。可见心肌肥大和颈部软组织结构增大。

(3) CT或核磁共振成像检查。可见垂体部位大面积病变。

【防治】 本病尚无有效的治疗药物。手术仍是肢端肥大症治疗的首选方法，临床上主要是对症治疗和采取综合的治疗措施，加强护理。主要措施是停止孕酮的使用，摘除子宫和卵巢以抑制雌犬发情。对于垂体瘤引起的病例，可尝试用外科手术摘除或采用放射治疗。

处　方

药物：兰瑞肽，每次30mg。

用法：肌内注射，14d注射1次。

说明：长效生长抑素八肽类似物。

尿崩症

【病因】 尿崩症是指血管加压素分泌不足，或肾对血管加压素反应缺陷而引起的一组症候群，其特点是多尿、烦渴、低相对密度尿和低渗尿。其发生原因有以下几种情况。

1. 肾源性尿崩症 主要见于后天性肾源性尿崩症，多见于肾上腺皮质机能亢进、高钙血症、子宫蓄脓、肝疾病、甲状腺功能亢进、低钾血症和慢性肾病等原因。

2. 中枢性尿崩症 常见于脑部尤其是垂体、下丘脑部位的手术、同位素治疗，严重的脑外伤，病原微生物感染或炎症，先天性缺陷，自发性产生等。

3. 遗传性尿崩症 遗传性尿崩症十分少见，可以是单一的遗传性缺陷，也可以是其他综合征的一部分。可能源于渴欲调节机制缺陷或行为异常。

【症状】 尿崩症的发生无性别和品种差别，和年龄也无必然关系。主要临床症状就是体温正常，食欲变化不明显。突出表现是多饮、多尿，有的患犬突然发生，也有的是渐进性发生。排尿量每千克体重80～300mL，非常明显，尿相对密度明显降低。

【诊断】

1. 症状诊断 根据犬、猫表现出极度的多饮和多尿，并伴有体重下降以及短时间内喝不到水就会出现脱水症状，或垂体和下丘脑有受伤史等症状就可初步诊断。

2. 实验室诊断

（1）尿分析。犬的尿液相对密度低于1.007，猫的尿液相对密度通常在1.008～1.012。

（2）改良断水实验。目的是确定在机体的反应过程中，是否释放了内源性的ADH，以及肾是否对ADH有反应。实验分为突然断水和加压反应两步进行。

【防治】尿崩症主要有三种治疗方法。

1. 激素疗法 用去氨加压素以治疗激素不足引起的尿崩症，该法是治疗中枢性尿崩症的最理想措施，但对肾源性尿崩症无效。

2. 利尿药疗法 如噻嗪类利尿药等利尿剂，这些药物可单独使用、联合使用，还可作为激素疗法的辅助药物使用。

3. 行为疗法 逐渐限制饮水，持续数天，纠正不良行为。

处方1

药物：去氨加压素，每次2～4滴。

用法：结膜囊内、鼻内、包皮内或阴门内滴入，每天2次。

说明：补充激素不足引起的尿崩，对中枢性尿崩症的疗效好。

处方2

药物：氢氯噻嗪，每千克体重2.5～5mg。

用法：口服，每天2次。

说明：利尿剂，促使尿液及时排除。

雌激素过剩症

【病因】雌性激素过剩症是由于雌激素分泌过多或过量应用雌激素所致的雌性化综合征。本病雌性和雄性犬、猫均可发生，雌性犬、猫表现为卵巢功能不均衡，雄性犬、猫表现为雌性化综合征。但临床上多发于5岁以上的雌性犬、猫。

本病也可因卵泡囊肿、卵巢肿瘤及雌激素投予过量所致。

【症状】患病犬表现与发情无关的异常子宫出血、子宫内膜增生和发情样症候，外阴部肿胀，阴道流出分泌物，乳头变大，运动控制困难，爬跨雄犬、慕雄狂。乳房、阴道周围、会阴部和肷部皮肤呈现左右对称性脱毛，色素沉着，脂溢性皮炎。除头部和四肢末端外，脱毛可波及全身。子宫内膜增生的犬表现多饮、多尿，当继发感染时，可引起子宫蓄脓症。

【诊断】

1. 临床诊断 患犬出现与发情无关的出血，外阴肿大，乳头增大、出现爬跨雄犬、慕雄狂现象；且年龄在5岁以上的老龄雌犬，阴道黏膜涂片无正常发情犬的各种细胞成分。皮肤对称性脱毛，色素沉着，脂溢性皮炎，子宫内膜增生而多饮、多尿。有发情样症候的内分泌性皮肤病可怀疑本病。根据临床变化即可确诊。

2. 实验室诊断 血清性激素测定明显高于健康对照犬、猫。

【防治】手术摘除卵巢、子宫是最可靠的治疗方法。药物治疗有一定的疗效，但很难根治。

处方 1

药物：孕酮，10mg/d。

用法：肌内注射，每天1次。

说明：适用于子宫内膜增生的犬。

处方 2

方法：手术摘除卵巢、子宫。

说明：适用于5岁以上的宠物。

三、案例分析

1. 病犬　杂交犬，9岁，雌性，曾在他处做过绝育手术，但后来又有生育过，手术状况不明。每年定期免疫，定期驱虫。

2. 主诉　该犬就诊前半个月开始浑身疼痛，具体位置不明，走路困难，开过阿奇霉素口服几日，有好转，近几日饮欲增加，尿量大，食欲降低，睡觉打呼噜比以前严重。进行X射线片拍摄，未见明显异常。B超腹部扫查，未见明显异常。

3. 实验室检查　结果见表8-3、表8-4。

表 8-3　血液常规检验

检验项目	结果	单位	参考范围	检验项目	结果	单位	参考范围
白细胞数目	11.9	$\times10^9$个/L	6.00～17.00	红细胞数目	7.26	$\times10^{12}$个/L	5.1～8.50
中性粒细胞百分比	↑ 90.8	%	52.0～81.0	血红蛋白浓度	179	g/L	110～190
淋巴细胞百分比	↓ 3.2	%	12.0～33.0	血细胞比容	51.7	%	36.0～56.0
单核细胞百分比	4.1	%	2.0～13.0	平均红细胞体积	71.3	fL	62.0～78.0
嗜酸性粒细胞百分比	1.6	%	0.5～10.0	平均红细胞血红蛋白含量	24.7	pg	21.0～28.0
嗜碱性粒细胞百分比	0.3	%	0.0～1.3	平均红细胞血红蛋白浓度	346	g/L	300～380
中性粒细胞数目	10.81	$\times10^9$个/L	3.62～11.32	红细胞分布宽度变异系数	11.5	%	11.5～15.9
淋巴细胞数目	↓ 0.38	$\times10^9$个/L	0.83～4.69	红细胞分布宽度标准差	↓ 34.6	fL	35.2～45.3
单核细胞数目	0.49	$\times10^9$个/L	0.14～1.97	血小板数目	172	$\times10^9$个/L	117～460
嗜酸性粒细胞数目	0.19	$\times10^9$个/L	0.04～1.56	平均血小板体积	9.7	fL	7.3～11.2
嗜碱性粒细胞数目	0.03	$\times10^9$个/L	0.00～0.12	血小板分布宽度	15.8		12.0～17.5
				血小板比容	0.166	%	0.090～0.500

表 8-4　血液生化检验

项目缩写	项目名称	浓度	单位	描述	参考范围
TP	总蛋白	86	g/L	↑	52～82
ALT	丙氨酸转氨酶	174	IU/L	↑	10～100
CREA	肌酐	175.0	μmol/L		44.0～159.0
GLU	葡萄糖	35.68	mmol/L	↑	4.11～7.94
UREA	尿素氮	13.2	mmol/L		≤60.0

（续）

项目缩写	项目名称	浓度	单位	描述	参考范围
G-GT	G-谷氨酰转移酶	8	g/mL		≤7
CK	肌酸激酶	87	IU/L		10～200
T-BIL	总胆红素	4.7	μmol/L		≤15.0
AST	天冬氨酸转氨酶	31	IU/L		≤50
TG	甘油三酯	1.8	mmol/L	↑	≤1.1
ALB	白蛋白	33	g/L		21～40
Ca	钙离子	2.31	mmol/L		1.95～3.15
P	无机磷	0.82	mmol/L		0.81～2.19
ALP	碱性磷酸酶	636	IU/L	↑	23～212
α-AMY	α-淀粉酶	1430	IU/L		300～1500

4. 初诊 糖尿病。

5. 治疗 直接注射长效胰岛素，剂量每千克体重 0.25IU，每 2h 监测血糖，制作血糖曲线，找出血糖的最低点和胰岛素的持效时间。调整时可以 20%～25%的注射剂量上下调整，直至找到合适的剂量。

四、拓展知识

（一）犬糖尿病处方粮

适宜对象：糖尿病。

不适宜对象：怀孕期、哺乳期、生长期犬。

1. 主要成分 猪肉粉，大麦，谷朊粉，玉米蛋白粉，纤维素，鸡油，木薯粉，甜菜粕，鸡水解液（粉），鱼油，车前子，果寡糖，牛磺酸，矿物质及其络（螯）合物（硫酸铜、硫酸亚铁等），天然叶黄素（源自万寿菊），维生素（维生素 A、维生素 E、维生素 D、维生素 C 等），防腐剂（山梨酸钾）。

2. 主要值 每 100g 食物含有：蛋白质 37g、脂肪 12g、糖类 19.1g、NFE 29.9g、膳食纤维 17.2g、粗纤维 6.4g、Ω-6 2.23g、Ω-3 0.57g、EPA+DHA 0.3g、钙 0.9g、磷 0.71g、钠 0.3g、L-肉碱 20mg、代谢能（C）1 443.5kJ。

3. 协同抗氧化复合物 每 100g 食物含有：维生素 E 60mg、维生素 C 30mg、牛磺酸 200mg、叶黄素 0.5mg。

4. 添加剂

（1）营养性添加剂。包括维生素 A 15 900IU、维生素 D_3 1 000IU、维生素 E_1（铁）30mg、维生素 E_2（碘）3mg、维生素 E_4（铜）4mg、维生素 E_5（锰）39mg、维生素 E_6（锌）118mg、维生素 E_8（硒）0.03mg。

（2）技术添加剂。包括防腐剂-抗氧化剂。

（二）猫糖尿病处方粮

适宜对象：糖尿病。

不适宜对象：怀孕期、哺乳期、生长期猫。

1. 主要成分　鸡肉粉，大豆分离蛋白，玉米粉，谷朊粉，大麦，玉米蛋白粉，鸡油，纤维素，鸡水解粉，甜菜粕，矿物质及其络（螯）合物（硫酸铜等），车前子，鱼油，果寡糖，柠檬酸钾，大豆油，牛磺酸，低聚壳聚糖，L-肉碱，葡萄糖胺，维生素（维生素A、维生素E、维生素D、维生素C等），防腐剂（山梨酸钾）。

2. 主要值　每100g食物含有：蛋白质46g、脂肪12g、糖类18.8g、NFE 26.7g、膳食纤维11.5g、粗纤维3.6g、Ω-6 2.69g、Ω-3 0.62g、EPA＋DHA 0.3g、钙0.92g、磷0.89g、钠0.4g、L-肉碱20mg、代谢能（C）1 619.2kJ。

3. 协同抗氧化复合物　每100g食物含有：维生素E 50mg、维生素C 30mg、牛磺酸210mg、叶黄素0.5mg。

4. 添加剂

（1）营养性添加剂。包括维生素A 6 300IU、维生素D_3 1 000IU、维生素E_1（铁）23mg、维生素E_2（碘）2.3mg、维生素E_4（铜）3mg、维生素E_5（锰）29mg、维生素E_6（锌）88mg、维生素E_8（硒）0.02mg。

（2）技术添加剂。包括防腐剂-抗氧化剂。

五、技能训练

血　糖　测　定

（一）试剂及设备

试剂及设备包括血糖仪、一次性采血针、试纸（每瓶配套一块密码牌），见图8-1。

（二）操作过程

1. 插入密码牌　确认血糖仪处于关机状态。将血糖仪翻转，将密码牌翻转至没有密码号的一面正对自己，然后将其插入密码牌插槽中到底为止。每开启一瓶试纸，都需要更换密码卡。

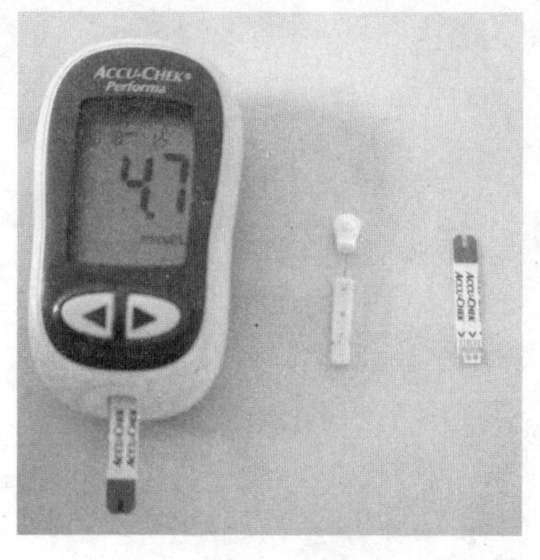

图8-1　血糖仪、采血计、试纸

2. 调整时间和日期（首次使用）

（1）按一次开关键开启血糖仪。显示屏上出现时间和日期。“Set-up”和小时标记闪烁。

（2）按左或右键可增加或减少小时数值，按住不放可快速改变数值。

（3）按一次电源开关键确认小时设置，分钟标记开始闪烁。

（4）重复步骤2和步骤3设置分钟、上午/下午、日期、月份和年份。闪烁的字段是正在更改的字段。

（5）结束对年份的设置之后，按住电源开关键，直至出现闪烁的试纸符号。

3. 进行血糖测定

（1）在耳缘静脉或前后肢静脉选择采血部位，用酒精消毒。

（2）准备好一次性采血针。

（3）从试纸瓶取出一片试纸，将试纸瓶盖严。

（4）沿箭头方向将试纸插入到血糖仪中。血糖仪自动开机。

（5）请确定显示屏上显示出的密码号和试纸桶上的密码号是一致的。如果没有看清楚密码号，可以将试纸条拔出重插。

（6）当显示屏上出现闪烁的血滴符号时，可以从采血部位采一滴血，轻轻挤压采血部位，促使血滴流出。

（7）将血滴接触试纸黄色反应区的前沿位置，血液会自动吸满试纸表面。不要将血滴滴加在试纸的上方。

（8）当看到显示屏上沙漏闪烁，说明试纸中的血液已经足够。

（9）随后显示屏上出现检测结果（单位为 mmol/L），丢弃使用过的试纸。

项目九 免疫性疾病

PART 9

任务一 Ⅰ型变态反应疾病诊治

一、任务目标

知识目标

1. 掌握动物过敏的免疫学知识。
2. 掌握病因与疾病发生的相关知识。
3. 掌握疾病的病理生理知识。
4. 掌握疾病治疗所用药物的药理学知识。
5. 掌握疾病防治原则。
6. 了解低过敏处方粮成分组成。

能力目标

1. 会使用常用诊断仪器。
2. 具备症状鉴别诊断能力。
3. 具备综合分析并做出初诊的能力。
4. 能准确开出治疗处方。

二、相关知识

食 物 过 敏

食物过敏是某些特异性食物抗原刺激机体引起的变态反应性疾病，常表现为急性或慢性的皮肤和胃肠道疾病（症状）。食物过敏反应包括由 IgE 介导的Ⅰ型变态反应和非 IgE 介导的Ⅰ型变态反应，由 IgE 介导的Ⅰ型变态反应常见于食物过敏。本病以犬、猫皮肤瘙痒及胃肠炎为特征。

【病因】 本病是由过敏原通过黏膜进入机体而引起的过敏反应。引起食物过敏的食物种类主要有牛乳、鸡蛋、鱼、甲壳类水产动物、花生、大豆、坚果、小麦。目前普遍认为食物过敏原的成分是蛋白质，它们广泛地存在于动物性食品中。

【症状】 过敏性肠炎表现通常在进食后 1～2h 发生，表现为呕吐、腹泻、胀气、腹痛；皮肤型过敏通常为进食后 4h 发生，也可能在 1～2 年后发生，表现为皮肤瘙痒、呈粉红色，或出现红斑丘疹、脱毛、外耳炎等。

【诊断】饲喂低过敏性处方粮3～4个月，如临床症状消失，再改为原饲料，症状再次出现时，可以做出诊断。

【防治】食物过敏治疗无特效方法，严格避免饲喂含有过敏成分的粮食是最有效的疗法，但目前尚不能生产出不含过敏原的粮食。

处　方

方法：给予低过敏处方粮。

说明：在使用低过敏处方粮期间，严禁饲喂其他食物。

过敏性休克

过敏性休克是外界抗原性物质进入机体后，通过免疫机制短时间内发生的一种强烈的多脏器累及症群，是由IgE介导的Ⅰ型超敏反应的严重表现类型。包括IgE介导的过敏性休克和非IgE介导的过敏性休克。过敏性休克的表现程度，因抗原进入量、途径、机体反应等不同而有很大差别。

【病因】大多数过敏性休克是典型的第Ⅰ型变态反应在全身多器官，尤其是循环系统的表现。外界的抗原性物质进入体内后，刺激免疫系统产生相应的抗体，其中IgE的产量因体质不同而有较大差异。这些特异性IgE有较强的亲细胞性质，能与皮肤、支气管、血管壁等的“靶细胞”结合。此后，当同一抗原再次与已致敏的个体接触时，就能激活机体潜在体液或细胞介导的反应系统，产生各种生物活性物质，如组胺、5-羟色胺、血小板激活因子等相互作用引起微循环功能障碍。微循环障碍是休克的重要病理生理基础。

【症状】发生突然，初期往往表现为红斑、瘙痒，随后的症状表现有所侧重，可表现为由于喉头、气管水肿、支气管痉挛、肺水肿引起的呼吸道阻塞；由于心肌收缩乏力、心律失常、外周血管扩张、血压下降引起的循环衰竭症状；由于脑缺氧、脑水肿引起意识不清、昏迷、抽搐等神经症状及广泛的荨麻疹或血管神经性水肿等。

【诊断】通过病史调查及临床发病迅速、病情严重的症状不难做出诊断。

【治疗】采用肾上腺素静脉或心内注射，以抗支气管痉挛和后肠系膜血管扩张。血压和呼吸的辅助支持治疗也是必要的。由于症状出现急，抗组胺药疗效不大。

处　方

肾上腺素每次0.1～0.3mg，静脉或心内注射；吸氧。

三、案例分析

1. 病犬　比熊犬，2岁，雄性。

2. 主诉　由于家人都很喜欢该犬，平时家人吃饭时经常随手喂给蛋白性食物，近期食后一段时间出现呕吐、腹泻、腹痛，摩擦皮肤，像是皮肤瘙痒的感觉。

3. 临床检查　精神状态良好，体温正常，皮肤有红斑，脱毛。

4. 诊断　怀疑食物过敏。

5. 治疗　饲喂一个月低过敏性处方粮。半个月后，患犬再未出现上述症状。

四、拓展知识

(一) 犬低过敏性处方粮

适宜对象：食物排除试验；伴有皮肤症状或胃肠道症状的食物过敏；食物不耐受；炎性

肠道疾病；胰外分泌功能不全；慢性腹泻；肠道细菌过度繁殖。

不适宜对象：胰腺炎或有胰腺炎病史；高脂血症。

1. 主要成分 大米，大豆酶解蛋白，鸡油，牛油，犬粮口味增强剂，矿物质及其络（螯）合物（硫酸铜、硫酸亚铁等），甜菜粕，大豆油，沸石粉，鱼油，维生素（维生素 A、维生素 E、维生素 D_3、氯化胆碱等），果寡糖，L-酪氨酸，防腐剂（山梨酸钾），DL-蛋氨酸，L-赖氨酸，天然叶黄素（源自万寿菊）。

2. 主要值 每 100g 食物含有：蛋白质 21g、脂肪 19g、糖类 36.6g、NFE 41.1g、膳食纤维 5.5g、粗纤维 1g、Ω-6 4.24g、Ω-3 0.81g、EPA＋DHA 0.34g、钙 4.07、磷 1.01g、钠 0.8g、L-肉碱 0.5g、代谢能（C）1 673.6kJ。

3. 协同抗氧化复合物 每 100g 食物含有：维生素 E 60mg、维生素 C 20mg、牛磺酸 210mg、叶黄素 0.5mg。

4. 添加剂

（1）营养性添加剂。包括维生素 A 24 800IU、维生素 D_3 800IU、维生素 E_1（铁）40mg、维生素 E_2（碘）3mg、维生素 E_4（铜）11mg、维生素 E_5（锰）53mg、维生素 E_6（锌）202mg。

（2）技术添加剂。包括防腐剂-抗氧化剂。

（二）猫低过敏性处方粮

适宜对象：食物排除试验；伴有皮肤病或胃肠道症状的食物过敏；食物不耐受；炎性肠道疾病；慢性腹泻；细菌过度生长；对膳食纤维无反应的便秘。

不适宜对象：无。

1. 主要成分 大米，大豆酶解蛋白，鸡油，矿物质及其络（螯）合物（硫酸铜等），纤维素，甜菜粕，大豆油，鸡水解粉，鱼油，果寡糖，牛磺酸，天然叶黄素（源自万寿菊），DL-蛋氨酸，维生素（维生素 A、维生素 E、维生素 D、维生素 C 等），沸石粉，防腐剂（山梨酸钾）。

2. 主要值 每 100g 食物含有：蛋白质 25.5g、脂肪 20g、糖类 34.5g、NFE 39.1g、膳食纤维 8.2g、粗纤维 3.6g、Ω-6 4.74g、Ω-3 0.83g、EPA＋DHA 0.32g、亚油酸 4.56g、钙 0.73g、磷 0.7g、钠 0.6g、铜 1.5mg、锌 25.9mg、维生素 A 2 500IU、维生素 H 0.33mg、泛酸 14.9mg、烟酸 50mg、精氨酸 1.84g、代谢能（C）1 715.4kJ。

3. 协同抗氧化复合物 每 100g 食物含有：维生素 E 60mg、维生素 C 20mg、牛磺酸 210mg、叶黄素 0.5mg。

4. 添加剂

（1）营养性添加剂。包括维生素 A 25 300IU、维生素 D_3 800IU、维生素 E_1（铁）41mg、维生素 E_2（碘）3mg、维生素 E_4（铜）10mg、维生素 E_5（锰）55mg、维生素 E_6（锌）206mg。

（2）技术添加剂。包括防腐剂-抗氧化剂。

任务二 自身免疫性疾病诊治

一、任务目标

知识目标

1. 掌握动物免疫学知识。

2. 掌握病因与疾病发生的相关知识。

3. 掌握疾病的病理生理知识。

4. 掌握疾病治疗所用药物的药理学知识。

5. 掌握疾病防治原则。

6. 了解皮肤病处方粮成分组成。

能力目标

1. 会使用常用诊断仪器。

2. 具备症状鉴别诊断能力。

3. 具备综合分析并做出初诊的能力。

4. 能准确开出治疗处方。

5. 会检查螨虫。

二、相关知识

自身免疫性溶血性贫血

自身免疫性溶血性贫血（AIHA）是由于免疫功能紊乱产生自身红细胞抗体，导致大量红细胞破坏加速而产生的溶血性贫血。AIHA 主要发生于 2 岁以上雌性犬，猫很少发生。

【病因】 自身抗体的产生机制尚不清楚。继发性 AIHA 可以继发于其他自身免疫性疾病、肿瘤性疾病和感染等因素。

【症状】 病犬表现急性贫血、可视黏膜苍白，厌食、精神沉郁、多饮、呕吐、下痢、体温升高、脾肿大等。血常规检查红细胞增多，血细胞比容下降。

【诊断】 可采用以下方法：①根据临床急性贫血症状；②末梢血液抹片出现大量的未成熟红细胞；③球状红细胞明显增多；④血红蛋白值与血细胞比容值很低；⑤有自体性红细胞凝集作用；⑥血液常规检查；⑦直接 Coombs 试验阳性；⑧免疫荧光法测定红细胞抗体。

【治疗】 目前主要是使用皮质类固醇、血浆置换、给予免疫抑制剂。

（1）给予大剂量皮质类固醇以抑制红细胞被吞噬及抗红细胞抗体的产生，如泼尼松龙每千克体重 1～2mg，每天 2 次，口服。

（2）严重贫血时，可以输血。

（3）中医疗法：急性发作期以清热凉血为主，缓解后以健脾益气、滋阴养血为主。

处　方

方法：泼尼松龙每千克体重 1～2mg，每天 2 次，口服；静脉输全血，每千克体重 10～20mL；硫唑嘌呤每天每千克体重1.5～2.0mg，口服，连续服用 30d。

说明：严重贫血时输血或输平衡氯化钠溶液。

特应性皮炎

特应性皮炎又名异位性皮炎、遗传过敏性皮炎，是一种发生于多种动物的瘙痒性、慢性皮肤病，约 10%的犬易患本病，大麦町犬发病率较高。目前认为本病的发生与遗传、免疫功能紊乱、药理生理学异常有关。

【病因】犬的特应性皮炎通常是由于吸入变应原如尘螨、花粉、霉菌、羽毛、人和动物的皮屑等引起。猫的特应性皮炎以食物性过敏原更为常见。

【症状】剧烈瘙痒和皮肤出现疹和鳞片是本病的主要症状，病变常出现在指（趾）部、面部、腹部、腋下等处，皮肤的损害因为动物的舔舐、抓搔引起继发感染而加重。猫的特应性皮炎表现为粟疹或局部炎症反应。

【诊断】根据皮肤损伤特点初步诊断，经皮内试验、血清测试可以确诊。

【治疗】

（1）最理想的方法是加强饲养管理，避开过敏原。如果与食物有关，则饲喂低过敏处方粮。

（2）减低敏感疗法。每隔 1 个月肌内注射 1 次适量的诱发变应原，直到改善为止。

（3）肾上腺皮质激素疗法。泼尼松每千克体重 1.0mg，口服，每天 1 次，连续服用 5～7d。然后，每天每千克体重 0.5mg，连续服用 7d，以后隔日服用，每千克体重 0.5mg。

处方 1

饲喂低过敏处方粮。

处方 2

泼尼松每天每千克体重 1.0mg，口服，每天 1 次，连续服用 5～7d。然后，每天每千克体重 0.5mg，连续服用 7d，以后隔日服用每千克体重 0.5mg。

免疫缺陷综合征

免疫缺陷综合征或称免疫缺陷病是机体对各种抗原刺激的免疫应答不足或缺乏而引起的一系列病症。该病反映着免疫系统主要成分的一种或多种发生损害，包括非特异性免疫的吞噬细胞、多形核中性球、补体，以及特异性免疫的体液系统与细胞介导的免疫系统。

【病因】特异性免疫的免疫缺陷病分为原发与继发两种。原发性有下列 3 类：体液免疫缺陷引起的低 γ-球蛋白血症；细胞免疫缺陷引起的胸腺发育不全；两系统联合缺陷引起的淋巴细胞减少性无丙种球蛋白血症。这些先天性的免疫缺陷病不常发生，至今在犬、猫尚未有报道，只出现过犬可能由于免疫缺陷而感染卡氏肺囊虫的病例。

继发性（获得性）免疫缺陷病通常继发于感染性疾病、肿瘤、老龄动物、某些药物治疗对免疫系统的损伤等。继发性免疫缺陷病可发生于犬和猫。

【症状】不同原因引起的免疫缺陷病，症状差别较大，主要特征是：抗感染能力低下、免疫力低下、易形成肿瘤。

【治疗】先天性免疫缺陷病，目前尚无有效的治疗药物，关键是检出病理基因，做好选育工作。继发性免疫缺陷病，在查清其原发病后，积极治疗原发病，有助于改善免疫机能。

处　方

积极治疗原发病。

寻常性天疱疮

天疱疮是由于表皮棘层细胞间抗体沉积引起棘层细胞可分解、表皮内水疱形成为特征的自身免疫性皮肤黏膜大疱病。寻常性天疱疮是天疱疮中较常见、较严重的一个类型。本病常见于成年犬，发病率无性别和品种差异。

【病因】病因不明，目前较多的证据说明该病是一种自身免疫性疾病。一般认为由于病毒附着、化学药物或酶的作用，使自身组织的抗原性发生改变；侵入的微生物与某些组织有共同抗原，可起交叉免疫反应；免疫活性细胞的突变和免疫稳定功能失调等，都可产生自身抗体而发生免疫性疾病。

【症状】多呈急性经过，初期病犬表现口腔黏膜糜烂、齿龈炎，并且不易愈合。随后，黏膜和皮肤交界部（如口唇、眼睑、肛门、外阴、包皮、鼻孔）及指（趾）间很快出现浆液性水疱。水疱破裂后易发生继发感染，表现严重的皮肤炎症变化。皮肤出现尼克尔斯基氏征（即病变周围外观正常的皮肤一擦即破），具有诊断价值。

【诊断】①根据典型临床症状，如发病早期口腔黏膜损伤，正常皮肤发生松弛性水泡；②尼克尔斯基氏征阳性；③直接免疫荧光检查发现 IgG 沉积于表皮细胞间，血清学检查天疱疮抗体阳性，抗体滴度与疾病程度平行。

【治疗】

（1）皮质激素。是目前治疗本病的首选药物。发病初期泼尼松每千克体重 1～3mg，每天 2 次，口服；若效果不明显，则以每千克体重 4～8mg，口服，连用 5d，再以每千克体重 0.5～1.0mg 的维持量口服。

（2）支持疗法。静脉补充体液、电解质，口服补充蛋白质食物、维生素等。

（3）防止继发感染，使用广谱抗生素制剂 1～2 周。

（4）可使用免疫抑制剂环磷酰胺及硫唑嘌呤等。环磷酰胺每千克体重 1.5～2.0mg，口服，每周 4 次，停药 3d，然后每周 1 次；硫唑嘌呤，每天每千克体重 1.5～2.0mg，口服，连续服用 30d。硫唑嘌呤的不良反应较少。

（5）加强管理，防止外伤的发生。

处　方

泼尼松每天每千克体重 1.5～3.0mg，口服，每天 2 次；环孢素每天每千克体重 2.5～5mg，口服，每天 2 次；头孢唑林钠每千克体重 15～30mg，肌内注射，每天 2 次。

落叶状天疱疮

落叶状天疱疮与寻常性天疱疮相同，属于自身免疫性皮肤病。落叶状天疱疮与寻常性天疱疮主要区别是症状轻，黏膜与皮肤交界处病变少，通常无口腔黏膜损害。本病除犬外，猫也发生。犬的发病率无品种、年龄及性别的差异。该病预后较寻常性天疱疮为佳。

【病因】本病是机体对自身表皮细胞的间质物质和部分表皮细胞壁发生的免疫反应。

【症状】皮肤与黏膜处突然形成水疱，因为病变原发于表皮细胞，故短时间内即破溃形成痂皮，以后取慢性经过。早期病变损害常局限于头面部，尤其是鼻、眼周围及耳部，之后向全身发展。病变呈水疱性、溃疡性、脓疱性变化。患部脱毛、发红、渗出，形成大范围痂皮。本病无全身症状，也很少有细菌感染，但表现出程度不同的瘙痒。

【诊断】

（1）根据典型临床症状，如早期病变损害常局限于头面部，之后向全身发展，病变部位广泛，通常无口腔黏膜损害。

（2）尼克尔斯基氏征阳性。

（3）直接免疫荧光检查发现 IgG 沉积于表皮细胞间，血清学检查天疱疮抗体阳性，抗体滴度与疾病程度平行。

（4）根据临床病理变化，结合临床症状，可以确诊。

活检可见脓疱形成于表皮的角质下层或颗粒层，棘细胞层发生融合角化。嗜酸性粒细胞浸润，通常炎性反应较弱。

【治疗】参照寻常性天疱疮的治疗方法。

三、案例分析

1. 病犬 6岁雄性杂种犬。

2. 主诉 就诊前2个月，主人发现在其下腹部皮肤上有水疱形成，水疱很快发生破裂，后在破裂处形成溃疡。近一月曾在其他医院进行治疗，全身用抗生素并配合局部溃疡处用磺胺粉，症状无减轻，且溃疡面有增大趋势。

3. 临床检查 发现犬腹部，尤其是腹股沟部皮肤发红，呈现弥漫性溃疡，溃疡面湿润，且有多量血性分泌物。皮肤表面已检查不到水疱，但可见水疱破裂后留于皮肤的痕迹。并且该犬腋窝处皮肤也已出现了类似变化，但皮肤损伤面积尚小。此外该犬也发生口腔溃疡。全身表现精神沉郁，食欲降低。

4. 实验室检查 结果见表9-1。

表9-1 血液常规检验

检验项目	结果	单位	参考范围	检验项目	结果	单位	参考范围
白细胞数目	↑ 23.64	$\times10^9$个/L	6.00～17.00	红细胞数目	6.47	$\times10^{12}$个/L	5.1～8.50
中性粒细胞百分比	75.8	%	52.0～81.0	血红蛋白浓度	163	g/L	110～190
淋巴细胞百分比	15.7	%	12.0～33.0	血细胞比容	48.2	%	36.0～56.0
单核细胞百分比	6.6	%	2.0～13.0	平均红细胞体积	74.5	fL	62.0～78.0
嗜酸性粒细胞百分比	1.1	%	0.5～10.0	平均红细胞血红蛋白含量	25.2	pg	21.0～28.0
嗜碱性粒细胞百分比	0.8	%	0.0～1.3	平均红细胞血红蛋白浓度	338	g/L	300～380
中性粒细胞数目	↑ 17.90	$\times10^9$个/L	3.62～11.32	红细胞分布宽度变异系数	↓ 11.0	%	11.5～15.9
淋巴细胞数目	↑ 5.6	$\times10^9$个/L	0.83～4.69	红细胞分布宽度标准差	↓ 34.4	fL	35.2～45.3
单核细胞数目	1.55	$\times10^9$个/L	0.14～1.97	血小板数目	383	$\times10^9$个/L	117～460
嗜酸性粒细胞数目	0.26	$\times10^9$个/L	0.04～1.56	平均血小板体积	7.5	fL	7.3～11.2
嗜碱性粒细胞数目	↑ 0.21	$\times10^9$个/L	0.00～0.12	血小板分布宽度	15.2		12.0～17.5
				血小板比容	0.288	%	0.090～0.500

病变部刮皮检查有脓细胞、少量细菌及真菌。

5. 诊断 根据该犬特有的患病症状，诊断为疑似自身免疫性皮肤病，且症状酷似大疱性类天疱疮。

6. 治疗性诊断 每天静脉输入地塞米松与免疫球蛋白，连用3～5d；皮下注射头孢类抗生素，连用7d；并嘱咐主人去药店自购环孢素A，按每千克体重2.5mg给犬服用。

半月后对该病例进行追访，据主人描述，犬腹部皮肤症状已有缓解，溃疡面已缩小，且犬精神及食欲尚可。医嘱继续使用免疫抑制剂进行治疗。

四、拓展知识

（一）犬皮肤疾病处方粮

适宜对象：遗传性过敏性皮炎；鱼鳞病；改善皮肤状态（皮肤病、脱毛）；脓皮病；跳蚤过敏性皮炎；外伤愈合；外耳炎。

不适宜对象：怀孕期、哺乳期犬；胰腺炎或有胰腺炎病史；高脂血症。

1. 主要成分 鸡肉粉，鸡油，纤维素，鱼油，甜菜粕，大豆油，芦荟，鸡水解液（粉），矿物质及其络（螯）合物（硫酸铜、硫酸亚铁等），天然叶黄素（源自万寿菊），姜黄，维生素（维生素A、维生素E、维生素D、维生素C等），防腐剂（山梨酸钾）。

2. 主要值 每100g食物含有：蛋白质23g、脂肪15g、糖类37g、NFE 40.7g、膳食纤维7.1g、粗纤维3.4g、Ω-6 3.09g、Ω-3 1.01g、EPA＋DHA0.6g、钙1.2g、磷1g、钠0.4g、亚油酸2.87g、代谢能（C）1 527.2kJ。

3. 协同抗氧化复合物 每100g食物含有：维生素E 60mg、维生素C 30mg、牛磺酸460mg、叶黄素0.5mg。

4. 添加剂

（1）营养性添加剂。包括维生素A 25 000IU、维生素D_3 800IU、维生素E_1（铁）41mg、维生素E_2（碘）2.8mg、维生素E_4（铜）11mg、维生素E_5（锰）54mg、维生素E_6（锌）203mg、维生素E_8（硒）0.1mg。

（2）技术添加剂。包括防腐剂-抗氧化剂。

（二）犬皮肤瘙痒处方粮

适宜对象：遗传性过敏性皮炎；鱼鳞癣；脓皮症；跳蚤叮咬过敏皮肤病；促进伤口愈合；外耳炎。

不适宜对象：怀孕期、哺乳期、生长期犬。

1. 主要成分 玉米，谷朊粉，大米，木薯粉，鸡油，玉米蛋白粉，矿物质及其螯合物（硫酸铜、硫酸亚铁等），大豆油，甜菜粕，鱼油，纤维素，亚麻籽，鸡水解液（粉），天然叶黄素（源自万寿菊），果寡糖，维生素（维生素A、维生素E、维生素D、维生素C等），防腐剂（山梨酸钾）。

2. 主要值 每100g食物含有：蛋白质23g、脂肪16g、糖类38.4g、NFE 43.9g、膳食纤维7.4g、粗纤维1.9g、Ω-6 3.64g、Ω-3 1.04g、EPA＋DHA 0.41g、钙0.76g、磷0.58g、钠0.3g、代谢能（C）1 631.8kJ。

3. 协同抗氧化复合物 每100g食物含有：维生素E 60mg、维生素C 30mg、牛磺酸200mg、叶黄素0.5mg。

4. 添加剂

（1）营养性添加剂。包括维生素A 30 100IU、维生素D_3 800IU、维生素E_1（铁）56mg、维生素E_2（碘）5.6mg、维生素E_4（铜）11mg、维生素E_5（锰）73mg、维生素E_6（锌）202mg、维生素E_8（硒）0.13mg。

（2）技术添加剂。包括防腐剂-抗氧化剂。

五、技能训练

螨 虫 检 查

助手保定动物，术者一手持手术刀片，另一手持培养皿。在患病部位的边缘使刀片与皮肤垂直，用力刮皮屑，直至将皮肤刮得冒血为止。将刮下的皮屑倒入广口瓶中，然后向广口瓶中加入适量的10%氢氧化钠溶液，混匀、静置过夜，以使皮屑充分溶解。将溶解皮屑的上层液体慢慢倒掉，留沉渣于瓶底。用吸管吸取沉渣，滴 2～3 滴于载玻片的中央。盖上盖玻片，将涂片用低倍镜观察。

项目十 皮肤病

PART 10

任务一 皮炎与湿疹诊治

一、任务目标

知识目标

1. 掌握皮肤的解剖生理知识。
2. 掌握病因与疾病发生的相关知识。
3. 掌握疾病的病理生理知识。
4. 掌握疾病治疗所用药物的药理学知识。
5. 掌握疾病防治原则。
6. 了解脂肪酸在动物皮肤病中的应用知识。

能力目标

1. 会使用常用诊断器械。
2. 具备症状鉴别诊断能力。
3. 具备综合分析并做出初诊的能力。
4. 能准确开出治疗处方。
5. 会紫外线疗法。
6. 会红外线疗法。

二、相关知识

皮　炎

皮炎是指皮肤真皮和表皮的炎症。临床上以红斑、水疱、湿润、结痂、瘙痒等为特征。

【病因】皮炎的病因多种多样。外伤性皮炎是由于皮肤受到机械性的刺激，如犬颈环套的摩擦、经常瘙痒抓伤引起；化学性皮炎是皮肤接触化学物质引起的，如给犬涂擦刺激性药物，洗澡用的洗涤剂、肥皂、洗衣粉等；物理性皮炎多因热伤、冻伤、日光及射线的损伤引起；某些细菌、真菌、寄生虫以及变态反应等也可引起皮炎。

【症状】皮炎的特点是先在接触部位发生病变。皮损的性质、疹形、范围和严重程度取决于机体的反应性、接触物的性质、浓度、接触方法和接触时间长短。皮肤损伤轻者局部呈红斑、丘疹并有时肿胀，重则发生水疱、糜烂和坏死等。早期皮损与接触物的部位较一致，呈局限性、潮红、轻度肿胀、增温、瘙痒和疼痛等。由于搔抓、摩擦，皮肤可继发感染，使病情加重。

【诊断】详细了解病史，结合临床症状、实验室检验有助于诊断。对怀疑过敏药物引起的皮炎应进一步做斑贴试验。

【治疗】皮炎的治疗原则应对症处理，尽量避免外用刺激性较强和易致敏的药物。症状较轻的红斑阶段时可用鱼石脂-水杨酸油膏（鱼石脂 10.0g、水杨酸 20.0g、氧化锌油膏 200.0g 混合），每天 1 次，局部涂擦。对伴有感染、过度瘙痒的炎性病变，可用苯唑卡因油膏（苯唑卡因 1.0g、硼酸 2.0g、无水羊毛脂 10.0g）；亦可用氟轻松软膏局部涂擦，效果较好。继发感染时应用抗生素药物予以控制。

湿　疹

湿疹是皮肤的表皮细胞对致敏物质所引起的一种炎症反应。其特点是患部皮肤出现红斑、血疹、水疱、糜烂、结痂和鳞屑等损害，伴有热、痛、痒等症状。

【病因】湿疹的发病原因是多种因素作用的结果，一般认为湿疹是一种迟发性过敏反应。其发病机制主要取决于两方面的原因：一方面是机体先天性及遗传性过敏素质或后天获得性的致敏状态；另一方面是致敏因子及变态反应原的致敏作用。机体的过敏性素质是湿疹发生的主导因素，只有在机体处于致敏状态时，其致敏因子作用于皮肤才能引起湿疹。湿疹的发生是内因（动物机体过敏性状态）和外因（环境致敏因子）相互作用的结果。

1. 外界因素　环境致敏因子包括有化学性的原因，如药品、化学物质、炎性渗出物和机体排泄物；物理性原因，如潮湿、寒冷和燥热等；机械性原因，如摩擦、搔抓、压迫等；生物学原因，如吸血昆虫、寄生虫、微生物等。

2. 内在因素　先天性过敏性素质，表现为动物个体对某种环境致敏因子特别敏感。后天性新陈代谢及内分泌机能紊乱，导致机体处于对某些环境致敏因子特别敏感的状态，如消化道疾病时肠道腐败分解的产物被机体吸收、摄入致敏食物、某些抗原等均可引起机体的变态反应，也有因潮湿、日光、药物等引起的变态反应。营养失调、维生素缺乏、代谢紊乱等是诱发湿疹的主要因素。

【症状】湿疹按其病程和皮肤损伤可分为急性湿疹和慢性湿疹。

1. 急性湿疹　急性湿疹多开始于耳下、颈部、背脊、腹外侧和肩部。其特征表现为患部呈斑点状、多形性、界限不清的皮疹，伴有瘙痒和溃烂。根据病情发展可分为红斑期、丘疹期、水疱期、溃烂或湿润期、结痂期及脱屑期，犬皮肤表层较薄，常因瘙痒而啃咬或摩擦加重皮炎的溃烂期。急性湿疹发病初期，患部皮肤充血、潮红，有轻微肿胀，分布有一定对称性。红斑指压退色，界限不清，面积有大有小，可逐渐向健康皮肤蔓延，此症状称为红斑性湿疹。随着病程的发展，真皮乳头层发生细胞性浸润，皮肤上出现界限明显的粟粒大到豌豆大的质度较硬的丘疹，数目多少不定，称为丘疹性湿疹。以后炎症渗出物增多，丘疹变成水疱，称水疱性湿疹。水疱内细菌感染化脓，蔓延扩散，引起附近淋巴结肿大，称脓疱性湿疹。脓疱破溃后，脓汁流出，表皮坏死，露出鲜红的糜烂面，创面湿润称为溃烂性湿疹，或称湿润性湿疹。渗出液干涸，形成黏着的痂皮，则为结痂性湿疹。急性湿疹末期炎症消退，痂皮脱落，新生上皮逐渐角质化，病变部皮肤覆以白色糠麸状皮屑，称为鳞屑性湿疹。临床上的湿疹常以某个病期症状表现得相对突出而命名（如水疱期占主要地位则称水疱性湿疹）。

犬湿润性湿疹较为常见。

2. 慢性湿疹 慢性湿疹常发生背部、鼻、颊、眼眶等部位，犬尤易发生鼻梁湿疹。以皮肤增厚、苔藓样病变和被毛粗糙为特征，常常是由于急性湿疹持久不愈或反复发作而转为慢性。慢性湿疹的瘙痒症状加重，常伴有色素沉淀和脱屑，皮肤增厚形成明显的皱襞，患部界限明显。有时湿疹一开始就表现为慢性症状。

急性湿疹一般经过2～6周时间即可痊愈，但由于护理不当，患部受到咬啃和摩擦等刺激，可使病情恶化，病程也随之延长。慢性湿疹病程更长，数月不愈，甚至数年不愈。

【诊断】 临床上根据病变的对称性和瘙痒症及湿疹的皮肤病变表现可做出诊断。

【治疗】 治疗原则是加强护理、消除病因、制止渗出、进行脱敏与消散和防止继发感染。

1. 护理 给病犬装上口笼或用绷带包扎等措施，防止犬啃咬，同时配以止痒药。尽可能除去内外刺激因素，注意饲喂易消化、营养丰富的食物、增加机体抵抗力。保持皮肤清洁和干净。动物舍内要通风良好、阳光充足、清洁和干燥。病犬经常运动，及时治疗其发生的疾病。

2. 局部治疗 剪去患部的被毛，细心清除创面异物。用1%～2%鞣酸溶液或0.1%高锰酸钾溶液清洗患部（切忌用肥皂水等刺激性溶液），然后用药处理。急性湿疹处于前期（红斑期和丘疹期）宜用保护性粉剂（配方：氧化锌、滑石粉、淀粉按2∶4∶4的比例配制）和清凉搽剂（配方：石灰水、花生油按5∶5的比例配制）；水疱期、渗出期、脓疱期和糜烂期，可用收敛剂促使炎症消散，如复方粉（配方：水杨酸3份、滑石粉87份、淀粉10份）、2%明矾溶液和醋酸铅溶液（配方：醋酸铅5g、明矾10g，加水100mL），不能使用油剂和软膏，因为油脂可影响水分蒸发，阻碍渗出液和热量的发散。

渗出液减少或无渗出的结痂期和脱屑期可用防腐药物，如白色洗剂（配方：硫酸锌24g、醋酸铅30g，加水500mL）和硼酸氧化锌软膏（配方：硼酸10g、氧化锌30g、甘油20g、单软膏40g）。

慢性湿疹有皮肤增厚或苔藓样病变的病例，宜用软膏和乳剂，使药物能渗透到深部组织起作用，如水杨酸软膏（配方：水杨酸10g、苯甲酸20g、液状石蜡3 000mL）和碘仿鞣酸软膏（配方：碘仿10g、鞣酸5g、凡士林100g）等。

脱敏疗法，应用苯海拉明或氯苯那敏常量内服。盐酸赛庚啶每千克体重1～2mg，分2次口服。短期应用皮质类固醇激素疗法。

三、案例分析

1. 病犬 牛头㹴，8月龄，公犬，已免疫驱虫。

2. 主诉 体温38.9℃，皮肤多处出现红斑、丘疹，眼睑、嘴角肿胀，甩耳摇头，就诊前饮食生活均无改变，突然发病。

3. 诊断 初诊为过敏。

4. 临床处理 肌内注射氯苯那敏，症状很快缓解，让主人带回继续观察。4h后又出现过敏症状。肌内注射氯苯那敏，症状很快缓解。再4h后又出现过敏症状。肌内注射氯苯那敏，同时静脉输入10%葡萄糖、维生素C、10%葡萄糖酸钙后症状缓解消失，嘱主人带回换地方饲养观察，未见异常，第二天关回原来睡的地方后很快又出现症状，按上述方案处理后症状得以控制。

在同主人的交谈中得知犬独住一屋，其内无其他家具杂物，近期除昨日将犬所用的被褥翻晒了一下之外主人及犬的生活习惯及用品均无变化，嘱主人撤去褥子，家中彻底消毒后仍将犬关回原住屋，随后追访未见异常。最后确诊为尘螨过敏。

四、拓展知识

脂肪酸在动物皮肤病中的应用

1. 脂肪酸在脂溢性皮炎动物的使用　调查显示，患有脂溢性皮炎的犬皮肤亚油酸水平低于正常，而十八烯酸的水平增加。连续30d补充高含量亚油酸（向日葵籽油）的植物油之后，皮肤脂肪酸浓度接近正常水平，脂溢性皮炎的临床症状也有所好转，提示犬脂溢性皮炎的临床症状可能部分与局部的亚油酸缺乏和（或）皮肤的花生四烯酸水平升高有关系。当然，也有一些调查发现正常犬和小部分脂溢性皮炎患犬的血清和皮肤脂肪酸水平无明显差异。

脂溢性皮炎还与经表皮水分丢失的增加有关，而通过在皮肤使用富含亚油酸的植物油可以减少经表皮的水分丢失，还可以通过补充含有α-亚麻酸的食物而使其减少。对于脂溢性皮炎的动物，使用含有其他脂肪酸食物的效果以及脂肪酸补剂的最佳剂量还需要进一步的研究。

2. 脂肪酸在炎症性皮肤病动物的使用　关于脂肪酸在犬、猫用作止痒剂已经是许多研究的主题并且有相当多的争论，与过敏性皮肤病有关的炎症可能部分是由异常的脂肪酸代谢和不适当的类花生酸合成引起的。皮肤中缺乏Δ-6-脱氢酶和Δ-5-脱氢酶，所以不能将亚油酸（LA）转化成花生四烯酸（AA），或者将α-亚麻酸（ALA）转变为二十碳五烯酸（EPA）。皮肤可以将Y-亚油酸（GLA）通过延伸作用变为双高亚油酸（DGLA），将二十碳五烯酸（EPA）变为二十二碳六烯酸（DHA）。正常的犬可将食物来源的α-亚麻酸（ALA）代谢成二十碳五烯酸（EPA）和二十二碳六烯酸（DHA）遍布全身，然后这些脂肪酸进入皮肤。DGLA、EPA和DHA在皮肤细胞膜中可以和花生四烯酸（AA）竞争代谢酶从而减少炎症，或者由于类花生酸类物质的抗炎特性而减少炎症。

α-亚麻酸（ALA）是一种Ω-3多不饱和脂肪酸，可代谢为EPA和DHA，可以进入正常犬的皮肤中。研究发现，患有过敏性皮炎与缺乏Δ-6-脱氢酶活性有关，这阻止了患者ALA到EPA和DHA的快速化，使用过敏性皮炎的犬、猫进行的类似研究也已经报道。但是，也有研究显示异位性皮炎犬的脂肪酸代谢能力有所不同。

关于使用脂肪酸治疗犬的过敏性皮炎和慢性瘙痒症的研究已经广泛开展。然而大多数这些研究都是没有对照和非盲法进行的临床试验，并且只是短期使用低剂量的脂肪酸。使用安慰剂和高剂量的脂肪酸进行6周以上的对照性临床研究显示，50%以上的患犬瘙痒减轻。瘙痒没有减轻的犬，在其他临床症状方面也有所好转。如果控制了其他疾病如食物不良反应、跳蚤过敏、细菌性脓皮病以及马拉色菌皮炎等，脂肪酸补充剂对患犬会发挥出最大的作用。

总之，有50%～65%患有过敏性皮炎和外耳炎的犬在改变脂肪酸的摄入后情况会有所改善，当然前提是继发的细菌和酵母菌感染得到了控制。有报道称，脂肪酸补充剂和其他止痒剂如抗组胺药和糖皮质激素的使用有协同效应。

对猫在过敏性皮炎和粟粒性皮肤病的治疗中使用脂肪酸也有所报道。超过50%的猫有好转（根据未对照、非盲法临床试验）。

对于炎症性皮肤病的犬、猫使用脂肪酸的推荐剂量为：总Ω-3脂肪酸每天每千克体重50～250mg，或者食物中总Ω-3脂肪酸（干物质基础）含量为0.8%～3.0%，Ω-6与Ω-3的比例为2∶1～5∶1。

五、技能训练

（一）紫外线疗法

紫外线疗法是利用人工紫外线照射动物来防治疾病的一种物理疗法。紫外线为一种不可见光，其波长范围为180～400nm。动物表皮能吸收紫外线。

1. 适应证 紫外线疗法的适应证较广，包括蜂窝织炎、乳腺炎、软组织创伤、烫伤、风湿性关节炎、佝偻病、皮癣、毛囊炎等。

2. 操作方法

（1）准备工作。准备护目镜、卷尺、盖遮毛巾等和紫外灯。治疗部位剪毛、清洁、消毒。将动物保定确实，用毛巾或布遮盖非照射部位。

（2）照射方法。一般采用局部照射，灯距为30cm。待红斑消退后再进行第2次照射。

（3）注意事项。

①灯开启预热3min后，方可进行治疗。

②治疗时应戴上护目镜，防止紫外线照射引起结膜炎。

③当照射部位出现水疱时，表明剂量过大，应立即停止照射。

3. 紫外线的治疗作用

（1）红斑反应。浅色皮肤经一定量紫外线照射2～6h后，照射局部皮肤逐渐潮红，出现红斑。红斑反应的严重程度与照射剂量成正比，剂量愈大红斑愈明显。这种红斑反应对机体具有消炎作用、止痛作用，促进创口愈合和脱敏。

（2）抗维生素D缺乏作用。紫外线照射动物皮肤，皮肤中的7-脱氢胆固醇转化成维生素D_3，进入血管内经肝、肾进一步代谢生成活性维生素D，参与体内钙、磷代谢，维持骨骼、牙齿的正常生长发育和代谢，起到预防和治疗维生素D缺乏症的作用。

（3）杀菌作用。一定强度的紫外线照射，能抑制细菌和病毒的生长，并可杀灭细菌和病毒。紫外线的杀菌作用可用于环境消毒和局部浅表消毒，尤其对皮肤浅层组织的急性炎症效果显著。

（4）其他。紫外线多次照射有脱敏作用。由于紫外线能加强中枢神经系统的活动功能和提高机体代谢功能，同时具有免疫和保健作用。

（二）红外线疗法

红外线在兽医临床治疗方面的应用较为广泛。光谱位于400～760nm可见红光之外，称为红外线。应用红外线治疗疾病的方法称红外线疗法。红外线主要由热光源产生，在医学上的生物学效应主要是热作用，因此又称为热射线。

1. 适应证 红外线主要用于镇痛、改善局部血液循环、缓解肌肉痉挛及消炎等目的。如慢性炎症及亚急性炎症、外伤性软组织损伤、肌肉痉挛、风湿性关节炎、后躯瘫痪、慢性胃炎、子宫内膜炎、乳腺炎后期、扭伤、挫伤、冻伤、骨折、术后粘连等疾病治疗中使用。

2. 操作方法

（1）动物保定确实，拟照射部位应清洁无污物，用厚纸板或红、黑布遮挡动物头部，以保护眼睛。

（2）将红外线灯移至治疗部位的斜上方或旁侧，照射时距离为 30～50cm。每次治疗时间为 15～30min，每日 1～2 次，10～15 次为 1 个疗程。

（3）根据治疗部位的厚度、病情严重程度、皮肤反应和操作者手试照射相结合，调节红外线剂量。照射剂量由小至大调节，以动物感觉舒适安静为度。

（4）注意事项。

①掌握最佳照射剂量，防止烫伤。

②避免红外线直接照射动物眼部。

3. 红外线的治疗作用 红外线照射对机体局部具有温热作用，可促进机体组织的炎症产物、代谢产物和渗出物的吸收，由于其局部温热效应，有利于改善微循环、促进血液循环、提高局部组织的新陈代谢水平。

（1）对血液循环和组织代谢的作用。由于红外线的温热作用使局部皮肤毛细血管扩张充血，血流加快，形成红斑。照射后 1～2min 即可出现红斑，照射停止约 30min 后即可消失。由于组织温度升高、新陈代谢加强，加速组织的营养、再生能力，提高组织细胞活力，促进炎症产物和代谢产物的吸收，起到消肿止痛的治疗作用。

（2）消炎作用。红外线照射作用后，发生皮肤乳头层水肿，周围白细胞浸润，网状内皮系统吞噬能力增强，提高其免疫能力，具有消炎作用。

（3）镇痛解痉作用。红外线能降低机体神经末梢的兴奋性，对肌肉有松弛作用，可解除肌肉痉挛，起到镇痛作用。

（4）其他。红外线反复照射后，皮肤可形成明显的色素沉着，在被照射部位皮肤表层出现黑色沉着斑。红外线照射还可引起视力障碍，大剂量红外线照射可导致机体脱水和局部组织灼伤。

任务二 脓皮症与脱毛症诊治

一、任务目标

知识目标

1. 掌握病因与疾病发生的相关知识。
2. 掌握疾病的病理生理知识。
3. 掌握疾病治疗所用药物的药理学知识。
4. 掌握疾病防治原则。

能力目标

1. 会使用常用诊断器械。
2. 具备症状鉴别诊断能力。
3. 具备综合分析并做出初诊的能力。

4. 能准确开出治疗处方。

二、相关知识

脓皮症

脓皮症是指皮肤感染化脓性细菌而引起的化脓性皮肤病，可分为原发性和继发性两种。犬最易感染。

【病因】 原发性脓皮症常与化脓菌感染有关，常见的化脓性细菌有金黄色葡萄球菌、表皮葡萄球菌、链球菌（溶血性和非溶血性）、棒状杆菌、假单胞菌和寻常变形杆菌等。

代谢性疾病、免疫缺陷病、内分泌失调或各种变态反应等可继发脓皮症。皮肤干燥、裂伤、创伤、烧伤或皮炎等均易继发本病。

【症状】 可分浅表、深部和幼年脓皮症。

1. 浅表脓皮症 特征为皮肤表面形成脓疱、滤泡样丘疹或蜀黍样红疹圈。后者最为常见，呈环形病变，其边缘脱落，常误认为癣。

2. 深部脓皮症 特征为皮肤深在性炎性水疱或脓疱，脓疱破溃，流出脓性液体或有脓性窦道。常发生于面部、四肢或指（趾）间等部位，亦可发生于全身。

3. 幼年脓皮症 又称幼犬腺疫，一般12周龄或更年幼的犬易发。特征为淋巴结肿大，耳、口及眼周围肿胀、出现脓疱及脱毛，常伴有发热、厌食、嗜睡等全身症状。对于犬无论何种类型脓皮症，临床应首先与犬毛囊蠕形螨病区别。猫脓皮症临床症状与犬相同。猫可感染分枝杆菌，如猫麻风病。

【治疗】 早期用防腐剂如30%六氯酚或聚乙烯酮碘溶液热浴；浅表或皮肤皱襞脓皮症可用2.5%过氧化苯甲酸洗发剂，也可用5%龙胆紫溶液或抗生素软膏，每天局部涂布，浅表性脓皮症较易治疗；深部脓皮症应进行局部和全身治疗。除去皮痂，再敷以敏感的抗生素软膏，以促进溃疡愈合；如脓液较多，应使患部保持干燥，可用收敛、杀菌剂。全身可选用敏感抗生素和磺胺类药物治疗。对于持久性或复发性的脓皮症可用免疫刺激剂（如菌苗）；幼年脓皮症（并非是细菌感染）治疗应包括开始大剂量使用皮质类固醇［如泼尼松或泼尼松龙（每千克体重1mg，每天2次）］，以后逐渐减少，连用1个月，同时配合应用抗生素进行治疗。

脱毛症

脱毛症又称为无毛症或秃毛症、稀毛症，系指皮肤在无可见病变的情况下而发生的局部或全身被毛脱落。不过，许多炎性皮肤疾病也可引起脱毛。

【病因】 引起脱毛症的病因有先天性和后天性两种。后天性多继发于全身性疾病，如神经性疾病、内分泌病（甲状腺、垂体和性机能失调等）、热性疾病（肺炎、某些传染病）、慢性病（寄生虫病、慢性消化器官疾病）、营养障碍（碘、维生素、脂肪酸等物质的缺乏）、慢性中毒病（碘、汞、铊、甲醛中毒）以及恶病质等疾病。外部因素有物理、化学因素的刺激，如X射线、摩擦、涂脱毛剂等。

【症状及诊断】 一般从局部开始脱毛，逐渐扩大，然后几个局部互相融合，变成较大面积的脱毛。常伴有皮屑脱落。如果神经性、内分泌性疾病引起脱毛，多呈对称性。

【治疗】 查明病因，消除病因并进行对症治疗。

(1) 加强营养，补充缺乏的营养物质，同时注意皮肤的卫生。

(2) 如甲状腺机能减退，服甲状腺制剂；性机能失调应用性激素药物。

(3) 局部治疗常用间苯二酚 5.0g、蓖麻油 5.0g、乙醇 200.0mL 混合而成；也可用水杨酸钠 5.0g、橄榄油 50.0g、秘鲁香脂 3.0g 混合后涂抹患部；或用水杨酸钠 18.0g、鞣酸 18.0g、乙醇 600.0mL 混合后涂抹患部。

三、案例分析

1. 病犬 泰迪犬，7 岁，白色。平时饲养在阳台。

2. 主诉 该犬就诊前掉毛严重，时常摩擦墙角、沙发等。

3. 临床检查 精神状态良好，体温 39℃。

4. 特殊检查 皮肤螨虫检查阳性。

5. 治疗 伊维菌素片，口服。

四、拓展知识

犬脓皮症病因分析

犬皮肤感染多数情况是一种症状，而不是一种疾病。绝大多数犬皮肤感染是继发于一些潜在的疾病，如皮肤的生理结构异常、机体代谢紊乱或机体免疫功能异常等情况。继发感染是犬皮肤感染的最常见的形式，所以，皮肤感染往往被看成是某些疾病的一种症状，而不是单纯的一种皮肤病。

犬皮肤感染可以表现为深部皮肤感染和浅部皮肤感染。深部皮肤的感染是指细菌感染侵入到皮肤的深层，达到毛囊以下的深部组织。这经常是由皮肤浅层的炎症或毛囊炎发展过来，深度可以到真皮层或皮下组织中的脂肪组织，有的可以出现蜂窝织和脂膜炎。有时可以引起全身性的临床症状（白细胞增多、体温升高）。愈合后常常出现皮肤疤痕。其病名可因病变的发展阶段而称之为毛囊炎、皮肤疖痈病、皮肤瘘管、蜂窝织炎和脂膜炎。比较多发的部位是在犬下颌、鼻镜、四爪，但也可以出现在全身。

犬皮肤浅层的感染主要是指细菌性的毛囊炎，根据临床症状可以分成两种。一种是能引起皮肤不同程度瘙痒的皮肤浅层毛囊炎，另一种是无瘙痒症状的毛囊炎。一般认为引起皮肤瘙痒的原因是某些犬对葡萄球菌产生过敏反应。病变部位一般出现在躯干，长毛犬被被毛所遮盖，如果没有瘙痒症状，初期不易被发现。

犬皮肤感染时常被分离出的细菌是葡萄球菌，偶尔也见到杆菌。通过在患犬的皮肤上取样进行细胞染色，基本可以区分球菌和杆菌，这可以为抗生素的选择提供一定的根据。一般来说，在犬脓皮症中凝固酶阳性的中间型葡萄球菌是主要的致病菌，但是金黄色葡萄球菌、表皮葡萄球菌、链球菌、化脓棒状杆菌、大肠杆菌、铜绿假单胞菌和奇异变形杆菌等也可以成为犬脓皮症的致病菌。

因为皮肤感染往往是继发性的，若不能彻底治疗潜在疾病（即原发病因），仅仅对症状治疗，常会出现治疗无效结果；特别是慢性或周期性发作的犬脓皮症病例。一般来说，面对一个脓皮症的犬时应该考虑的原发因素有：过敏性疾病（包括食物过敏）、寄生虫感染、激素失调、免疫力低下（包括营养不良）等。

参 考 文 献

陈玉库，周新民，2006. 犬猫内科病［M］. 北京：中国农业出版社.
董君艳，2006. 犬病针灸疗法［M］. 吉林：吉林科技出版社.
范作良，2007. 动物内科病［M］. 北京：中国农业出版社.
高得仪，2001. 犬猫疾病学［M］. 北京：中国农业大学出版社.
何英，叶俊华，2003. 宠物医生手册［M］. 沈阳：辽宁科技出版社.
侯加法，2002. 小动物疾病学［M］. 北京：中国农业出版社.
李毓义，张乃生，2003. 动物群体病症状鉴别诊断学［M］. 北京：中国农业出版社.
林德贵，2005. 狗病防治手册［M］. 北京：金盾出版社.
唐利军，2006. 实用犬猫病诊疗新技术［M］. 北京：中国农业出版社.
王春璈，马卫明，2006. 狗病临床手册［M］. 北京：金盾出版社.
王祥生，胡仲明，2004. 犬猫疾病防治方药手册［M］. 北京：中国农业出版社.
王小龙，2004. 兽医内科学［M］. 北京：中国农业大学出版社.
吴树青，徐华良，1996. 犬猫疾病诊断学［M］. 呼和浩特：内蒙古人民出版社.
谢富强，2006. 犬猫X线与B超诊断技术［M］. 沈阳：辽宁科技出版社.
胥洪灿，郑小波，2006. 犬猫疾病诊疗学［M］. 重庆：西南师范大学出版社.
叶俊华，2004. 犬病诊疗技术［M］. 北京：中国农业出版社.
臧广州，2004. 宠物疾病现代诊断与治疗操作技术手册［M］. 天津：天津电子出版社.
Rhea V. Morgan，2005. 小动物临床手册［M］. 4版. 施振生，译. 北京：中国农业出版社.

读者意见反馈

亲爱的读者：

感谢您选用中国农业出版社出版的职业教育规划教材。为了提升我们的服务质量，为职业教育提供更加优质的教材，敬请您在百忙之中抽出时间对我们的教材提出宝贵意见。我们将根据您的反馈信息改进工作，以优质的服务和高质量的教材回报您的支持和爱护。

地　　址：北京市朝阳区麦子店街 18 号楼（100125）

中国农业出版社职业教育出版分社

联系方式：QQ（1492997993）

教材名称：　　　　　　　　　　　ISBN：

个人资料

姓名：＿＿＿＿＿＿＿＿所在院校及所学专业：＿＿＿＿＿＿＿＿

通信地址：＿＿＿＿＿＿＿＿＿＿＿＿＿＿＿＿

联系电话：＿＿＿＿＿＿＿＿电子信箱：＿＿＿＿＿＿＿＿

您使用本教材是作为：□指定教材□选用教材□辅导教材□自学教材

您对本教材的总体满意度：

从内容质量角度看□很满意□满意□一般□不满意

改进意见：＿＿＿＿＿＿＿＿＿＿＿＿＿＿＿＿

从印装质量角度看□很满意□满意□一般□不满意

改进意见：＿＿＿＿＿＿＿＿＿＿＿＿＿＿＿＿

本教材最令您满意的是：

□指导明确□内容充实□讲解详尽□实例丰富□技术先进实用□其他＿＿＿＿＿＿

您认为本教材在哪些方面需要改进？（可另附页）

□封面设计□版式设计□印装质量□内容□其他＿＿＿＿＿＿＿＿

您认为本教材在内容上哪些地方应进行修改？（可另附页）

＿＿＿＿＿＿＿＿＿＿＿＿＿＿＿＿＿＿＿＿＿＿＿＿

＿＿＿＿＿＿＿＿＿＿＿＿＿＿＿＿＿＿＿＿＿＿＿＿

本教材存在的错误：（可另附页）

第＿＿＿＿页，第＿＿＿＿行：＿＿＿＿＿＿＿＿应改为：＿＿＿＿＿＿＿＿

第＿＿＿＿页，第＿＿＿＿行：＿＿＿＿＿＿＿＿应改为：＿＿＿＿＿＿＿＿

第＿＿＿＿页，第＿＿＿＿行：＿＿＿＿＿＿＿＿应改为：＿＿＿＿＿＿＿＿

您提供的勘误信息可通过 QQ 发给我们，我们会安排编辑尽快核实改正，所提问题一经采纳，会有精美小礼品赠送。非常感谢您对我社工作的大力支持！

欢迎访问“全国农业教育教材网”http：//www. qgnyjc. com（此表可在网上下载）

欢迎登录“中国农业教育在线”http：//www. ccapedu. com 查看更多网络学习资源

图书在版编目（CIP）数据

宠物内科病 / 范作良主编 .—3 版 .—北京：中国农业出版社，2019.10（2022.5 重印）
高等职业教育农业农村部“十三五”规划教材
ISBN 978-7-109-26102-0

Ⅰ. ①宠…　Ⅱ. ①范…　Ⅲ. ①宠物－内科－疾病－诊疗－高等职业教育－教材　Ⅳ. ①S856

中国版本图书馆 CIP 数据核字（2019）第 255740 号

中国农业出版社出版
地址：北京市朝阳区麦子店街 18 号楼
邮编：100125
责任编辑：李　萍
版式设计：王　晨　　责任校对：吴丽婷
印刷：北京中兴印刷有限公司
版次：2007 年 9 月第 1 版　　2019 年 10 月第 3 版
印次：2022 年 5 月第 3 版北京第 4 次印刷
发行：新华书店北京发行所
开本：787mm×1092mm　1/16
印张：14.75
字数：346 千字
定价：39.50 元
